高等职业教育精品工程系列教材

U0290583

液压与气动控制技术

（第2版）

张雨新　孙达明　主编

牛彩雯　王震生　张洪国　副主编

电子工业出版社
Publishing House of Electronics Industry
北京·BEIJING

内 容 简 介

本教材共分为 5 篇，第 1 篇为概论，主要介绍自动控制系统的结构及液压与气动系统的特点，给出了选择系统控制过程的几种描述方法、系统的主要参数以及液压与气动系统的相同点与不同点。第 2 篇为液压与气动基础元件，主要从执行元件、控制元件、常用检测元件、动力源等方面进行系统描述，利用液压与气动基础元件在结构原理上相同的特点，通过归纳液压与气动回路和基础元件的区别，用通用结构原理和补充说明的方式来描述液压与气动基础元件的结构特点。第 3 篇为液压与气动基本回路，主要介绍液压与气动系统的方向、压力、流量的控制回路的几种形式。第 4 篇为液压与气动典型系统，主要介绍动力滑台的控制过程、成形机的控制过程以及机械手的控制过程等实际应用控制过程，包括系统控制过程的描述、液压与气动工作原理图、PLC 系统 I/O 接线图、功能表图、梯形图等。第 5 篇为液压与气动系统的使用维护，主要介绍液压系统的设备维修与维护方法以及气动系统的安装、调试、维护、维修过程等，包括故障现象判断、参数调整要求、实际应用过程等。

本教材可作为高等职业院校机电及机械类相关专业的教材，也可作为相关技术人员的参考用书。

图书在版编目（CIP）数据

液压与气动控制技术 / 张雨新，孙达明主编 . —2 版 . —北京：电子工业出版社，2023.1

ISBN 978-7-121-44985-7

Ⅰ . ①液… Ⅱ . ①张… ②孙… Ⅲ . ①液压控制－高等学校－教材②气动技术－高等学校－教材

Ⅳ . ①TH137②TH138

中国国家版本馆 CIP 数据核字（2023）第 009162 号

责任编辑：郭乃明　　　　　　　特约编辑：田学清

印　　刷：三河市君旺印务有限公司

装　　订：三河市君旺印务有限公司

出版发行：电子工业出版社

　　　　　北京市海淀区万寿路 173 信箱　　　邮编：100036

开　　本：787×1092　　1/16　　印张：21　　字数：537.6 千字

版　　次：2016 年 1 月第 1 版

　　　　　2023 年 1 月第 2 版

印　　次：2023 年 1 月第 1 次印刷

定　　价：59.00 元

凡所购买电子工业出版社图书有缺损问题，请向购买书店调换。若书店售缺，请与本社发行部联系，联系及邮购电话：（010）88254888，88258888。

质量投诉请发邮件至 zlts@phei.com.cn，盗版侵权举报请发邮件至 dbqq@phei.com.cn。

本书咨询联系方式：（010）88254561，34825072@qq.com。

前　　言

目前的自动控制系统主要以 PLC 为控制单元，借助机、电、气、液传动结构，利用其相应的控制元件形成综合控制系统，因此液压与气动系统是自动控制系统的一部分，而液压与气动控制技术的研究应从系统的通用控制结构入手，对其液压与气动装置按照设备系统的结构组成进行系统性的研究。本教材按照液压与气动装置的设备结构，从系统的执行元件、控制元件、常用检测元件及动力源等方面，针对性地分析液压与气动基础元件的特点和控制要求，并对液压与气动基本回路和典型系统等进行分析，力求培养读者对实际系统举一反三和深入研究开发的能力。这就要求读者在对实际系统进行分析时，将复杂控制回路系统分割，形成若干基本控制回路，而基本控制回路由基础元件构成，通过对基础元件的熟悉和对基本控制回路的掌握，以及对典型控制应用系统复杂控制回路的拆分，实现对液压与气动控制技术的掌握，并在应用过程中能够根据实际系统特点选择用循环动作图、动作表、动作时序图、流程图、功能表图等来表达系统控制过程，并用基础元件和基本控制回路的灵活组合，形成满足特定要求的典型回路。本教材用中英文元素标注和完整的结构来突出"图"的工程表达语言，使图中基础元件的名称与国际接轨。

本教材共分为 5 篇，第 1 篇为概论，主要介绍自动控制系统的结构及液压与气动系统的特点，给出了选择系统控制过程的几种描述方法、系统的主要参数以及液压与气动系统的相同点与不同点。第 2 篇为液压与气动基础元件，主要从执行元件、控制元件、常用检测元件、动力源等方面进行系统描述，利用液压与气动基础元件在结构原理上相同的特点，通过归纳液压与气动回路和基础元件的区别，用通用结构原理和补充说明的方式来描述液压与气动基础元件的结构特点。第 3 篇为液压与气动基本回路，主要介绍液压与气动系统的方向、压力、流量的控制回路的几种形式。第 4 篇为液压与气动典型系统，主要介绍动力滑台的控制过程、成形机的控制过程以及机械手的控制过程等实际应用控制过程，包括系统控制过程的描述、液压与气动工作原理图、PLC 系统 I/O 接线图、功能表图、梯形图等。第 5 篇为液压与气动系统的使用维护，主要介绍液压系统的设备维修与维护方法以及气动系统的安装、调试、维护、维修过程等，包括故障现象判断、参数调整要求、实际应用过程等。

本教材力求作为"液压与气动控制技术"课程的参考书并成为学生的自学读物和工具书，而不单单是教师的教案。编者认为，课堂是老师和学生共同进行"教"和"学"的场所，在课堂上要实现以学生为主体的"教法"和主体"兴趣"学法的统一，所以无论是"理论教学""项目教学"还是"实验过程""实训过程"等，都是根据教学内容和学习主体的客观情况确定的教学过程，不同的内容其形式不同。本教材要求从目录到内容对学科进行"面""线""点"的分类，"篇"相当于"面"，给出学科"块"的结构，这个"块"应便于总结和归类；"章"相当于"线"，给出学科上下一条"线"的因果结构，这条

"线"应便于梳理和划分；"节"相当于"点"，给出学科的主要知识点，这个"点"应该是"面"和"线"上的基础知识点，使学习主体能通过"面""线""点"的模块结构掌握知识要点，并能通过"目录"获得总结学科知识和查阅学科知识的能力。

在液压与气动系统中，习惯上将压强称为压力，将电动机称为电机，为叙述方便以及符合行业例行标准，本书仍沿用此称法。

本教材由唐山工业职业技术学院张雨新、孙达明担任主编，唐山工业职业技术学院牛彩雯、王震生、张洪国担任副主编。本教材在编写过程中参考了有关专业书籍和资料，在此向其原作者表示最诚挚的谢意！

由于编者水平有限，教材中难免出现不妥之处，敬请读者批评指正。

编者

2022 年 3 月

目　　录

第 1 篇　概论

第 1 章　自动控制系统 2

1.1　自动控制系统的组成 2

1.1.1　各功能机构的作用 2

1.1.2　自动控制系统的性能要求 4

1.2　电气控制系统 5

1.2.1　电气控制系统的基本知识 5

1.2.2　电气逻辑回路 6

1.3　PLC 控制系统 8

1.3.1　PLC 的结构及各部分的作用 8

1.3.2　PLC 的工作原理 10

1.3.3　PLC 编程语言 11

1.3.4　PLC 的功能 11

1.3.5　PLC 的主要特点和分类 12

1.3.6　PLC 组成的控制系统 13

1.3.7　PLC 控制系统的设计过程 15

1.4　系统动作过程的表述与确定 16

1.4.1　循环动作图 16

1.4.2　动作表 17

1.4.3　动作时序图 17

1.4.4　流程图 18

1.4.5　功能表图 19

思考题 19

第 2 章　液压与气动系统 21

2.1　液压与气动技术的研究对象 21

2.1.1　液压与气压传动的工作原理 22

2.1.2　液压与气动系统的组成 22

2.1.3　液压系统与气动系统的异同点 23

2.1.4　液压与气压传动的优缺点 24

2.1.5　液压与气压传动的应用和发展 25

2.2　液压与气压传动介质 25

　　2.2.1　液压传动介质 ………………………………………………………………26

　　2.2.2　气压传动介质 ………………………………………………………………28

　2.3　压力的传递特性 …………………………………………………………………29

　思考题 …………………………………………………………………………………32

第2篇　液压与气动基础元件

第3章　执行元件 …………………………………………………………………………34

　3.1　液压缸 ……………………………………………………………………………34

　　3.1.1　普通液压缸 …………………………………………………………………34

　　3.1.2　伸缩液压缸 …………………………………………………………………36

　　3.1.3　增压液压缸 …………………………………………………………………37

　　3.1.4　柱塞液压缸 …………………………………………………………………37

　3.2　气缸 ………………………………………………………………………………38

　　3.2.1　普通气缸 ……………………………………………………………………38

　　3.2.2　开关气缸 ……………………………………………………………………39

　　3.2.3　气-液阻尼缸 …………………………………………………………………40

　　3.2.4　气-液增压缸 …………………………………………………………………40

　　3.2.5　无杆气缸 ……………………………………………………………………41

　　3.2.6　柱塞式气缸、活塞式气缸和薄膜式气缸 …………………………………41

　　3.2.7　双活塞气缸 …………………………………………………………………41

　　3.2.8　真空吸盘 ……………………………………………………………………42

　3.3　摆动液马达 ………………………………………………………………………43

　　3.3.1　叶片式摆动液马达 …………………………………………………………43

　　3.3.2　螺杆式摆动液马达 …………………………………………………………44

　　3.3.3　齿轮齿条式摆动液马达 ……………………………………………………44

　3.4　旋转液马达 ………………………………………………………………………45

　　3.4.1　叶片式旋转液马达 …………………………………………………………45

　　3.4.2　活塞式旋转液马达 …………………………………………………………46

　3.5　气马达 ……………………………………………………………………………47

　　3.5.1　摆动气马达 …………………………………………………………………47

　　3.5.2　旋转气马达 …………………………………………………………………47

　3.6　执行元件的应用特点 ……………………………………………………………48

　　3.6.1　执行元件的特点 ……………………………………………………………48

　　3.6.2　气动执行元件（气缸）的故障 ……………………………………………48

　　3.6.3　执行元件的应用形式 ………………………………………………………49

　思考题 …………………………………………………………………………………51

第 4 章　控制元件　..52

4.1　液压方向控制元件　...53

4.1.1　二位电磁换向阀　...53

4.1.2　三位电磁换向阀　...59

4.1.3　单向阀　...64

4.2　气动方向控制元件　...65

4.2.1　或门型梭阀　...65

4.2.2　与门型梭阀　...66

4.2.3　快速排气阀　...66

4.2.4　方向控制阀的控制要点　...67

4.3　液压压力控制元件　...67

4.3.1　溢流阀　...67

4.3.2　减压阀　...69

4.3.3　顺序阀　...70

4.4　气动压力控制元件　...71

4.4.1　气动安全阀（溢流阀）　..71

4.4.2　气动调压阀（减压阀）　..72

4.4.3　气动开关阀（顺序阀）　..72

4.4.4　压力控制阀的控制要点　...72

4.5　液压流量控制元件　...73

4.5.1　节流阀　...73

4.5.2　调速阀　...75

4.6　气动流量控制元件　...76

4.6.1　排气节流阀　...76

4.6.2　流量控制阀的选择与使用　..77

4.7　液压比例阀、插装阀、叠加阀　...77

4.7.1　液压比例阀　...77

4.7.2　插装阀　...85

4.7.3　叠加阀　...88

4.8　气动比例阀　...89

4.8.1　气动比例减压阀（调压阀）　..90

4.8.2　气动比例流量控制阀　..90

4.8.3　气动比例方向控制阀　..91

思考题　..92

第 5 章　常用检测元件　..93

5.1　磁性传感器　...94

5.1.1　磁性开关　...94

　　　5.1.2　霍尔式传感器 95

　5.2　接近传感器 96

　　　5.2.1　电感式传感器 96

　　　5.2.2　电容式传感器 97

　5.3　光电式传感器 98

　　　5.3.1　工作原理 98

　　　5.3.2　光电开关的结构和分类 98

　　　5.3.3　光电编码器 99

　5.4　其他类型传感器件 102

　　　5.4.1　压力开关 102

　　　5.4.2　超声波接近开关 102

　　　5.4.3　单一型传感器 102

　5.5　检测信号的传递与转换 105

　　　5.5.1　现场信号的传递过程 105

　　　5.5.2　数字式智能仪表 106

　思考题 108

第 6 章　动力源 109

　6.1　液压源的结构组成 110

　　　6.1.1　液压泵的分类 111

　　　6.1.2　液压泵的主要性能和参数 111

　　　6.1.3　齿轮泵 113

　　　6.1.4　叶片泵 116

　　　6.1.5　柱塞泵 120

　　　6.1.6　螺杆泵 122

　　　6.1.7　液压泵类型及电机参数的选择 123

　　　6.1.8　蓄能器 125

　　　6.1.9　油箱 126

　　　6.1.10　滤油器 128

　6.2　气源的结构组成 131

　　　6.2.1　空压机 131

　　　6.2.2　后冷却器 133

　　　6.2.3　油水分离器 133

　　　6.2.4　储气罐 134

　　　6.2.5　干燥器 135

　　　6.2.6　气动三联件 136

　6.3　密封装置 137

　　　6.3.1　间隙密封 138

　　　6.3.2　O 形密封圈 138

6.3.3　唇形密封圈 139

6.3.4　组合式密封装置 140

6.3.5　回转轴用密封装置 141

6.4　管路 141

6.4.1　输送管 141

6.4.2　管接头 142

6.4.3　管道系统的选择 143

思考题 144

第 3 篇　液压与气动基本回路

第 7 章　方向控制回路 146

7.1　液压换向回路 147

7.1.1　（任务一）用二位二通换向阀实现液压系统控制 148

7.1.2　（任务二）用二位三通换向阀实现液压缸的换向控制 ... 149

7.1.3　（任务三）用二位四通换向阀实现液压缸的换向控制 ... 150

7.1.4　（任务四）用液动换向阀实现液压缸的换向控制 151

7.2　气动换向回路 152

7.2.1　（任务一）单作用气缸换向控制 152

7.2.2　（任务二）双作用气缸换向控制 153

7.3　液压锁紧回路 154

7.3.1　（任务一）用换向阀中位机能实现液压缸锁紧 154

7.3.2　（任务二）用单向阀实现液压缸锁紧 155

7.3.3　（任务三）用液控顺序阀实现液压缸锁紧 156

7.3.4　（任务四）液压马达锁紧（制动） 157

7.3.5　（任务五）用制动器实现液压马达锁紧 158

7.4　气动锁紧回路 159

7.4.1　（任务一）用三位五通换向阀实现气缸锁紧 159

7.4.2　（任务二）用二位换向阀实现气缸锁紧 160

7.5　液压往复控制回路 161

7.5.1　（任务一）用行程换向阀实现液压缸往复控制 161

7.5.2　（任务二）用行程开关实现液压缸往复控制 162

7.5.3　（任务三）用压力继电器实现液压缸往复控制 163

7.5.4　（任务四）用顺序阀实现液压缸往复控制 165

7.5.5　（任务五）用双向变量泵实现液压缸换向控制 166

7.6　气动往复控制回路 166

7.6.1　（任务一）行程检测的往复动作回路 167

7.6.2　（任务二）时间控制的往复动作回路 167

7.7　液压缸定位控制回路 168

7.7.1 （任务一）用双液压缸实现三工位定位...168

7.7.2 （任务二）用单液压缸实现四工位定位...169

7.7.3 （任务三）用单液压缸实现多工位定位...170

7.8 气缸定位控制回路...171

7.8.1 （任务一）用锁紧气缸实现定位的动作回路...172

7.8.2 （任务二）用多位气缸实现定位的动作回路...173

7.8.3 （任务三）用外部挡铁实现定位的动作回路...174

思考题...175

第 8 章 压力控制回路...176

8.1 液压调压回路...178

8.1.1 （任务一）用溢流阀实现单级调压...178

8.1.2 （任务二）用先导式溢流阀实现多级调压...179

8.1.3 （任务三）用两个溢流阀实现双向调压...180

8.1.4 （任务四）用比例溢流阀实现无级调压...181

8.2 气动调压回路...182

8.2.1 （任务一）气源压力控制回路...182

8.2.2 （任务二）双压控制回路...183

8.2.3 （任务三）气源压力延时输出控制回路...184

8.3 液压减压回路...184

8.3.1 （任务一）用减压阀实现单级减压...184

8.3.2 （任务二）用减压阀实现多级减压...185

8.3.3 （任务三）用一个减压阀实现单向减压...187

8.3.4 （任务四）用两个减压阀实现双向减压...187

8.3.5 （任务五）用先导式比例减压阀实现无级减压.......................................188

8.4 气动减压回路...189

8.4.1 （任务一）多级减压控制...189

8.4.2 （任务二）用减压阀实现高低压输出控制...190

8.5 液压增压回路...191

8.5.1 （任务一）用单作用增压缸实现增压...191

8.5.2 （任务二）用双作用增压缸实现增压...192

8.6 气动增压回路...192

8.6.1 （任务一）用冲击气缸实现压力冲击的控制...193

8.6.2 （任务二）用串联气缸增加压力输出...194

8.6.3 （任务三）用气液增压器的增压回路...194

8.7 液压卸荷回路...195

8.7.1 （任务一）用换向阀实现液压泵卸荷...195

8.7.2 （任务二）用溢流阀实现液压泵卸荷...196

8.7.3 （任务三）用蓄能器实现液压泵卸荷...197

8.8　液压保压回路 198
　　8.8.1　（任务一）用蓄能器实现保压 198
　　8.8.2　（任务二）用辅助泵实现保压 199
　　8.8.3　（任务三）用单向阀实现保压 200
　　8.8.4　（任务四）综合保压 201
8.9　液压平衡回路 201
　　8.9.1　（任务一）用顺序阀实现垂直安装液压缸的平衡控制 202
　　8.9.2　（任务二）用液控单向阀实现垂直安装液压缸的平衡控制 203
　　8.9.3　（任务三）用普通单向阀实现垂直安装液压缸的平衡控制 203
8.10　液压缓冲回路 204
　　8.10.1　（任务一）用缓冲液压缸实现缓冲 204
　　8.10.2　（任务二）用溢流阀实现缓冲 205
8.11　气动缓冲回路 206
　　8.11.1　（任务一）利用行程阀实现气缸的末端缓冲回路 206
　　8.11.2　（任务二）用节流阀和顺序阀实现气缸的末端缓冲回路 206
8.12　液压缸活塞的推力及运动速度计算 207
　　8.12.1　单出杆双作用液压缸的推力及速度计算 207
　　8.12.2　双出杆双作用液压缸活塞的推力及速度计算 208
8.13　气动压力回路的特点 208
　　思考题 210

第9章　流量控制回路 212
9.1　液压调速回路 213
　　9.1.1　（任务一）用节流阀实现的调速 214
　　9.1.2　（任务二）用变量机构实现的调速 219
　　9.1.3　（任务三）用节流阀和变量机构共同实现的调速 220
　　9.1.4　调速回路的选用和比较 221
9.2　气动调速回路 222
　　9.2.1　（任务一）用单向节流阀实现的调速 222
　　9.2.2　（任务二）用排气节流阀实现的调速 223
9.3　液压快速运动回路 223
　　9.3.1　（任务一）用液压缸差动连接实现快速运动 224
　　9.3.2　（任务二）用蓄能器实现的快速运动 225
　　9.3.3　（任务三）用增速缸实现快速运动 226
　　9.3.4　（任务四）用双泵供油实现快速运动 227
9.4　气动快速运动回路 228
　　9.4.1　（任务一）用双作用气缸差动连接实现快速运动 228
　　9.4.2　（任务二）用快速排气阀实现气缸的快速前进 229
9.5　液压速度转换回路 229

9.5.1 （任务一）用换向阀实现速度转换 230
9.5.2 （任务二）用调速阀实现速度转换 231
9.5.3 （任务三）用比例阀实现速度转换 232

9.6 气动速度转换回路 233
9.6.1 （任务一）双作用气缸慢进快退的速度转换回路 233
9.6.2 （任务二）双作用气缸运动中途的速度转换回路 234

9.7 液压同步回路 235
9.7.1 （任务一）用机械连接实现同步 235
9.7.2 （任务二）用串联液压缸实现同步 236
9.7.3 （任务三）用流量控制方式实现同步 237
9.7.4 （任务四）用同步马达实现同步 238

9.8 气动同步回路 239
9.8.1 （任务一）用单向节流阀的调节实现同步 239
9.8.2 （任务二）气液缸的同步动作回路 240

思考题 241

第 4 篇　液压与气动典型系统

第 10 章 （项目一）动力滑台 244

10.1 概述 244
10.1.1 动力滑台的分类 245
10.1.2 动力滑台的选择与性能要求 245

10.2 液压传动动力滑台 247
10.2.1 液压传动动力滑台的结构 247
10.2.2 液压传动动力滑台的工作过程 247
10.2.3 主回路原理图 248
10.2.4 动作顺序表 250
10.2.5 PLC 系统 I/O 接线图 251
10.2.6 功能表图 251
10.2.7 梯形图 252

第 11 章 （项目二）成型机 254

11.1 成型机的分类 254

11.2 液压成型机 255
11.2.1 液压成型机的结构 256
11.2.2 液压成型机的工作过程 256
11.2.3 主回路原理图 257
11.2.4 动作顺序表 259
11.2.5 PLC 系统 I/O 接线图 259

　　　11.2.6　功能表图 260

　　　11.2.7　梯形图 260

第12章　（项目三）机械手 261

　12.1　机械手的组成 261

　　　12.1.1　执行机构 262

　　　12.1.2　驱动系统 263

　12.2　机械手的分类 263

　12.3　液压与气动机械手 270

　　　12.3.1　液压与气动机械手的特点 271

　　　12.3.2　气动机械手的结构 272

　　　12.3.3　气动控制回路 276

　　　12.3.4　复合式机械手的结构特点 278

　　　12.3.5　机械手设计使用注意事项 279

　12.4　六自由度搬运机械手的控制 280

　　　12.4.1　搬运要求 280

　　　12.4.2　主回路原理图 281

　　　12.4.3　PLC系统I/O接线图 282

　　　12.4.4　功能表图 282

　　　12.4.5　梯形图 283

　　思考题 284

第5篇　液压与气动系统的使用维护

第13章　液压系统的设备维修与维护 286

　13.1　液压系统的故障检修方案 286

　13.2　液压系统的故障检修与诊断 288

　13.3　液压系统的油污染问题 291

　13.4　液压系统的清洗过程 294

　13.5　液压系统清洗后的参数调整 296

第14章　气动系统的安装、调试、维护、维修 298

　14.1　气动系统的工作环境与传动控制方案的确定 299

　　　14.1.1　气动系统的工作环境要求 299

　　　14.1.2　气动系统传动结构和控制方案的确定 299

　14.2　气动执行元件的安装与调试 300

　　　14.2.1　气缸的安装形式 301

　　　14.2.2　气缸的安装要求 302

　14.3　气动控制元件的安装与调试 304

14.4　气动检测元件的安装与调试 308

14.5　气源的安装与调试 309

14.6　气动系统的使用与维护 314

附录 A　液压与气压传动常用图形符号 318

参考文献 322

第1篇

概论

自动控制系统的控制过程主要包括产品的工艺形成过程、生产设备的原理工作过程、设备指标的参数确定过程、执行机构的选型过程、检测元件的信号采集过程、控制机构的模块组合过程、控制软件的程序设计过程、生产线的安装调试过程、系统设备的运行维护过程等，这些过程主要是为了使执行元件构成的工作（做功）机构达到产品工艺要求而进行的对执行元件的控制过程。执行元件包括液压与气动执行元件，因此液压与气动控制技术在自动控制系统的控制过程中不可或缺。

本篇共分为两章，第 1 章主要介绍自动控制系统各功能机构的作用及自动控制系统的性能要求；电气控制系统的基本知识及电气逻辑回路；PLC 的工作原理及 PLC 控制系统的设计过程；如何用循环动作图、动作表、动作时序图、流程图和功能表图等表述与确定系统动作过程。第 2 章主要介绍液压与气压传动的工作原理、组成及其应用和发展；液压与气压传动介质特性；相对压力、绝对压力和真空度的概念以及液压与气动系统中的压力传递特性。

第 1 章　自动控制系统

要点概述

1.1 节主要介绍自动控制系统的组成及各功能机构的作用，并阐述自动控制系统要具有稳定性、快速性和准确性的性能特点。1.2 节介绍电气控制系统的基本知识，并介绍了"与"门、"或"门、记忆、延时电路的结构。1.3 节介绍 PLC 的功能，并给出 PLC 的 I/O 结构原理图和控制电路通用结构形式。1.4 节介绍借助功能图表对系统动作过程进行表述与确定的方法。

本章教学目标：掌握设备控制结构，理解设备各组成部分之间的关系和作用，能用几种常见的功能图表来表示系统动作过程，了解 PLC 控制系统的接线结构				
	重　点	难　点	教学方法	教学时间
1.1 节	自动控制系统的组成及各功能机构的作用	执行机构、检测及传感器机构、控制机构、动力源、机械本体等相互之间的控制关系	讲授	0.5 课时
1.2 节	电气控制回路的控制形式	"与"门、"或"门、记忆、延时电路的结构	讲授	0.5 课时
1.3 节	PLC 控制系统的通用控制结构	PLC 的工作过程	讲授	1 课时
1.4 节	系统动作过程的表述与确定方法	循环动作图、动作表、动作时序图、流程图、功能表图等功能图表的正确使用	讲授	0.5 课时
合计课时				2.5 课时

1.1　自动控制系统的组成

自动控制系统由执行机构（电、气、液）、检测及传感器机构、控制机构（电、气、液）、动力源和机械本体五部分组成。

1.1.1　各功能机构的作用

1. 执行机构（电、气、液）

执行机构的作用是按照产品工艺性能参数的要求，在控制机构发出的各种控制信号的引领下，通过特定的能量转换形式，完成预期的能量加载工作（做功）过程。从能量转换形式的角度看，执行机构由能量转换执行元件（如电机、液压缸和气缸等）构成，但从执行过程的角度看，执行机构由能量转换执行元件和传动机构（如电机和减速机等）两部分构成，这两部分使它既能实现给定的运动过程，又能传递足够的基础动力，并具有良好的传动稳定性。对于自动控制系统来说，当控制机构发出的控制信号传送到执行机构之后，执行机构就要完成特定的能量转换和基本能量的匹配输出等功能实现过程。

自动控制系统的执行机构包括电机传动系统（含伺服电机系统）、步进电机系统、交直流调速电机系统、气缸或液压缸系统、气动或液压摆动马达系统、旋转马达系统等，执行机构中的执行元件最显著的特点是可进行能量转换和做功并消耗功率。

2．检测及传感器机构

检测及传感器机构的作用是获取系统运行过程中有关参数变化的信息，其功能通过装在自动控制系统中的各种检测元件和传感器来获取需要的各种信号，并把检测到的各种信号进行放大、变换，然后传送到控制机构进行分析和处理。检测及传感器机构可以使用多种形式的检测元件（如行程开关、接近开关、光电开关、射频开关、压力开关、流量开关、温度开关）和相应可输出脉冲或模拟量信号的传感器件、旋转编码器、智能检测仪表等，其工作过程涉及光、电、气、液、机等多种机制，包括信息转换、显示、记录等多个过程。可以说，检测及传感器机构是一个有输入、输出、电源接口、内部处理核心的相对独立的系统。

3．控制机构（电、气、液）

控制机构的作用是处理系统运行过程中得到的各种信息数据并做出相应的比较判断、选择决策和指令输出。在自动控制系统中，控制机构中的控制器是系统的指挥中心，它将检测及传感器机构检测到的信号传送到其内部，并将这些信号与要求的工艺值进行比较、分析、判断，然后通过专用控制元件给执行机构发出执行工作命令。由于这是一个随机信息数据的处理控制过程，因此控制器要具有信息处理和控制的功能，这个功能的复杂性根据系统性能要求而定，其处理数据量可大可小，处理过程可多可少，但处理速度必须很快（瞬时处理）。随着计算机技术的发展，与其应用密切相关的机电一体化技术也得到了普及，计算机已成为控制器的主体，它能够提高系统控制机构的信息处理速度和数据精度及可靠性，减小系统占用的空间体积，同时提高系统整体的抗干扰性能等。目前的自动控制系统大都为电、气、液综合控制系统，因此其控制机构由主控单元和执行元件的控制元件及主令控制开关等组成。主控单元包括继电器硬件逻辑单元、PLC、单片机、计算机等控制单元。自动控制系统可以按主控单元的形式分成以下几种。

继电器控制系统（Relay Control System）。一般简单系统的功能直接由继电器控制系统实现，如功能简单的自动冲床、半自动机床等。

单片机控制系统（Single-Chip Microcomputer Control System）。特定或专用小型系统的功能大都由单片机控制系统实现，如智能仪表、电子计量秤、小型电热锅炉的控制系统等。

PLC 控制系统（PLC Control System）。一般通用设备系统的功能由 PLC 控制系统实现，尤其是工业企业的现场设备，大都采用 PLC 控制系统，如自动包装机、自动切割机床、数控机床等。

计算机控制系统（Computer-Controlled System）。综合控制系统的功能一般由计算机控制系统实现，DCS 的上位机大都采用计算机控制系统，如水泥、钢铁行业中的自动生产线等。

执行元件的控制元件包括变频器（Transducer）、控制电机的控制器（Controller）、电磁阀（Solenoid Valve）、接触器（Contactor）等，它们也是对电机、气缸、气马达、液压缸、液压马达等系统执行元件进行通断控制和输出功率调节的系统控制装置的一部分，属于系统控制元件。因此系统控制元件相当于系统执行元件的功率通断开关，受控于主控单元，对系统执行元件具有一一对应的输出功率调节或启停控制作用，具备输出功率特性，但不具备消耗功率特性（相对系统执行元件），是控制回路的控制对象。

主令控制开关是指主控单元输入端的控制按钮和转换开关等。

4．动力源

动力源的作用是向系统（如自动化设备及生产线等）供应和输送特定形式的能源动力，以驱动系统正常运转。常用的动力源有电源、液压源、气压源等。液压执行元件和气动执行元件分别需要用液压源和气压源进行驱动。

5．机械本体

在自动控制系统中，机械本体是完成给定工作的主体，具有整体结构支撑、机构及部件之间的连接固定、实现能量的中间传递、改变能量的传递方向和保持特定的运动形式状态等功能，是机、电、气、液一体化技术的载体。机械本体一般包括机壳（Enclosure）、机架（Rack）、机械传动部件（Mechanical Drive Part），以及各种连杆机构（Link Mechanism）、凸轮机构（Cam Mechanism）、联轴器（Coupling）等。

由于自动控制系统一般具有高速运转、高精度配合、高效率生产和高复杂性的特点，因此其机械本体应满足稳定安全、精密可靠、维护方便、模块集成，以及轻巧美观、操作简单和实用耐用等性能要求。

1.1.2 自动控制系统的性能要求

自动控制系统的性能要求可以概括为三个方面：稳定性（Stability）、快速性（Rapiditcy）和准确性（Accuracy），即振荡幅度越小越好，调整的过渡过程（又称调整时间）越短越好，衰减得越快越好。

1．稳定性

自动控制系统最基本的要求就是系统的控制过程必须是稳定的，不稳定的自动控制系统是不能工作的。判断系统是否稳定，最主要的方法就是检测系统输出被控量的参数变化情况，衡量其最大误差值（超调量的绝对值）能否达到系统目标参数值的最低要求。

2．快速性

在系统稳定控制的前提下，希望调整的过渡过程越短越好，但这与系统的稳定性相矛盾，如果系统要求调整的过渡过程很短，则可能使动态误差（偏差值）过大。合理的设计应该兼顾稳定性和快速性这两个方面的性能要求。

3．准确性

系统通常希望动态误差（偏差值）和稳态误差（偏差值）越小越好。当这两个偏差值的准确性与快速性有矛盾时，应兼顾这两个方面的性能要求。

随着半导体集成电路技术的发展，智能仪表技术、变频器技术、单片机技术、PLC 技术、计算机技术等得到了快速提高，其产品性能也得到了迅速发展，因此，一般控制系统中的干扰问题、信号传递过程中的失真问题、控制调节过程的滞后问题在目前的工业系统中都得到了很好的解决。目前的工业自动控制系统应当注重以下内容：智能仪表、旋转编码器等检测器件与 PLC 输入形式的应用及变频器、控制电机的控制器与 PLC 输出形式的应用；控制过程中各个时刻的系统参数变化和系统执行机构的逻辑关系变化；用最少的定量控制形式来解决控制系统的稳定性。

1.2　电气控制系统

电气控制系统严格来讲是指电气设备二次控制回路。电气控制系统包括主回路和控制回路两部分。主回路是指系统执行元件的能量或功率驱动回路，包括电气、气动、液压等回路；控制回路是指由继电器、单片机、PLC 等形式的主控单元与接触器、电磁阀、驱动器等形式的电路执行元件（或称系统控制元件）组成的系统主回路的控制部分，它能实现对主回路的控制功能、保护功能、测量功能、监视功能。主回路属于执行设备回路，是由电动执行元件、气动执行元件、液压执行元件和相应功率开关或驱动单元等一次设备组成的一次回路；控制回路是由主控单元和相应功率开关或驱动单元的控制元件等二次设备组成的一次回路的二次控制回路。

目前的自动控制系统大都是由电、气、液、机等单一基础动力驱动形式组成的复合自动控制系统。

电气控制的气动自动控制系统在自动化应用中十分常见。在气动自动控制系统中，电气控制主要是指电磁阀的换向控制。电气控制的特点是响应快、动作准确。

1.2.1　电气控制系统的基本知识

1．开关元件状态

电气控制电路的接通和断开是由各类电气开关（无触点开关）和开关触点来完成的，如电磁阀的接通和断开就是由行程开关或控制系统的开关触点来完成的。电路中的触点有常开触点（Normally Open Contact）和常闭触点（Normally Closed Contact）两类。

1）常开触点

触点在原始状态是断开的，加以外力后闭合，这种触点被称为常开触点或动合触点。

2）常闭触点

触点在原始状态是闭合的，加以外力后断开，这种触点被称为常闭触点或动断触点。

2. 控制继电器

控制继电器（Pilot Relay）是一种当输入量变化到某一定值时，其触点就接通或断开的交、直流小容量控制的自动化电器。它广泛用于电力拖动、程序控制、自动调节与自动检测系统。按动作原理分类，控制继电器可分为电压继电器（Voltage Relay）、电流继电器（Current Relay）、中间继电器（Intermediate Relay）、热继电器（Thermo Relay）、温度继电器（Temperature Relay）、速度继电器（Speed Relay）及特种继电器（Special Type Relay）等。在电气自动化技术中用得较多的是中间继电器与时间继电器（Time Relay）两种。控制继电器属于功能性逻辑开关元件，最大电流容量（Current Capacity）一般为 5A。

中间继电器的作用是进行中间转换、增加控制回路数量或放大控制信号，其线圈电压有交流与直流两种。

时间继电器用于各种生产工艺过程或设备的自动控制，可以实现通电延时或断电延时。

3. 接触器

接触器（Contactor）一般是由控制继电器控制的功率型开关元件，通常按承载的电流大小进行分类，最小电流容量一般为 10A。

1.2.2 电气逻辑回路

电气开关元件只有两种状态：接通（又称动合）和断开（又称动断）。接通用逻辑1表示，断开用逻辑 0 表示。

1. "或"门电路

门电路如图 1-1（a）所示。"或"门电路（"Or" Gate Circuit）是指开关的并联逻辑关系电路，如图 1-1（b）所示。

2. "与"门电路

"与"门电路（"And" Gate Circuit）是指开关的串联逻辑关系电路，如图 1-1（c）所示。

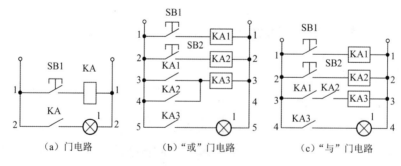

（a）门电路　　（b）"或"门电路　　（c）"与"门电路

图 1-1　门电路图

3. 记忆电路

记忆电路（Memory Circuit）是指开关的自保持电路。图 1-2 所示为记忆电路的两种停止形式。记忆电路的停止按钮可以和启动按钮串联，也可以和启动按钮并联，两种形式都可以实现停止功能。

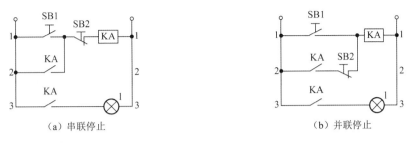

（a）串联停止　　　　　　　　　　（b）并联停止

图 1-2　记忆电路的两种停止形式

4．延时电路

当延时电路（Time-Delay Circuit）接通或断开后，延时电路控制的开关触点可以被延时地接通或断开，其开关触点分为延时闭合开关触点与延时断开开关触点两种。图 1-3 所示为延时电路的两种形式。

（a）延时闭合　　　　　　　　　　（b）延时断开

图 1-3　延时电路的两种形式

5．"或"逻辑实现的启停电路

图 1-4 所示为"或"逻辑实现的启停电路（"Or" Logic Start-Stop Ciruit），触点 SB1、SB2 和继电器 KA、电阻 R 等构成了启停电路，当按下触点 SB1 时，由于 SB2 是常开触点，继电器 KA 线圈没有被短接，并经电阻 R 得电吸合，通过自保开关 A 自锁。当按下触点 SB2 时，继电器 KA 线圈被短接，失电释放。

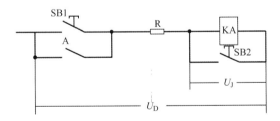

图 1-4　"或"逻辑实现的启停电路

可用多个启动触点 SB1 并联实现异地"或"启动控制；可用多个停止触点 SB2 并联实现异地"或"停止控制；启动回路和停止回路不采用"与"形式的串联接线，而采用"或"形式的并联接线，这样可以减少线路节点数量，简化线路结构，便于系统安装与维护。

在电路中，电源电压 U_D 必须大于继电器的额定工作电压 U_J。

电阻按式（1-1）计算并选择。

$$R = \frac{U_D - U_J}{I_J} \tag{1-1}$$

式中，I_J 为继电器 KA 的工作电流。

功率按式（1-2）计算。

$$W = \left(\frac{U_D}{R}\right)^2 R \tag{1-2}$$

1.3 PLC 控制系统

可编程控制器首先出现于 20 世纪 60 年代末的美国，当时被叫作可编程逻辑控制器，即 PLC（Programmable Logic Controller），是用来代替由继电器、接触器构成的控制装置，实现逻辑判断、计时、计数等顺序控制功能的。PLC 的基本设计思想是把计算机的功能完善、灵活、通用等优点和继电器控制系统的简单易懂、操作方便、价格低廉等优点结合起来，作为控制器应用并使其硬件具有标准化、通用化的特点，同时根据实际应用对象，将控制内容编成软件并写入控制器的用户程序存储器，从而利用通用的工业化控制单元实现各具特色的不同行业的系统控制。

人们最初研制生产的 PLC 主要用于代替由继电器、接触器构成的控制装置，其梯形图就是模拟继电器开关触点的硬件逻辑电路结构设置的，但这两者的运行控制方式并不相同。由继电器、接触器构成的控制装置采用硬逻辑电路结构并行控制运行的方式，即如果继电器的线圈通电或断电，该继电器所有的触点（包括其常开或常闭触点）在继电器控制线路的任何位置上都会立即同时动作。而 PLC 的 CPU 则采用顺序逻辑扫描用户程序的控制运行方式，即如果一个输出线圈或逻辑线圈接通或断开，该线圈的所有触点（包括其常开或常闭触点）不会立即动作，必须等程序扫描到该触点时才会动作。继电器控制装置各类触点的动作时间一般为 100ms 以上，而 PLC 扫描用户程序的时间一般小于 100ms。因此用 PLC 代替由继电器、接触器构成的控制装置满足及时通断的时间条件和逻辑输出条件。

1.3.1 PLC 的结构及各部分的作用

PLC 的结构是以微处理器为核心的控制结构。PLC 通常由中央处理单元（CPU）、存储器、输入/输出（I/O）单元、电源和编程器等部分组成。

1. CPU

CPU 作为整个 PLC 的核心，起着总指挥的作用。CPU 一般由控制电路、运算器和寄存器组成。这些电路通常被封装在一个芯片中。CPU 通过地址总线、数据总线、控制总线与存储器、I/O 接口电路连接。CPU 通过从存储器中读取指令、执行指令、读取下一条指令、处理中断等操作实现系统的控制功能。

2．存储器

存储器主要用于存放系统程序、用户程序及工作数据。存放系统程序的存储器称为系统程序存储器；存放用户程序的存储器称为用户程序存储器；存放工作数据的存储器称为数据存储器。常用的存储器有 RAM、EPROM 和 EEPROM。RAM 是一种可进行读写操作的随机存储器，用于存放用户程序，生成用户数据区，存放在 RAM 中的用户程序可方便地进行修改。RAM 是一种高密度、低功耗、价格低廉的半导体存储器，可用锂电池作为备用电源，在掉电时可有效地保持存储的信息。EPROM、EEPROM 都是只读存储器，用于固化系统管理程序和应用程序。

EPROM（Erasable Programmable ROM，可擦可编程只读存储器）可重复擦除和写入。EPROM 有一个很明显的特征，即在其正面的陶瓷封装上开有一个玻璃窗口，透过该窗口可以看到其内部电路，紫外线透过该窗口照射其内部电路就可以擦除其中的数据，完成该操作要用到 EPROM 擦除器。EPROM 中内容的写入要用专用的编程器，并且写入内容时必须加一定的编程电压（12～24V，视不同 EPROM 型号而定）。

EEPROM（Electrically Erasable Programmable ROM，电可擦可编程只读存储器）是一种掉电后数据不丢失的存储器。

3．I/O 单元

I/O 单元实际上是 PLC 与被控对象间传递 I/O 信号的接口部件。I/O 单元具有良好的电隔离和滤波作用。接入 PLC 输入接口的输入器件是各种开关、按钮、传感器等。接入 PLC 输出接口的输出器件往往是电磁阀、接触器、继电器等，其中继电器有交流型和直流型、高电压型和低电压型、电压型和电流型之分。

随着计算机技术的发展，PLC 的 I/O 单元也从单一的开关量的 I/O 形式发展为开关量、模拟量、脉冲量等 I/O 形式。

I/O 单元的输入器件包括主令电器、检测传感器及智能仪表和给定量控制器件。主令电器的信号形式为开关量输入 DI；检测传感器及智能仪表的信号形式为开关量输入 DI、模拟量输入 AI、脉冲量输入 PI；给定量控制器件的信号形式为电压或电流的模拟量输入 AI。

I/O 单元的输出器件主要为执行元件，其输出量的形式有三种，即开关量输出 DO、模拟量输出 AO、脉冲量输出 PO。电路控制的执行元件包括变频器（Transducer）、伺服电机驱动器（Servo Motor Driver）、步进电机驱动器（Stepper Motor Driver）等。

4．电源

PLC 的电源包括系统的电源及备用电池，电源的作用是把外部电压转换成内部工作电压。PLC 内部有一个稳压电源，用于对 PLC 的 CPU 和 I/O 单元供电。

5．编程器

编程器是 PLC 最重要的外围设备之一。利用编程器可将用户程序送入 PLC 的存储器，还可以利用编程器检查程序、修改程序、监视 PLC 的工作状态。除此以外，在微计算机上添加适当的硬件接口和软件包，也可以实现用微计算机对 PLC 编程。利用微计算机作为编程器，可以直接编制并显示梯形图，在线实现程序运行与调试。

1.3.2 PLC 的工作原理

当 PLC 投入运行后，其工作过程一般分为三个阶段，即输入采样（Input Sampling）、用户程序执行（User Program Executing）和输出刷新（Output Refreshing）。完成上述三个阶段的过程称为一个扫描周期（Scanning Cycle）。在整个运行期间，PLC 的 CPU 以一定的扫描速度重复执行上述三个阶段。

1. 输入采样阶段

在输入采样阶段，PLC 以扫描方式依次读入所有输入状态和数据，并将它们存入 I/O 映像区中的相应单元。输入采样结束后，转入用户程序执行和输出刷新阶段。在后两个阶段中，即使输入状态和数据发生变化，I/O 映像区中的相应单元的状态和数据也不会改变。因此，如果输入信号为脉冲信号，则该脉冲信号的宽度必须大于一个扫描周期，才能保证在任何情况下该输入均能被读入。

2. 用户程序执行阶段

在用户程序执行阶段，PLC 总是按从上到下的顺序依次扫描用户程序（梯形图）。在扫描每个梯形图时，PLC 总是先扫描梯形图左边的由各触点构成的控制线路，并按从左到右、从上到下的顺序对由触点构成的控制线路进行逻辑运算，然后根据逻辑运算的结果刷新该逻辑线圈在系统 RAM 中对应位的状态，或者刷新该输出线圈在 I/O 映像区中对应位的状态，或者确定是否要执行该梯形图所规定的特殊功能指令，即在用户程序执行过程中，只有输入点在 I/O 映像区内的状态和数据不会发生变化，而输出点和软件在 I/O 映像区或系统 RAM 内的状态和数据有可能发生变化，而且排在上面的梯形图，其程序执行结果会对排在下面的用到这些逻辑线圈的状态或数据的梯形图起作用；排在下面的梯形图，其被刷新的逻辑线圈的状态或数据只能到下一个扫描周期才能对排在其上面的梯形图起作用。

3. 输出刷新阶段

当用户程序执行阶段结束后，PLC 就进入输出刷新阶段。在此期间，CPU 先按照 I/O 映像区内对应的状态和数据刷新所有的输出锁存电路，再经输出电路驱动相应的外部设备。这时的输出才是 PLC 的真正输出。

一般来说，PLC 的扫描周期还包括自诊断、通信等过程，即一个扫描周期时间为自诊断、通信、输入采样、用户程序执行、输出刷新等所有过程时间的总和。

图 1-5 所示为 PLC 的 I/O 结构原理图，以西门子 S7-200 PLC 为例，在输入接口处，按钮、检测元件等通过连接 24V 电源和 COM 端接入输入端，最终利用光电隔离形成与每个输入端相对应的输入映像继电器结构，实现外部与内部的条件控制。内部控制过程按照条件要求，由内部电路按预定指令逐条执行。在输出接口处，内部的指令和输入接口的条件形成的执行结果通过输出映像继电器结构控制输出元件，输出元件包括接触器、电磁阀等控制元件，由此来实现对系统执行元件的控制。

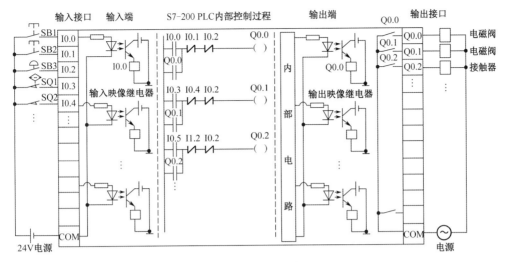

图 1-5 PLC 的 I/O 结构原理图

1.3.3 PLC 编程语言

1．梯形图编程语言

梯形图（Ladder Diagram）编程语言沿用了继电器控制电路的形式，它是在电气控制系统中常用的继电器、接触器逻辑控制基础上简化了符号演变而来的，即将继电器、接触器电气控制回路中的硬件逻辑电路结构，在逻辑原理相同的条件下，转变成了梯形图的软件控制形式，其形象、直观、实用。

梯形图的设计应注意以下三点。

① 梯形图按从左到右、从上到下的顺序排列。每一逻辑行首先从左母线开始，然后经过串、并联的触点，最后结束于线圈与右母线。

② 梯形图每个梯级中流过的不是物理电流，而是概念电流，其从左流向右，两端没有物理电源。概念电流只用来形象地描述用户程序执行过程中应满足的线圈接通条件。

③ 输入继电器用于接收外部输入信号，不能由 PLC 内部其他继电器的触点来驱动。梯形图中只出现输入继电器的触点，而不出现其线圈。输出继电器的输出程序执行结果给外部输出设备，当梯形图中的输出继电器线圈得电时，就有信号输出，这个输出信号不能直接驱动系统的执行输出设备，而要通过输出接口的继电器、晶体管或晶闸管实现对系统执行输出设备的控制。输出继电器的触点可供内部编程使用。

2．指令语句表编程语言

指令语句表（Instruction Statement List）编程语言是一种与计算机汇编语言类似的助记符编程语言，但其比计算机汇编语言易懂易学。一条指令语句由步序、指令语和作用器件编号三部分组成。

1.3.4 PLC 的功能

PLC 能够实现以下方面的控制功能。

1．内部逻辑运算和输出控制

PLC 具有内部逻辑运算和输出控制功能。

2．内部计时控制

PLC 具有内部计时控制功能，能够实现对输入脉冲信号和节点信号进行计时、运算处理、输出控制。

3．内部计数控制

PLC 具有内部计数控制功能，能够实现对输入脉冲信号和节点信号进行计数、运算处理、输出控制。

4．步进控制

PLC 具有分步顺序控制功能，即步进控制功能。

5．PID 控制

PLC 具有比例、微分、积分控制功能，即 PID 控制功能。

6．数据处理

PLC 具有数据处理功能，能够实现数据的比较、判断、运算以及输出控制。

7．通信和联网

PLC 可以和其他智能设备通过专用接口实现串行脉冲数据交换，从而以约定模式实现与各个智能设备间的通信和联网。

8．其他

PLC 还有许多其他特殊功能模块，可满足各种特殊控制的要求，如定位控制模块、CRT 模块等。

1.3.5　PLC 的主要特点和分类

1．PLC 的主要特点

1）通用性

① 通用性是指 PLC 适用于所有继电器、接触器的传统控制环境并可作为主控单元取而代之，同时 PLC 属于通用性的工业控制计算机，具备计算机的功能和特点。

② PLC 具有 I/O 接口连接形式及数字、模拟、脉冲方式的 I/O 信号处理能力。针对不同的工业现场信号，如交流信号或直流信号、开关量或模拟量、电压或电流、脉冲或电位、强电或弱电等，有相应的 I/O 模块与工业现场器件或设备进行配合连接，包括人机对话的接口模块等。

③ PLC 具有高速的内部逻辑运算功能，可与计算机类智能单元串行通信和联网。其

具有多种通信和联网的接口模块，可组成工业局域网。

2）可靠性

① PLC 的可靠性是指工作在工业现场中的抗干扰性能。所有的 I/O 接口电路均采用光电隔离，使工业现场的外电路与 PLC 内部电路之间无直接的电联系。

② PLC 的各输入端采用 RC 滤波网络，以消除输入信号尖刺波的干扰，滤波时间常数一般为 10～20ms。

③ PLC 内部电路的信号传输和各模块均采取屏蔽措施，以防止辐射干扰。

④ PLC 的内部各功能电路均采用性能优良的开关电源供电，具有较强的电源保护功能。

⑤ PLC 具有良好的自诊断功能，一旦系统内部发生异常情况，CPU 立即采取有效措施，发出报警和必要的故障类型提示。

⑥ PLC 采用冗余结构形式，为控制系统的前期设计和运行调试及后期的维护与系统升级换代提供方便，使系统可靠性进一步提高。

3）使用性

① PLC 的使用性包括结构的方便性。PLC 采用模块化结构，包括 CPU、电源、I/O 单元等，各个部分均采用模块化设计，并由机架及电缆将各模块连接起来，系统的规模和功能可根据用户的需要自行组合。

② PLC 的使用性包括编程的易懂易学性。PLC 采用类似继电器控制线路的梯形图形式，很容易为一般工程技术人员所理解和掌握。

③ PLC 的使用性包括安装简单和维修方便性。PLC 采用模块化结构，一旦某个模块发生故障，用户可以通过更换模块的方法，使系统迅速恢复运行。同时，PLC 作为器件，其形式可采用多种固定形式。

4）选择性

① 不同型号的 PLC，其功能、容量、处理运行速度及价格是有区别的，要根据控制过程的实际需要进行选择。

② 不同厂家制造的 PLC，其梯形图的指令符号和编程方式有所不同，要根据用户的实际要求进行选择。

2．PLC 的分类

PLC 一般按 I/O 节点数划分为小型、中型、大型三种规模。

小型 PLC 的 I/O 节点数一般为 256 个以下。

中型 PLC 的 I/O 节点数一般为 512～1024 个，功能比小型 PLC 强。

大型 PLC 的 I/O 节点数一般为 2048 个以上。大型 PLC 的软、硬件功能极强，具有极强的自诊断功能，通信和联网功能强，并有各种通信和联网的模块。

小型、中型、大型 PLC 的 I/O 节点数均可进行扩展。

1.3.6　PLC 组成的控制系统

控制系统从设备结构方面来看，由机械本体、检测及传感器机构、电气控制机构、执行机构、动力源组成。控制系统从控制结构方面来看，由指令输入设备、检测输入设备、主控单元、控制电路执行元件、系统执行元件等组成。

系统的动作过程由若干步骤按一定功能要求组成，每个步骤都对应其生成条件与动作结果，上一个步骤的结果经过转换就是下一个步骤的条件，每个步骤的结果都由其前提条件转化生成。

1．指令输入设备

指令输入设备包括计算机、编程器、主令按钮、通信接口等，其作用是对系统提出指令要求、参数标准、运行程序。

2．检测输入设备

检测输入设备主要完成对执行结果的数据检测。检测输入设备由检测用行程开关、接近开关、电压检测仪表、电流检测仪表、温度检测仪表、压力检测仪表、流量检测仪表、智能仪表、计数器、旋转编码器等检测元器件和变送器、光纤、导线、衰减及放大增益调整单元等形成的反馈传输通道组成，以保证系统的运行符合指令要求和参数标准。检测反馈系统能实现系统的闭环控制过程，而无检测反馈的系统则不能对输出状况进行比较调节，属于开环控制过程，可能造成输出误差。

3．主控单元

PLC 利用主控单元完成对输入检测的开关量 DI、模拟量 AI、脉冲量 PI 的指标转换并与指令程序要求的技术标准值进行比较、判断，以控制其输出电路执行元件的状态。根据对电路执行元件当前结果的判定和目标要求，输出信号可以是开关量 DO、模拟量 AO、脉冲量 PO 等形式，从而实现对电路执行元件的程序控制。

4．控制电路执行元件

控制电路执行元件包括继电器、接触器、电磁阀、调压电源、变频器、伺服电机驱动器、步进电机驱动器等，主要用来控制和驱动系统的执行元件或机构。控制电路执行元件是系统主回路执行元件的控制元件。

5．系统执行元件

系统执行元件包括主回路中的电机、伺服电机、步进电机、气缸、气马达、液压缸、液压马达等，通过电源、压缩气源、液压源提供动力支持并按照动作过程要求受控于控制电路执行元件，完成特定的动作。

6．系统的控制过程

要使系统按照一定规律运转，就要符合一定的程序，程序是根据产品制作的工艺过程设计的。一般系统要按照程序设计的工艺过程工作，PLC 则按照程序要求对系统实现工艺过程控制。工艺过程控制是系统的必要工作过程，工艺过程标准是系统必须达到的参数指标，工艺过程控制的合理性是需要人们不断进行研究和探讨的课题。

1.3.7　PLC 控制系统的设计过程

用 PLC 设计一个实际控制系统，其设计过程包括以下步骤。

1．系统分析

根据产品的性能要求确定系统执行元件的结构和主控单元的形式，以及检测反馈系统的参数指标、控制精度、元件选型，并对系统进行过程分析，从整体确定符合性能要求的控制系统结构形式和各参数指标及动作流程。

2．设计主回路电气原理图和液压或气动系统控制原理图

根据系统执行机构的要求特点确定系统执行机构的形式。若系统为电动形式，则要确定电源的结构和主回路电气原理图。若系统为液压形式，则要确定液压源的工作压力、流速及流量调节精度和液压系统控制原理图。若系统为气动形式，则要确定气源的功率及工作过程和气动系统控制原理图。

3．设计控制回路电气原理图

根据主回路电气原理图、液压系统控制原理图及气动系统控制原理图的参数要求和系统的动作（轨迹）过程要求来设计控制回路电气原理图。对于 PLC 系统（单片机控制系统、微计算机系统）而言，要确定 I/O 接口的设备清单。

图 1-6 所示为控制电路通用结构形式，系统由输入设备、主控单元、输出设备、控制设备等组成。主控单元有继电器、接触器控制，PLC 控制，单片机控制等多种控制形式。

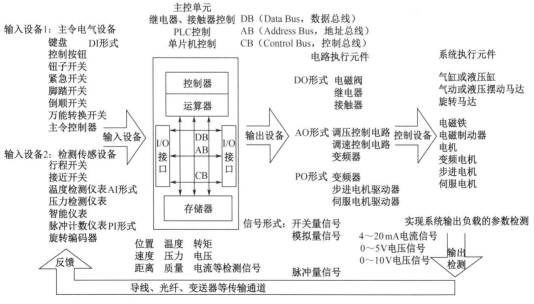

图 1-6　控制电路通用结构形式

4．设计循环动作图、动作表、动作时序图、流程图、功能表图、梯形图

对于 PLC 等工业控制系统，在进行系统程序设计之前，必须对系统工艺控制过程完全

了解掌握，尤其要列出检测元件（条件）和执行元件（结果）的动作对应关系。根据系统特点，通过循环动作图、动作表、动作时序图、流程图、功能表图对控制过程进行详细说明和清楚表述。

梯形图一般按照功能表图进行设计，在设计过程中，步和步之间除了要考虑条件的必要转化，还要考虑执行元件的控制结构，程序设计过程实际上是对执行机构与检测元件的性能参数进行合理化调整的过程。

1.4 系统动作过程的表述与确定

产品的工艺形成过程决定了系统各执行元件的动作过程，执行元件的动作过程决定了系统各控制元件的动作要求和各检测元件的定位参数。因此，要根据各动作元件的特点和产品的工艺形成过程，用合理的结构准确表达执行元件、控制元件、检测元件的动作过程，任何一个细节偏差都可能导致控制过程的失败。

1.4.1 循环动作图

循环动作图一般在机床类设备的设计中应用较多。循环动作图的内容如下。

① 在循环动作图中要标明各动作的距离。

② 各检测元件的位置与系统执行元件在循环中的动作协调关系（条件与结果）。

③ 根据系统执行元件的驱动方式（电、气、液、机）确定有关过程控制技术参数（启动时间、制动时间、运行时间或距离、误差精度等）。

④ 根据过程控制技术参数要求，确定和修正运行过程中的参数调节（流量、压力）、调速制动（机械制动、反接制动、能量制动）等方式。

图 1-7 所示为系统循环动作图，展示了一个完整的、系统的运动过程。各动作可以是系统唯一执行机构根据不同参数动作的过程，也可以是系统多个执行机构不同时段动作过程的组合。

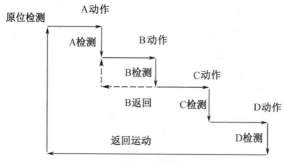

图 1-7 系统循环动作图

系统动作要有开始的启动（命令）、执行元件的动作（结果）、动作过程的检测（条件）、达到要求后的动作过程结束与下一个动作过程的开始（条件满足后动作过程转换），同时还要有对下一个动作过程的检测、动作过程的转换、工作过程结束后返回开始位置、经原位检测后停车，使得一个完整控制过程结束。一个工作过程结束后要等待下一个工作过程开始的命令。

1.4.2　动作表

动作表可以按时间顺序把动作元件用表格方式进行排列，便于我们从中找出各元件的动作顺序和动作逻辑规律，一般液压和气动控制系统的电磁阀的动作顺序多用动作表来表示。动作表一般包括以下内容。

① 在动作表的横表头里一般填写动作元件，在动作表的纵表头里一般填写顺序动作名称，也可根据动作元件数量和动作过程的复杂性来灵活选择横表头和纵表头的项目名称。

② 动作名称按时间顺序精确给出，从而可判断出条件（检测元件）与结果（系统或电路执行元件）的逻辑关系。

③ 确定有关过程控制的技术参数。

④ 确定各调节过程的方式。

表 1-1 所示为动作表，一般将系统执行元件与检测元件全部统计列表。动作过程按时序顺序表示，用"↑"或"1"表示元件动作或带电，也可用"+"表示带电，"-"表示失电。对每个动作要求的参数指标可标注说明，检测元件的型号、性能及备用数量也可在动作表中备注。

表 1-1　动作表

动作过程	动作元件状态								
	执行元件			检测元件					
	元件 A	元件 B	元件 C	检测 1	检测 2	检测 3	检测 4	检测 5	检测 6
动作一	↑								
动作二	↑	↑		↑	↑				
动作三		↑				↑			
动作四			↑				↑		
结束								↑	↑

1.4.3　动作时序图

动作时序图就是将检测元件（条件）和执行元件（结果）的动作以时间为坐标绘制的逻辑关系过程图。动作时序图是一个二维图，纵轴一般排列元件，横轴一般代表时间。元件动作用高电平"1"表示，元件维持原态用低电平"0"表示。

图 1-8 所示为系统动作时序图，可以通过各元件的时间状态，判定各元件的逻辑关系和动作过程的合理性。

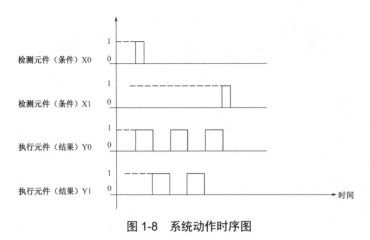

图 1-8　系统动作时序图

1.4.4　流程图

流程图主要用来说明某一过程控制系统的工艺控制过程或产品加工控制过程，这些过程的各个阶段均用图形块表示，不同图形块之间以箭头相连，代表它们在系统内的流动方向。下一步的条件取决于上一步的结果，一般用"是"或"否"的逻辑分支来加以判断。流程图是揭示和掌握系统控制过程中动作状况的最有效方式，它作为控制与诊断过程的设计工具，能够清楚地表达出系统控制过程的合理性，从而确定出可供选择的过程控制方案。流程图一般包括以下内容。

① 状态描述用椭圆框表示。
② 问题判断用菱形框表示。
③ 箭头代表流动方向。
④ 元件执行过程用矩形框表示。

流程图一般适用于复杂控制系统的工艺过程描述，流程图中有顺序结构、分支结构（又称选择结构）和循环结构。

图 1-9 所示为流程图示例，流程图在单片机和微计算机系统程序设计中应用广泛，它能揭示系统的内部控制过程，可直接设计并转换成程序。

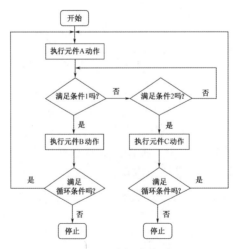

图 1-9　流程图示例

1.4.5 功能表图

功能表图又称为状态转移图，它是描述控制系统的控制过程、功能和特性的一种图形，也是设计 PLC 的顺序控制程序的有力工具。功能表图由步、有向连线、转换条件和动作结果（命令要求）组成。

功能表图中用矩形框表示步，框内是该步的编号。X 一般表示检测元件构成的转换条件。Y 一般表示执行元件的动作结果。

根据对系统分析后确定的动作流程、系统 I/O 设备、过程控制的参数要求等来确定功能表图。

功能表图只反映执行元件的动作过程与转换条件，不能反映主控单元的条件诊断与判定过程，可以借助循环动作图、动作表、动作时序图、流程图等来得到正确、合理的功能表图。

图 1-10 所示为功能表图示例，初始状态一般是系统等待启动命令的相对静止状态，与系统的初始状态相对应的步称为初始步，初始步分为系统零状态初始步和循环状态初始步。

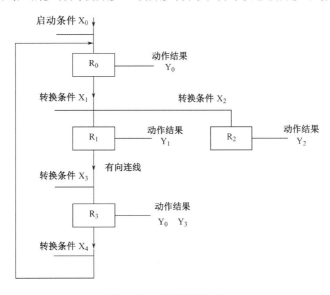

图 1-10 功能表图示例

控制系统可以划分为被控系统和施控系统，对于被控系统，在某一步中要完成某些"动作"；对于施控系统，在某一步中要向被控系统发出某些"命令"，将"动作"和"命令"简称为动作。某一步可以有几个动作，对于一个控制系统，条件 X 就是施控元件，结果 Y 就是被控元件。

 思考题

1. 什么是自动控制系统？它由哪几部分组成？说明各部分在自动控制系统中的作用。
2. 开环控制系统与闭环控制系统有什么区别？
3. 电路中的开关触点状态形式有几种？

4. 接触器和继电器有什么区别？

5. 记忆电路具有什么功能？画出其电路形式。

6. 继电器实现的"或"门电路和"与"门电路各有什么特点？画出其电路形式。

7. 判断以下说法是否正确。

① PLC 是取代继电器、接触器的智能系统。

② PLC 的梯形图是由继电器、接触器的逻辑开关电路衍生的产物。

③ 继电器、接触器是硬件逻辑控制系统。

④ PLC 是通过梯形图编程的软件逻辑控制系统，即逻辑开关装置。

8. 简述 PLC 组成的控制系统应包括几部分，各部分的作用是什么。

9. PLC 由几部分组成？其工作过程分为几个阶段？

10. 系统控制过程的描述形式一般有几种？

11. 延时电路可以实现几种控制形式？画出其电路形式。

12. 按控制电路通用结构图说明系统主控单元的 I/O 信号形式有几种。

第2章 液压与气动系统

▌ 要点概述

2.1 节主要讲述液压与气动技术是研究流体压力与动能传递的控制技术，液压与气动系统是由液压泵和空压机等动力元件、缸和马达等执行元件、方向和压力及流量等阀类控制元件、管路和密封元件等辅助元件，以及传动介质等部分组成，液压与气动系统工作原理和结构相同但传动介质、工作压力、回路结构、加工精度等具有不同的特点；2.2 节讲述不可压缩的液体特性和可压缩的气体特性；2.3 节主要讲述各种压力的表示方法，以及它们之间的关系，指出系统存在压力损失是摩擦力在长度方向上产生沿程阻力和流通截面积变化产生局部阻力的结果，而流量损失是由缝隙泄漏导致的，并指出惯性造成流体冲击从而引起系统端振。

本章教学目标：掌握液压与气动系统的组成、各部分的作用以及静压力相等的液压与气压传动理论，了解液压与气压传动介质的特性，知道压力的表示方法，熟悉压力损失、流量损失、惯性冲击的原因				
	重 点	难 点	教学方法	教学时间
2.1 节	组成液压与气动系统的各部分的作用	静压力相等的液压与气压传动理论	讲授	0.75 课时
2.2 节	液体和气体的特性	压缩性与不可压缩性的条件	讲授	0.75 课时
2.3 节	相对压力（表压力）、绝对压力、真空度三者之间的关系	压力损失、流量损失、流体冲击	讲授	1 课时
合计课时				2.5 课时

一切机构都有其相应的传动形式，机构借助它达到对动力的传递和控制的目的。

机械传动是通过齿轮、齿条、蜗轮、蜗杆等机件直接把动力传送到执行机构的传动方式。

电气传动是利用电力设备通过调节电参数来传递或控制动力的传动方式。

流体传动包括液体传动和气体传动，是以流体为工作介质，按照静压力相等原理进行能量传递和控制的传动方式。

2.1 液压与气动技术的研究对象

液压与气压传动是以流体（液压油或压缩空气）为工作介质进行能量传递和控制的一种传动方式，它先利用多种基础元件组成不同功能的基本回路，再由若干个基本回路有机地组合成能完成一定控制功能的传动系统来进行能量的传递、转换和控制，以满足机电设备对各种运动和动力的要求。

　　液体传动是以液体（如水、油、乳化液等）为工作介质来传递动力（能量）的过程，包括液压（静压力）传动和液力（动能）传动。其中，液压传动主要以液体压力能来传递动力；液力传动主要以液体流动形成的动能来传递动力。

　　气压传动以压缩空气得到的压力能来传递动力。

　　液压与气动系统具有相同的工作原理和结构，但它们的传动介质不同、系统各元件加工精度不同、系统及元件工作压强不同、回路结构不同、泄漏要求不同。

2.1.1　液压与气压传动的工作原理

　　我们日常生活中接触到的自行车打气筒、汽车换轮胎时用的液压千斤顶等都属于液压与气压传动工具。自行车打气筒利用单向进气（单向阀）和人工加压过程，利用静压力相等原理（单位面积上的作用力）将空气压缩进自行车内胎，使内胎压力通过外胎对地面形成支撑自行车整体的支撑面。液压千斤顶也是利用静压力相等原理工作的，如图 2-1 所示。在密闭的同一容器的两个活塞面上，将人工施加的外力作用在小活塞上，容器内任意点的力的大小都是相同的，大活塞在相同压强条件下可举起相应面积的重物，这就是帕斯卡原理，又称静压传递原理或静压力相等原理，即在密封容器内施加于静止流体任一点的压力将被等值传递到容器内流体的各点，也可以说流体内部各点受力大小相等。

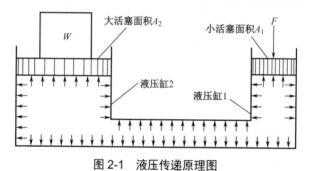

图 2-1　液压传递原理图

　　在密封容器内，施加于静止流体各点的压力将以等值同时传递到流体内各点，流体的内部压力将作用于流体的包裹面，因此容器内压力方向垂直于内表面。

　　容器内的液体各点压力为

$$p = \frac{W}{A_2} = \frac{F}{A_1} \tag{2-1}$$

　　可以看出，液压与气压的传递过程和作用原理都是依托同一通道或容器内的相同作用力，通过不同作用面积输出不同作用力的过程。

2.1.2　液压与气动系统的组成

　　从液压与气动系统工作原理及实例可以看出，一个完整的液压或气动系统主要由以下五个部分组成。

1．动力元件

动力元件将原动机输出的机械能转换为流体（液压油或压缩空气）的压力能。液压系统常见的动力元件是液压泵，气动系统常见的动力元件为空气压缩机（简称空压机）。

2．执行元件

执行元件将流体（液压油或压缩空气）的压力能转换为机械能，驱动工作机构做直线运动或旋转运动。常见的执行元件是液压缸（气缸）和液压马达（气马达）。

3．控制元件

控制元件用于控制和调节系统中流体的压力、流量和流动方向，主要指阀类元件。控制元件按照功能可分为方向控制阀、压力控制阀和流量控制阀，这些元件经不同组合方式能够组成实现不同功能的液压或气动系统。

4．辅助元件

辅助元件是指除了以上三种元件以外的其他装置，如油箱、管路、管接头、过滤器、蓄能器、密封元件等，用以保证液压或气动系统可靠、稳定、持久地工作。

5．传动介质

传动介质是液压或气压传动中传递能量的载体，也是系统中最本质的一个组成部分，在液压系统中使用的传动介质是液压油，在气动系统中使用的传动介质是压缩空气。

2.1.3　液压系统与气动系统的异同点

1．液压系统与气动系统的相同点

液压系统与气动系统传动控制的结构和工作原理是相同的。

2．液压系统与气动系统的不同点

1）传动介质不同

液压与气动系统所用的传动介质是不同的，液压系统用液压油或乳化液等液体作为传动介质，而气动系统用空气或惰性防爆气体作为传动介质，液体在密闭容器内流动的过程中具有一定的黏性和相对不可压缩性，而气体的黏性相对较小，可压缩性较大。

2）工作压力不同

液压系统与气动系统的工作压力是不同的，液压系统的工作压力一般大于 1MPa，通常为 1～6.3MPa 和 6.3～10MPa 的低压段、10～20MPa 的高压段、20～32MPa 和大于 32MPa 的超高压段；气动系统的工作压力一般为 0.1～0.3MPa、0.3～0.5MPa、0.5～0.7MPa 等小于 1MPa 的低压段。

3）对大气环境有无泄漏不同

液压系统对大气环境无泄漏，而气动系统对大气环境有泄漏。液压系统的传动介质做功后应进行回收并重复利用，以减少工作成本并避免对环境造成污染；气动系统的传动介质是空气，其来源广泛，价格低廉，工作压强低，可以将系统结构和元件结构简化，从而降低整体成本，因此气动系统的传动介质做功后不进行回收，直接向大气排放。

4）系统回路结构不同

由于液压系统的传动介质做功后需要回收，因此其动力源有压力通路和回流通路，系统为双回路结构；气动系统的传动介质做功后不需要回收，因此其动力源只有压力通路，无回流通路，系统为单回路结构。

5）基础元件的加工精度和配合精度不同

虽然液压系统与气动系统的元件结构原理相同，但由于液压系统与气动系统的工作压力和泄漏要求不同，因此液压系统与气动系统基础元件的加工精度和配合精度等有很大的不同，其受力后的阻力状态不同，工作后的阻力损失也不同。因此，相同参数的两个基础元件加工成本不同，价格不同。从原理上讲，对于工作性能参数相同的元件，液压元件可代替气动元件，而气动元件不能代替液压元件。

2.1.4　液压与气压传动的优缺点

1. 液压与气压传动的优点

1）液压传动的优点

① 对于负载而言，在相同输出功率的作用条件下，液压执行元件具有体积小、质量小、惯性小、结构紧凑、动态特性好的优点，即单位功率的执行机构质量小。

② 液压系统可在较大范围内实现无级调速。

③ 液压系统能快速启动、制动和频繁换向，具有工作平稳、反应快、冲击小的优点。

④ 液压系统操作控制简便，通过机、电、气、液综合控制，可以使整体系统的传动结构简单，易于调节并便于实现较复杂的自动控制过程。

⑤ 液压系统的各元件相对运动表面能自行润滑，可以延长元件的使用寿命。

⑥ 液压传动易于实现过载保护，安全性好。

2）气压传动的优点

① 空气作为工作介质成本很低且取用方便，做功后的压缩空气可以直接排入大气，不会对周围环境造成污染。

② 空气的黏度很低，流动阻力很小，压力损失少，适用于集中供气和远距离传输。

③ 气动系统可以在易燃、易爆、多尘埃、强辐射、振动等恶劣工作环境中可靠地工作。

④ 由于空气具有可压缩性，因此能压缩空气的储气罐本身就是气压蓄能器。

⑤ 气压传动易于实现过载保护，安全性好。

2. 液压与气压传动的缺点

1）液压传动的缺点

① 以液压油为工作介质的液压传动系统在出现泄漏时会造成环境污染。

② 由于油液的黏度大，因此液压传动过程中的摩擦损失和泄漏损失等能量损失相对较大，不宜用于远距离传动。

③ 液压油容易氧化，要定期更换，避免沉淀物堵塞油路。

④ 当液压油中有大量的空气时，其液体具有可压缩性。

⑤ 液压传动系统中存在惯性冲击问题，因此在执行元件的换向过程中要防止抖动发生。

2）气压传动的缺点

① 工作压强低（一般低于 1MPa），一般适用于小功率的场合。

② 由于空气的可压缩性大，因此负载变化对气压传动的影响大，其速度稳定性差。

③ 气压传动排气噪声大，必须加消声器以减小噪声。

2.1.5 液压与气压传动的应用和发展

随着制造业的快速发展，液压与气压传动元件各个方面的性能得到了快速提升。其系统和元器件在设计上合理化、在材质上合金化、在质量上轻型化、在体积上小型化、在加工上精细化、在生产上批量化、在应用上普遍化、在规格上阶梯化、在结构上模块化、在选型上成套化、在消耗上节能化、在寿命上定期化、在形式上综合化、在操作上便利化、在维护上可替代化，基本做到了液压与气压传动元件的生产过程、选型过程、使用过程、维护过程的实用化。

目前的工业自动化设备大都融入了液压与气动技术，属于机、电、气、液综合技术系统。

液压与气动技术的应用主要包括以下几个方面。

在工程机械上主要应用于挖掘机、装载机、推土机等设备。

在矿山机械上主要应用于凿石机、开掘机、提升机、液压支架等设备。

在建筑机械上主要应用于打桩机、液压千斤顶、平地机等设备。

在冶金机械上主要应用于轧钢机、压力机、步进加热炉等设备。

在锻压机械上主要应用于压力机、模锻机、空气锤等设备。

在机械制造上主要应用于组合机床、冲床、自动线、气动扳手等设备。

在轻工机械上主要应用于打包机、注塑机、食品包装机、真空镀膜机、化肥包装机等设备。

在灌装机械上主要应用于啤酒、白酒等饮料的灌装设备。

在铸造机械上主要应用于砂型压实机、加料机、压铸机等设备。

在纺织机械上主要应用于织布机、抛砂机、印染机等设备。

在智能机械上主要应用于机械手、机器人等设备。

在汽车机械上主要应用于高空作业车、自卸式汽车、汽车起重机等设备。

2.2 液压与气压传动介质

液压与气压传动介质包括流体和气体两种形式，传动介质的作用是在动力元件（泵）压缩过程中，在方向、压力、流量等参数调节元件的控制下，通过压力推动执行元件产生机械运动，从而实现驱动做功的输出过程。传动介质可把系统动力源中的泵能量传递到系统执行元件上，使液压缸或气缸沿直线运动，使马达或摆动马达进行旋转运动，是做功过程中传递能量的中间介质。

2.2.1 液压传动介质

液压传动介质主要包括水和液压油。

水虽然取材容易，但黏性很小，密封很困难，而且具有腐蚀性。目前的水压机所用的传动介质不是纯净的水，而是具有防腐、防锈、润滑、难燃、价格低廉等特点的乳化液。因此，目前工业上应用的液压系统主要是以液压油为传动介质的油压系统。由于流体的黏度、系统的内部压力、密封结构以及配合加工精度是制约系统密封的关键问题，所以液压油作为传动介质更合适，但这也导致液压系统不允许对大气有泄漏且工作压力相对高，元件价格昂贵，而气动系统则允许对大气有泄漏且工作压力相对低，元件价格低廉。

1. 液压油的特性

1）液压油的密度

单位体积的质量称为密度，其表达式为

$$\rho = \frac{m}{V} \tag{2-2}$$

式中，ρ 为液压油的密度（kg/m³）；m 为液压油的质量（kg）；V 为液压油的体积（m³）。

液压油的密度随温度的上升而减小，随压力的增大而增大。在一般条件下，温度和压力对密度的影响很小，实际应用中可近似地将密度视为常数。液压油的密度越大，泵对其吸入性越差。一般矿物油的密度为 850～950 kg/m³，小于水的密度。

2）液压油的可压缩性

液压油受压力作用后体积减小的特性称为液压油的可压缩性，但在液压系统中，由于液压油的可压缩性极小，所以可粗略认为液压油是不可压缩的。

但当液压油中的气泡很多时，其可压缩性不可忽视。

液压油在低、中压时可视为非压缩性液体，但在高压时其可压缩性不可忽视，纯油的可压缩性是钢的 100～150 倍。可压缩性会降低液压油运动的精度，增大压力损失并使油温上升，在进行压力信号传递时，可压缩性会导致时间延迟和响应不及时的现象。

3）液压油的黏性

当液压油在外力作用下流动时，其内部分子间因有相对运动而产生摩擦力，从而对分子流动形成一定的阻力，这种产生流动阻力特性的内摩擦力称为液压油的黏性。黏性只有在流动过程中才能体现，其大小可用黏度来衡量。

（1）动力黏度

设液压油层间的内摩擦力为 F，层间两液压油的接触面积为 A，两液压油的相对速度为 du，两液压油间的距离为 dy，则单位面积的剪应力（g/cm²）可表示为

$$\tau = \mu \frac{\mathrm{d}u}{\mathrm{d}y} = \frac{F}{A} \tag{2-3}$$

式中，μ 为比例系数，用来表示液压油黏性的大小，称为动力黏度。

（2）运动黏度

在同一温度下，液压油的动力黏度与它的密度之比称为运动黏度，表示为

$$\gamma = \frac{\mu}{\rho} \tag{2-4}$$

式中，ρ 为液压油的密度（kg/m³）；μ 为液压油的动力黏度。运动黏度是液压油的性能指标。

（3）相对黏度

相对黏度是以液压油的黏度与水的黏度的相对值表示的黏度。

（4）压力对黏度的影响

一般在工程中，当压力低于 5MPa 时，压力对黏度的影响比较小，可以忽略。当液压油所受的压力增大时，液压油层分子之间的距离缩小，内摩擦力增大，其黏度也随之增大。因此，在压力很高或压力变化很大的情况下，应考虑黏度值的变化影响。

（5）温度对黏度的影响

液压油的黏度对温度的变化是十分敏感的，当温度升高时，其分子之间的内聚力（内摩擦力）减小，黏度就随之降低。不同种类的液压油，其黏度随温度变化的规律也不同。

液压油的温度上升，黏度降低，泄漏风险变大，磨损增加，当温度高于 60℃时，应加冷却器。否则，此后温度每升高 10℃，液压油的老化速度加倍。

4）液压油的闪火点和燃烧点

（1）闪火点

当液压油的温度升高时，部分液压油会蒸发并与空气混合成油气，此时油气能点火的最低温度称为闪火点（简称闪点）。

（2）燃烧点

在到达闪点后继续加热，油气会连续燃烧，此时的温度称为燃烧点（简称燃点）。

2．液压油的分类

液压油包括石油基液压油和难燃液压油。为了保证液压油的闪点、燃点、凝点、化学稳定性和热稳定性、酸值、腐蚀性等，还要在液压油中加入添加剂。

1）石油基液压油

石油基液压油包括普通液压油、抗磨液压油、专用液压油。专用液压油包括航空液压油、机床液压油等。

石油基液压油是以石油精炼物为基础，加入抗氧化剂或抗磨剂等混合而成的液压油，不同性能、不同品种、不同精度的石油基液压油加入的添加剂不同。

2）难燃液压油

难燃液压油包括合成液压油和含水液压油。

合成液压油是由多种非石油精炼物混合而成的燃点很高的液压油替代品，含水液压油主要是指不燃烧的乳化液。

3）液压油的添加剂

液压油的添加剂主要有增黏剂、抗泡剂、抗氧化剂、防锈剂、抗磨剂等。

3．液压油的选择

1）根据工作条件选择

在选用液压油时，主要根据液压系统内部的实际压力工作极限（低压、中压、高压）和防火、防锈、消泡、抗氧化、抗磨等实际现场的使用要求，以及适应液压系统内部的黏度及工作温度等要求，确定液压油的类型。

一般当液压系统工作温度高、工作环境温度高、运动速度低时应选用黏度高的液压油，反之选用黏度低的液压油。

2）理想化要求

一般要求液压油具有适宜的黏度和良好的润滑性，在热、氧化、水解及相容性等方面具有良好的稳定性，对金属材料具有防锈性和防腐性，并且要求其比热和热传导率大、热膨胀系数小、抗泡性和抗乳化性好、流动点和凝点低、闪点和燃点高、纯净且无毒性、价格低廉等。

3）常规选择

液压油的型号很多，主要根据液压油的环境温度、针对设备、相关性能而定。

普通液压油一般用于环境温度为0～45℃的各类液压泵的中、低压液压系统。

抗磨液压油一般用于环境温度为-10～40℃的高压柱塞泵或其他泵的中、高压液压系统。

低温液压油一般用于环境温度为-20～40℃的各类高压油泵液压系统。

高黏度指数液压油一般用于环境温度变化不大且对黏度和温度性能要求更高的液压系统。

4．液压油的保养

1）防污染

液压油要防止切屑、焊渣、铁锈等杂物从外部侵入或混入，同时要防止因器件磨损而产生的金属粉末和橡胶碎片在高温、高压下和液压油发生化学反应并生成胶状污染物。

2）防劣化

液压油的劣化速度与水量、气泡、压力、温度、金属粉末等有关，应特别注意液压油的温度不能超过60℃。

3）防泄漏

当液压系统有泄漏发生时，空气、水、尘埃便可轻易侵入，加速液压油劣化。

4）防超期

液压油长期使用后会出现劣化，一般当液压油的颜色混浊并有异味时须立即更换。当设备长期闲置时，液压油也要按保质期定期更换或使用过滤器定期过滤。

2.2.2 气压传动介质

气动系统通常以空气或惰性防爆气体（如氮气）等作为气压传动介质，将泵能量传递给气缸或气马达等执行元件，从而实现将压力能转换成机械能的做功过程。

1. 空气

空气是由氧气、氮气、二氧化碳等气体，微量氩气、氖气、氦气、氪气、氙气等稀有气体，以及甲烷和其他碳氢化合物、氢气、臭氧等气体组成的混合物，同时空气中还有少而不定量的水蒸气及灰尘等物质。其中，氮气约占 78%，氧气约占 21%，氩气、氖气、氪气等稀有气体约占 0.94%，二氧化碳约占 0.03%，其他气体和杂质约占 0.03%。由于氧气在空气中占有一定比例，因此虽然空气自己不能燃烧，但可以起到助燃的作用。

空气在标准大气压力（101.3kPa）下随着环境温度的升高会膨胀，而环境温度降低时则会出现冷凝结露和完全液化现象。常温下的空气是无色无味的气体，液态空气是易流动的浅黄色液体。当空气被液化时，其中的二氧化碳已经被清除，因此液态空气中氧气约占 20.95%，氮气约占 78.12%，氩气约占 0.93%，其他组分可以忽略不计。

2. 氮气

氮气是一种无色、无味、无毒、不能磁化的气体，密度比空气稍小，难溶于水，属于不活泼气体，通常情况下很难与其他元素直接化合，在一些易燃易爆的场合可作为保护气体使用。但在高温下，氮气能够同氢气、氧气及某些金属发生化学反应。氮气和空气一样随环境温度升高会膨胀，随温度下降会冷凝、液化。

2.3　压力的传递特性

液压与气动系统中的压力是指压强，即单位面积所受到的压力，压力通常采用相对压力（表压力）、绝对压力、真空度三种表示方法。

由于地球表面承受大气压力，因此一切物体都受大气压力的作用，大多数测压仪表以大气压力为参考点进行测量，所测出的压力是高于大气压力的那部分压力。当压力值为零时，表示的压力值为一个大气压力的值。

1. 相对压力

相对压力是指相对大气压力（以大气压力为基准零值参考点）所测量到的压力值，也就是高于大气压力的压力值，被称为相对压力或表压力。

2. 绝对压力

绝对压力是指以绝对真空为基准零值参考点所测得的压力值。基准大气压力就是指以绝对真空为基准零值参考点所测得的绝对压力。

3. 真空度

当绝对压力低于大气压力时，习惯上称之为出现真空。因此，某点的绝对压力 P 比大气压力 P_a 小的那部分数值称为该点的真空度。绝对压力、相对压力（表压力）和真空度的关系如图 2-2 所示。

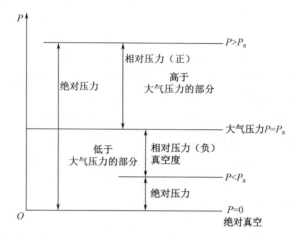

图 2-2　绝对压力、相对压力（表压力）和真空度的关系

① 绝对压力=大气压力+相对压力。

② 相对压力=绝对压力-大气压力。

③ 真空度=大气压力-绝对压力=低于大气压力的部分。

④ 相对压力=绝对压力-大气压力=高于大气压力的部分。

压力的单位为帕斯卡，简称帕，符号为 Pa，$1Pa=1N/m^2$。

工程上常采用兆帕作为压力的单位，$1MPa=10^6Pa$，也采用巴作为压力的单位，$1bar=10^5Pa=10^5N/m^2=10N/cm^2$。

4. 压力损失

由于流体存在黏性，因此流体在流动时存在阻力，为了克服这一阻力就要补充一定压力，这会消耗能量，从而在液压与气动系统中形成了以压力损失为主要表现的能量损失。

压力损失包括沿程压力损失和局部压力损失。

1）沿程压力损失

沿程压力损失是指流体沿等直径直管流动时所产生的压力损失，是由流体流动时的黏性形成的内、外摩擦力所引起的压力损失。流体的黏性不同，其所形成的沿程压力损失的大小也不同。沿程压力损失是流体通道形状不变而长度增加引起的压力损失，也可以叫长度增加损失。

2）局部压力损失

局部压力损失是指流体流经局部障碍（如弯头、接头、管道截面突然扩大或收缩）时，由于液流或气流的方向或速度的突然变化，在局部形成旋涡引起流体质点间以及质点与固体壁面间相互碰撞和剧烈摩擦而产生的压力损失。局部压力损失是流体通道形状改变引起的压力损失，也可以叫截面变化损失。

5. 流量损失

在液压与气动系统中，各个承压元件都有相对运动面，如液压缸或气缸内表面和活塞外表面就属于相对运动面。相对运动面间存在运动间隙，当间隙的一边为高压腔，另一边为低压腔时，高压腔中的流体会经间隙流向低压腔，从而造成泄漏。同时，液压与气动元件密封性能的不完善也会使一部分高压力流体向外部泄漏，这种泄漏会造成实际流量的减少，也就是我们所说的流量损失。

液压与气动系统是元件、管接头、管道的组合体，组合体通常需要有一定的配合间隙，由此带来了泄漏现象。同时，流体总是从压力较高处流向系统中压力较低处或大气中，前者称为内泄漏，此时高压处流体流到低压处，没有向大气排放，不会对环境造成污染；后者称为外泄漏，在液压系统中会造成向大气泄漏的污染问题。

泄漏主要是由压差和间隙及渗漏孔的存在造成的。一方面，泄漏量过大会影响承压元件和系统的正常工作，另一方面，泄漏也将使系统的效率降低，功率损耗加大。也就是说，在压力系统中，缝隙泄漏会造成流量损失，流量损失会影响流体的运动速度。

6．流体冲击及空穴现象

1）流体冲击现象

（1）流体冲击的定义

在流体系统中，由于流体的运动停止或方向改变等，流体压力会在某一瞬间突然升高，产生很高的压力峰值，同时还常伴有振动和噪声，这种现象称为流体冲击。

（2）流体冲击产生的原因

在液压系统中，当运动着的工作部件突然制动或换向时，工作部件的动能将引起液压执行元件的回油腔和管路内的油液产生液压激振，并伴有噪声，产生流体冲击。

在自来水系统中，当阀门在放水过程中突然关断时，水管中常伴有"嗡嗡"的声响，且大部分的阀门都是在关断的过程中损坏的，这就是水的惯性冲击造成的水锤效应，又称水锤现象。

流体冲击是普遍存在的，一般来说，液体冲击要比气体冲击严重，无论是气体还是液体，其冲击的大小与系统所处的压力状态和流量状态有关。例如，风机设备的"喘振"是由内部的高压力和低流量的相对关断状态造成的，而高压状态下相对小流量形成的冲击是造成风机设备"喘振"的主要因素。因此，流体在管道中产生的流体冲击现象，其实质是管道中的流体因突然停止运动而导致动能向压力能的瞬时转变，就像一辆车的急刹车过程引起的惯性冲击一样。

（3）减小流体冲击的措施

① 缓慢关闭阀门，从而减小冲击波的强度，延长阀门使用寿命。

② 在阀门前设置蓄能器，以减小流体对阀门的冲击能量。

③ 使管道中流体的流速和系统压力缓慢升降，将其升降速度限制在适当范围内。

④ 在系统中装置安全阀，及时卸载冲击压力。

2）空穴现象

在流体系统中，当某点压力低于液体所在温度下的空气分离压力时，溶于液体中的气体会被分离溢出，从而有气泡产生，产生空穴现象。

液体在特定条件下均匀溶入空气是造成空穴现象的主要原因。

当泵的吸油管道中介质流速过高或阻力过大、节流部位前后压力比不小于 3.5 或回油管路高出油面时，易产生空穴现象；当泵吸油管路密封不严、油箱中油面振动或回油管路高出油面并形成落差冲击时，易导致液体溶入空气。为避免上述情况发生，应尽量优化系统结构。

 **思考题**

1. 液压与气动系统由哪几部分组成？各部分的作用是什么？
2. 液压与气动系统有哪些不同点？
3. 什么是液压油的黏性？
4. 影响液压油黏性的因素有哪些？分别如何影响？
5. 压力的表示方法有几种？
6. 什么是流体冲击？如何减小流体冲击？
7. 什么是空穴现象？如何避免产生空穴现象？

第2篇
液压与气动基础元件

　　自动控制元件主要是指构成自动控制系统的功能型元件或基本独立单元。液压与气动基础元件主要是指构成液压与气动系统的执行元件、控制元件、检测元件以及动力源元件，它是构成液压与气动系统的最小独立单元，对于液压与气动系统的本体部分来说，其基础元件应当是可拆卸的单件或可整体更换的最小单元部件，由于其结构不具有通用性而具有特殊性，在此不对其结构进行分析。

　　在工业控制系统中，液压系统和气动系统的应用非常普遍，液压系统与气动系统的系统性能和结构控制方式非常相似，只是能量传递的工作介质不同。液压系统适用传递的压力和调节系统的稳定性远大于气动系统，液压系统的密封性和液压元件的制作精度远高于气动系统。气动系统虽然控制精度不高，工作介质向外部泄漏也相对严重，但它能够满足一般工业控制系统的要求，而且气动系统的性能控制要求也具有控制形式简单、系统投资成本和运行成本相对低廉的特点。

第 3 章　执行元件

要点概述

3.1 节和 3.2 节主要介绍可实现直线运动的单作用或双作用液压缸与气缸的几种形式，并介绍利用大气压差实现平面固定的真空吸盘；3.3 节、3.4 节、3.5 节主要介绍可以实现有限回转运动的摆动液马达与摆动气马达，以及可以实现连续回转运动的旋转液马达与旋转气马达；3.6 节主要介绍（机）电、气、液等执行元件的特点、故障及应用形式。

在液压与气动自动控制系统中，液压与气动执行元件是一种将液压油或压缩空气的压力能转化为机械能，从而实现直线、摆动或连续旋转运动的传动装置。

本章教学目标：掌握各液压与气动执行元件的结构原理，能够合理地按不同的种类分析其应用特点，理解各液压与气动执行元件的图形符号并能正确表示				
	重　点	难　点	教学方法	教学时间
3.1 节	液压缸的结构	液压缸的形式与种类	讲授	0.5 课时
3.2 节	几种气缸形式的特点	真空吸盘的工作原理与应用	讲授	0.5 课时
3.3 节	摆动液马达的工作原理	摆动液马达的特点	讲授	0.5 课时
3.4 节	旋转液马达的工作原理	旋转液马达的特点	讲授	0.5 课时
3.5 节	摆动气马达	旋转气马达	讲授	0.25 课时
3.6 节	执行元件的种类及使用	各类执行元件的作用	讲授	0.25 课时
合计课时				2.5 课时

3.1　液压缸

在液压控制系统中，液压缸是一种将液压油的压力能转化为机械能，从而实现直线运动的传动装置。

3.1.1　普通液压缸

普通液压缸（活塞缸）是指在具有前后端盖的缸筒内只有一个活塞和一根活塞杆的液压缸。

1. 工作原理

1）双作用液压缸

双作用液压缸是指两腔可以分别通过进出口输入液压油，实现双向运动的液压缸，其结构可分为双活塞杆式、单活塞杆式、双活塞式、缓冲式和非缓冲式等。此类液压缸使用较为广泛。

双作用单活塞杆式液压缸结构示意图如图3-1所示，其一般由缸体（或称缸筒）、前后端盖（或称缸盖）、活塞、活塞杆、密封件和紧固件等组成。

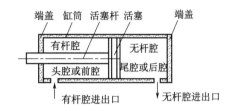

图 3-1　双作用单活塞杆式液压缸结构示意图

双作用液压缸被活塞分成两个腔室，有活塞杆的腔室称为有杆腔（又称头腔或前腔），无活塞杆的腔室称为无杆腔（又称尾腔或后腔）。

2）单作用液压缸

单作用液压缸是指液压油仅从液压缸活塞的一端进入以推动活塞运动，而在活塞的另一端设置呼吸孔，借助弹簧力、膜片张力及负载重力等实现活塞的返回。单作用液压缸结构示意图如图3-2所示。

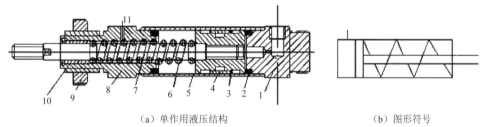

（a）单作用液压结构　　　　　　　　　　（b）图形符号

1—后端盖；2—橡胶缓冲垫；3—活塞密封圈；4—导向环；5—活塞；6—弹簧；
7—活塞杆；8—前端盖；9—螺母；10—导向套；11—呼吸孔。

图 3-2　单作用液压缸结构示意图

弹簧装在有杆腔内，液压缸活塞初始位置处于退回的位置，这种液压缸称为预缩型单作用液压缸；弹簧装在无杆腔内，液压缸活塞初始位置处于伸出的位置，这种液压缸称为预伸型单作用液压缸。

2．结构特点

1）缸筒

缸筒是液压缸的壳体，缸筒的内筒表面由于和活塞接触，因此必须有一定的硬度，以对抗活塞运动的磨损。缸筒一般由无缝管制造或铸造加工成型，钢质筒内表面须镀铬珩磨，铝合金筒内表面须进行硬质阳极氧化处理。

2）活塞杆

活塞杆是用来传递力的重要零件，要求其能承受拉伸、压缩、振动等负载力，表面要光洁耐磨，不发生锈蚀。活塞杆材料一般选用 35#或 45#碳钢，表面镀铬并进行调质热处理，也可选用不锈钢材料。

3）活塞

液压缸活塞受压力作用产生推力并在缸筒内滑动。活塞在往复运动过程中频繁作用于两端端盖，因此要求活塞具有足够的强度和良好的滑动性能。

活塞的宽度与采用密封圈的数量、导向环的形式等因素有关。一般活塞宽度越小，液压缸总长就越短。从使用上讲，活塞的活动面过小容易引起早期磨损，如"咬缸"现象等。一般对标准液压缸而言，活塞宽度为缸径的 20%～25%，该值要综合考虑使用条件，根据活塞与缸筒、活塞杆与导向套的间隙尺寸等因素来决定。选取液压缸用的活塞时主要考虑其滑动性能和耐磨性能，避免发生"咬缸"现象。

4）导向套

导向套用于活塞杆往复运动时的导向。因此，与对活塞的要求一样，要求导向套具有足够的强度和良好的滑动性能，能承受活塞杆受重载时引起的弯曲变形和振动冲击。同时在粉尘等杂物进入活塞杆和导向套之间的空隙时，要求活塞杆表面不被划伤，具有软硬配合特性。导向套一般采用聚四氟乙烯或其他的合成树脂材料制成。

3. 密封

液压缸的接合部位不同，其密封条件也不同，要根据配合特点合理选择密封形式。

① 端盖与缸筒连接的密封：O 形密封圈或平面密封圈。

② 活塞的密封：O 形密封圈或唇形密封圈或 W 形密封圈。

③ 活塞杆的密封：唇形密封圈和防尘密封圈或防尘组合密封圈。

④ 缓冲密封：有两种方法，一种是采用孔用唇形密封圈，将其安装在缓冲柱塞上；另一种是采用缓冲专用密封圈，使用橡胶和一个圆形钢圈硫化成一体结构，压配在端盖上作为缓冲密封圈。

4. 选择及使用注意事项

① 在选用液压缸时，首先需要考虑行程及安装空间，其次根据系统油路的最高压力来确定液压缸的缸筒内径及活塞杆直径，从样本手册中选择符合要求的液压缸。

② 在安装液压缸之前需要仔细核对铭牌上的参数是否和选用液压缸一致。安装时要使液压缸工作可靠，检修方便。

③ 在高温环境下使用时，可以选择耐高温液压缸或者采取耐高温措施；在较恶劣的粉尘环境下使用时，可考虑在液压缸外加防尘装置。

④ 在将液压缸接入系统时，必须先清除管道内的杂质，防止杂质侵入液压缸。

⑤ 在液压缸使用过程中，需要定期进行维护，检查各部位有无异常、各连接部位是否松动等。

⑥ 液压缸应存放在干燥、通风良好的环境中，要防止空气凝结给液压缸工作带来不利的影响。如果活塞杆外露，则需要采取相应措施防止活塞杆腐蚀，并进行防尘保护。当液压缸久置不用时，需要在其内部填充相应的工作介质。

3.1.2 伸缩液压缸

伸缩液压缸又称伸缩缸，由两个或多个活塞缸套装而成，前一级活塞缸的活塞杆内孔是后一级活塞缸的缸筒,活塞杆伸出时可获得很长的工作行程,缩回时可保持很小的结构尺寸,伸缩缸被广泛用于起重运输车辆。

伸缩缸可以是图 3-3(a)所示的单作用式,也可以是图 3-3(b)所示的双作用式,前者靠外力回程,后者靠液压回程。

（a）单作用式　　　　　　　　　　　　（b）双作用式

图 3-3　伸缩缸结构示意图

伸缩缸的外伸动作是逐级进行的。直径最大的缸筒在最低的油液压力作用下开始外伸,当它到达行程终点后,直径稍小的缸筒开始外伸,直径最小的末级缸筒最后伸出。随着工作级数变大,外伸缸筒直径越来越小,工作油液压力升高,工作速度变快。伸缩缸用在安装空间有限但需要伸出较大行程的设备中。

3.1.3　增压液压缸

增压液压缸又称增压缸,其利用活塞和柱塞有效面积的不同使液压系统中的局部区域获得高压。它有单作用增压缸和双作用增压缸两种形式。单作用增压缸的工作原理如图 3-4(a)所示,单作用增压缸在柱塞向右运动时可输出高压液体 q_2,而到终点时不能再输出高压液体 q_2,需要将活塞退回到左端位置,再向右行时才又能输出高压液体 q_2,因而只能单程输出高压液体 q_2。为了克服这一缺点,可采用双作用增压缸,如图 3-4(b)所示,它有左右两个高压输出端,其输出端可通过单向阀并联,在左右运行过程中,连续输出高压液体 q_2。

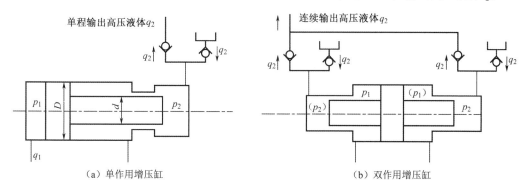

（a）单作用增压缸　　　　　　　　　　　（b）双作用增压缸

图 3-4　增压缸的工作原理图

3.1.4　柱塞液压缸

图 3-5 所示为柱塞液压缸结构示意图,它由缸筒、柱塞、导向套、密封圈和固定密封圈压盖等零件组成,柱塞和缸筒内壁不接触,因此缸筒内孔不需要精加工,其工艺性好、

成本低。柱塞液压缸是单作用式的，它的回程需要借助自重或弹簧力等外力来完成，如果要获得双向运动，则可将两个柱塞液压缸成对使用。柱塞端面面积 A 的大小取决于输出推力和速度。

柱塞液压缸结构简单，制造方便，常用于工作行程较长的场合，如大型拉床、矿用液压支架等。

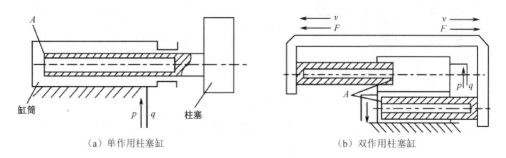

（a）单作用柱塞缸　　　　　　　　　　　（b）双作用柱塞缸

图 3-5　柱塞液压缸结构示意图

3.2　气缸

气缸与液压缸在结构和原理上基本相同，只是传动介质、工作压力、加工精度、密封方式有一定区别。气缸将压缩空气的压力能转换成直线往复运动的机械能，是气动系统中主要的执行元件。气缸从结构上可分为单作用气缸和双作用气缸两种。前者的压缩空气从一端进入气缸，使活塞向前运动，靠另一端的弹簧力或自重等使活塞回到原来位置；后者气缸活塞的往复运动均由压缩空气推动。气缸一般用 0.5～0.7MPa 的压缩空气作为动力源，行程为数毫米到数百毫米，输出力可以推动负载的质量为数十千克到数十吨。随着应用范围的扩大，新结构形式的气缸不断出现，如带行程控制的气缸、气液进给缸、气液分阶进给缸、具有往复和回转90°两种运动方式的气缸等，它们在机械自动化和机器人等方面得到了广泛的应用。无给油气缸和小型轻量化气缸也已研制成功。

3.2.1　普通气缸

普通气缸是指在具有前后端盖的缸筒内只有一个活塞和一根活塞杆的气缸。

1．结构组成

普通气缸的结构与普通液压缸的结构相同，在此不再赘述。

2．选择和使用注意事项

1）选择

要根据气缸的工作条件合理选择气缸参数。气缸的工作条件包括气缸的工作压力范围、工作介质温度、环境条件（温度等）以及润滑条件等。

根据对气缸的工作要求，首先要选定气缸的规格、缸径和行程。活塞杆上的推力和拉力根据工作所需力的大小来确定，要保证能提供所需力并有一定余量。若缸径过小，则输出力不够，气缸不能正常工作；若缸径过大，则会使设备笨重、成本高，同时耗气量大、造成能源浪费。其次要考虑气缸工作的环境条件（温度、粉尘、腐蚀性等）、安装方式、活塞杆的连接方式（内外螺纹、球铰等）及行程到位检测的方式和方法等。

2）使用注意事项

（1）安装方式

气缸的安装方式要做到使气缸工作可靠、检修方便。

（2）安全规范

容积超过 450L 或工作压力超过 1.0MPa 的气缸，都应作为压力容器处理。气缸使用前应检查各安装连接点有无松动，在操作上应考虑安全连锁。

在进行顺序控制时，应检查气缸的工作位置。为防止发生故障，应设紧急停止装置。在工作结束时，气缸内部的压缩空气应进行排放。

（3）工作环境

① 工作环境温度。通常规定气缸的工作环境温度为 5～60℃。当气缸在 5℃ 以下使用时，可能会因压缩空气中所含的水蒸气凝结给气缸动作带来不利影响。此时，要求空气的露点温度至少低于环境温度 5℃，防止空气中的水蒸气凝结。同时要考虑在低温环境下使用的密封圈和润滑油。另外，低温环境中的空气会在活塞杆上冻结。若气缸动作频度较低，则可在活塞杆上涂上润滑脂，防止空气在活塞杆上冻结。

当工作环境为高温时，可选用耐高温气缸或采取耐高温措施，同时注意高温空气对行程开关、管件及换向阀的影响。

② 润滑。气缸通常采用油雾润滑，应选用推荐的润滑油，要求其与空气中的水分混合不发生乳化，可避免密封圈膨胀或收缩。

③ 接管。在气缸接入管道前，必须先清除管道内的杂质，防止杂质进入气缸。

（4）维护保养（常识性）

① 在使用过程中应定期检查气缸各部位有无异常现象、各连接部位有无松动等，轴销、耳环式安装的气缸活动部位要定期加润滑油。

② 当气缸检修后重新装配时，零件必须清洗干净，特别要防止密封圈剪切损坏，注意唇形密封圈的安装方向。

③ 当气缸拆下，长时间不使用时，所有加工表面应涂抹防锈油，进、排气口应加防尘堵塞。

3.2.2 开关气缸

开关气缸是带磁性接近开关气缸的简称，它是一种在气缸的活塞上设有永久磁环，利用直接安装在缸筒上的行程检测开关来检测气缸两端活塞伸缩位置的气缸，如图 3-6 所示。

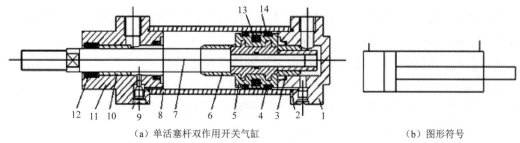

（a）单活塞杆双作用开关气缸　　　　　　　　（b）图形符号

1—后端盖；2—密封圈；3—缓冲密封圈；4—活塞密封圈；5—活塞；6—缓冲柱塞；7—活塞杆；
8—端筒；9—缓冲节流阀；10—导向套；11—前端盖；12—密封圈；13—磁铁；14—导向环。

图 3-6　开关气缸

气缸活塞伸缩位置检测的磁性开关一般采用电子舌簧式行程开关或霍尔行程开关。

3.2.3　气-液阻尼缸

气动系统的工作介质是压缩空气，其活塞杆动作速度不易控制，尤其是当负载变化较大时，气缸容易产生爬行或自走现象；液压系统的工作介质通常是不可压缩的液压油，其

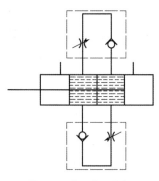

图 3-7　气-液阻尼缸

活塞杆动作速度易于控制，一般不容易产生爬行和自走现象。因此，可以把气缸与液压缸串联起来构成气-液阻尼缸，利用液体不可压缩的性能及液体流量易于控制的优点使活塞杆的运动速度稳定且可调。图 3-7 所示为气-液阻尼缸，它将两个缸筒用活塞分成两个腔体并用活塞杆串联起来形成联动活塞，两端腔体为双作用进气端，两个缸筒的内部腔体通过节流阀连通形成液压阻尼控制，使一个腔体容量的液压油在压缩空气推动活塞的作用下，在两个腔体内互换。气-液阻尼缸的工作压力一般为 0.2～1.0MPa，可通过调节两个单向节流阀实现理想速度控制。

3.2.4　气-液增压缸

利用大小气缸的活塞有效面积不相等进行合理的串联组合，根据力平衡原理，可由小活塞端输出高压气体（或高压液体）。图 3-8 所示为气-液增压缸，它利用液体的不可压缩性，根据力平衡原理，利用两两相连活塞面积的不相等，用压缩空气驱动大活塞，使小活塞输出相应比例的高压液体。

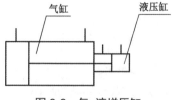

图 3-8　气-液增压缸

应用增压缸可组装成气-液增压站用于代替小型液压站，还可组装成各种专用的气-液增压缸、液-气增压缸、气-气增压缸等。

组合气缸一般是指气缸与液压缸组合形成的气-液阻尼缸、气-液增压缸等。

3.2.5　无杆气缸

无杆气缸是指利用活塞直接或间接连接外界执行机构，使其跟随活塞实现往复运动的气缸。这种气缸最大的优点是节省安装空间。

1）磁性无杆气缸

活塞通过磁力带动缸筒外部的移动体同步移动的无杆气缸称为磁性无杆气缸。它在活塞上安装一组高强磁性的永久磁环，磁力线通过薄壁缸筒与套在外面的另一组磁环作用，利用两组磁性相反的磁环产生的吸力实现活塞与磁环的同步移动。当活塞在缸筒内被气压推动时，在磁力作用下，缸筒外的磁环套随之一起移动。气缸活塞的推力必须与磁环的吸力相适应。

2）机械接触式无杆气缸

机械接触式无杆气缸在气缸缸管轴向开设一个条形槽，使活塞通过条形槽直接与槽外的滑块连接，实现活塞与滑块同步移动。为了保证条形槽的防尘和密封，在开口处采用聚氨脂密封带和防尘不锈钢带固定在两端端盖上，利用活塞架穿过条形槽实现密封并把活塞与滑块连成一体，从而带动固定在滑块上的执行机构，实现往复运动。

3.2.6　柱塞式气缸、活塞式气缸和薄膜式气缸

1）柱塞式气缸

柱塞式气缸是一种单作用气缸，压缩空气只能使柱塞向一个方向运动，需要借助外力或重力复位。柱塞无前端盖，柱塞的活塞可部分滑出缸筒。因此，活塞两端有端盖，柱塞一端有端盖。

2）活塞式气缸

普通气缸都属于活塞式气缸，一般为单作用气缸，压缩空气只能使活塞向一个方向运动，需要借助外力或重力复位，也可借助弹簧力复位。

3）薄膜式气缸

薄膜式气缸是以膜片代替活塞的气缸，属于短行程气缸，具有单向作用和双向作用两种形式。单向作用薄膜式气缸借助弹簧力复位，行程短、结构简单，缸筒内壁无须加工，但要按照行程比例增大缸径。双向作用薄膜式气缸利用压缩空气复位。

3.2.7　双活塞气缸

如图 3-9 所示，双活塞气缸的两个气缸对称安装，两个活塞同时反向运动。

双活塞气缸一般为双作用气缸，两进出气端采用并联连接方式。

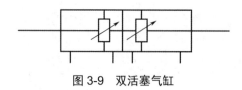

图 3-9　双活塞气缸

3.2.8　真空吸盘

真空吸盘是真空系统中的执行元件，也是气缸的唯一一种特殊工作形式和结构变形，即将无杆腔的端盖去掉，通过软性环形密封圈形成吸盘，利用工件具有的光滑且平整的表面将其吸起并保持，柔软且有弹性的吸盘能与工件平面紧密接触并保持密封状态，并且不会损坏工件。利用吸盘和工件平面形成的内部真空，工件在大气压力的作用下与吸盘内侧形成压差，从而保证在大气压力作用下，接触面承受的压力能将工件与吸盘牢牢吸住，并使工件能跟随吸盘运动。

图 3-10 所示为真空吸盘结构原理图，开口缸筒端用密封圈与平板形成密封后将活塞杆伸出，此时无杆腔与平板形成的容积内部压力低于大气压力，形成压差，当其压差 F 大于平板重力 f 时，平板被气缸吸持。

吸盘通常是由橡胶材料与金属骨架压制而成的。橡胶材料有丁腈橡胶、聚氨酯和硅橡胶等，它们的工作温度分别为-20～+80℃、-20～+60℃和-40～+200℃，其中硅橡胶吸盘适用于食品工业。

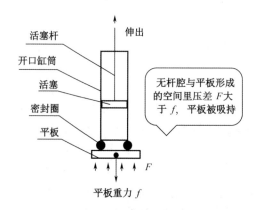

图 3-10　真空吸盘结构原理图

真空吸盘要通过空芯螺栓直接与真空发生器、真空安全阀、空芯活塞杆气缸等能产生真空的器件相连。

真空吸盘的外径称为公称直径，其吸持工件被抽空的直径称为有效直径。一般真空吸盘公称直径有 8mm、15mm、30mm、40mm、55mm、75mm、100mm 和 125mm 等规格。

应用真空吸盘技术可很方便地实现对具有平面的工件的吸持、脱开、传递等功能。需要说明的是，真空的形成不单单指由电机、真空泵等一系列辅助设备所组成的真空系统，只要能利用工件与吸盘的接触面形成大气压差来克服其工件自重和运行气流对工件的冲击力将工件吸起，就可以说形成了真空。图 3-11 所示为吸盘吸起工件的原理示意图。

目前制作的真空吸盘产品的最小公称直径为 1mm，最大公称直径通常为 125mm；真空吸盘的最小吸力为 1.6N，最大吸力可达 606N。

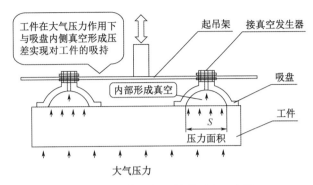

图 3-11 吸盘吸起工件的原理示意图

3.3 摆动液马达

在液压系统中，液压马达又称液马达，是一种将液压油的压力能转换为机械能，从而实现有限回转（摆动）运动的传动装置。

摆动液马达是一种在特定角度（一般小于 360°）范围内进行往复摆动的液压执行元件，它将液压油的压力能转换为机械能，输出力矩使机构实现往复摆动。常用摆动液马达的最大摆动角度通常有 90°、180°、270° 三种规格。

摆动液马达输出轴的承受冲击转矩耐力小，当受到驱动的物体突然停止时，由于惯性的冲击作用，马达容易损坏，因此须采用缓冲机构或安装制动器来分解冲击力。

摆动液马达按结构特点分为叶片式摆动液马达、螺杆式摆动液马达、齿轮齿条式摆动液马达等。其中，除叶片式摆动液马达以外，其他摆动液马达都带有缸结构和实现回转运动的传动机构。

3.3.1 叶片式摆动液马达

叶片式摆动液马达具有结构紧凑、工作效率高等特点，常用于工件的翻转、分类、夹紧等作业，也可作为液压机械手的指腕关节部分，用途十分广泛。图 3-12 所示为叶片式摆动液马达，其可分为单叶片式摆动液马达和双叶片式摆动液马达两种。单叶片式摆动液马达输出轴转角小于 360°，双叶片式摆动液马达输出轴转角小于 180°。

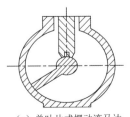

（a）单叶片式摆动液马达

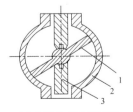

（b）双叶片式摆动液马达

1—叶片；2—定子；3—挡块。

图 3-12 叶片式摆动液马达

3.3.2 螺杆式摆动液马达

图3-13所示为螺杆式摆动液马达结构示意图，它主要由筒体、端盖、轴端限位凸台的螺杆、内螺纹活塞、回转限位导槽等部分组成。

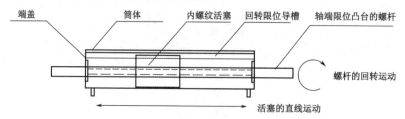

图 3-13　螺杆式摆动液马达结构示意图

活塞的直线运动通过螺纹传动转换成螺杆的回转运动。因此，螺杆式摆动液马达是利用螺杆将活塞的直线运动转换为螺杆的回转运动的。它与叶片式摆动液马达相比，虽然体积稍显笨重，但密封性很好。摆动液马达是依靠装在轴上的销轴来传递扭矩的，在停止回转时有很大的惯性冲击作用在轴心上，即使设置内部缓冲装置也不能消除这种作用，因此还需要设置外部缓冲装置。

3.3.3 齿轮齿条式摆动液马达

齿轮齿条式摆动液马达有单齿轮齿条式摆动液马达和双齿轮齿条式摆动液马达两种。图3-14所示为双齿轮齿条式摆动液马达结构示意图，它由两个液压缸并联共同带动齿条来驱动两个齿轮相向回转，使液压缸的直线运动转换成齿轮的有限回转运动。单齿轮齿条式摆动液马达由齿轮、齿条、活塞、缓冲装置、端盖及缸筒等组成，如图3-15所示。实际的齿轮齿条式摆动液马达行程终点的位置可调。

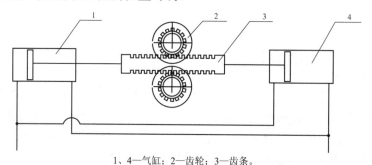

1、4—气缸；2—齿轮；3—齿条。

图 3-14　双齿轮齿条式摆动液马达结构示意图

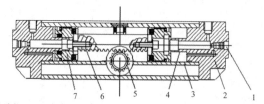

1—缓冲节流阀；2—端盖；3—缸筒；4—缓冲柱塞；5—齿轮；6—齿条；7—活塞。

图 3-15　单齿轮齿条式摆动液马达结构示意图

3.4　旋转液马达

在液压系统中，旋转液马达是一种将液压油压力能转换为机械能，从而实现旋转运动的执行元件，它也是一种传动装置。

旋转液马达的轴端输出的是连续转矩，轴可以实现连续回转运动，常见的旋转液马达有叶片式旋转液马达和活塞式旋转液马达两种。一般活塞式旋转液马达比叶片式旋转液马达转矩大，叶片式旋转液马达比活塞式旋转液马达转速高。由于叶片式旋转液马达的叶片与定子间的密封比较困难，因此其低速工作时效率不高，一般可作为大型阀的开闭驱动机构。活塞式旋转液马达通过多活塞连杆机构实现曲轴的转动，进而驱动齿轮齿条来带动负荷运动。旋转液马达通过控制液压油的流量就可以调节转速的高低和功率的大小，从而可以实现无级调速和过载保护功能。

3.4.1　叶片式旋转液马达

叶片式旋转液马达主要由转子、定子、叶片、前后端盖等组成。图 3-16 所示为叶片式旋转液马达结构示意图。转子安装在偏心的定子内，叶片安装在转子的径向槽内，当底部安装有弹簧时（实际上转子径向槽内的叶片靠离心力与定子弧面密封），把定子和转子间的空间分隔成许多密封腔。当液压油从进油口 A 进入密封腔时，驱动转子转动，液压油从 C 口排出，泄漏油从 B 口排出。改变输入流量即可实现无级调速。通过方向控制阀可操纵叶片式旋转液马达正反转，其升速快，可通过压力和流量的控制实现过载保护功能。叶片式旋转液马达可用于潮湿、高温、防爆、防火、启动频繁、满负载启动、经常变向和无级调速等场合。在叶片式旋转液马达轴上附加专用工具可制成各种液压工具。把叶片式旋转液马达用于动力头的主传动，可进行钻孔、扩孔、铰孔、磨孔和攻丝等切削加工。在飞机、汽车、仪表制造等行业的液压组合机床上，可同时布置几十个动力头。

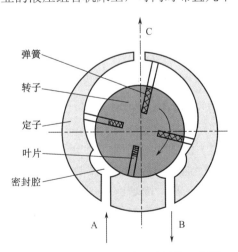

图 3-16　叶片式旋转液马达结构示意图

叶片式旋转液马达多数可实现双向回转，有正反转性能不同和正反转性能相同两类。

叶片式旋转液马达是把液压油的压力能转换为旋转形式机械能的装置，其安装方便，特别适用于防爆的工作场所。只要控制阀的流量和压力，就能实现无级调速和过载保护。

3.4.2 活塞式旋转液马达

活塞式旋转液马达主要由连杆组件、曲轴、活塞、活塞缸、机体、配油阀等组成。液压油通过配油阀依次向各液压缸供油，以此实现压力做功并通过连杆推动曲轴旋转，其能量主要来自液压油压力做功。

常用活塞式旋转液马达大多是径向连杆式的，图 3-17 所示为径向连杆活塞式旋转液马达工作原理示意图。三个活塞缸经连杆组件与互成 120° 的曲轴的三个曲拐连接，每个活塞缸由活塞和活塞筒组成，活塞工作时有冲程和回程两个工作周期，以曲轴的主轴径或曲轴臂逆时针旋转为例，每个活塞缸在 270° 时活塞处于完全缩回状态，大于 270° 时活塞进入冲程阶段，活塞逐渐伸出活塞缸，达到 90° 时活塞伸出达到最大状态，冲程阶段结束；每个活塞缸在大于 90° 时活塞进入回程阶段，在 270° 时活塞完全缩回到活塞缸中，回程阶段结束。在活塞冲程阶段，活塞缸通入液压油，此时液压油推动活塞向上，活塞通过连杆组件利用杠杆原理推动曲轴臂向上，从而实现曲轴旋转。

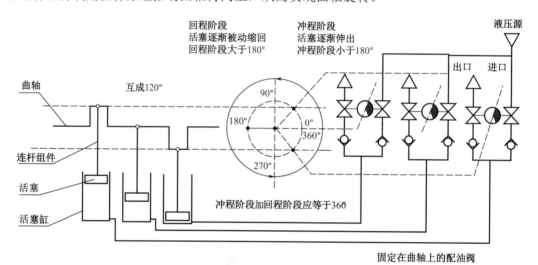

图 3-17　径向连杆旋转液马达工作原理示意图

液压油在冲程阶段由配油阀的进油口进入活塞缸，推动活塞做功，实现曲轴旋转；在回程阶段利用曲轴转臂对活塞形成的回缩作用将活塞缸内做功后的液压油经过配油阀的出口排除；通常曲轴的曲拐数量与活塞数量相同，曲拐在曲轴圆周上均匀布置，配油阀固定在曲轴上并与曲轴同步转动，配油阀的数量与活塞数量相同并按曲拐布置角度实现配油阀各个阀路的进油与排油的接通。液压油随着配油阀角度位置的改变依次进入不同的活塞缸内推动冲程活塞运动，各冲程活塞及连杆组件带动曲轴连续运转。与此同时，活塞缸内做功后的液压油随着配油阀角度位置的改变，受被动回缩的活塞压迫后通过配油阀出口排出。一般冲程阶段小于 180°，回程阶段大于 180°，冲程阶段加回程阶段应等于 360°。径向连杆旋转液马达的每个活塞缸只有两个状态，即油压做功活塞冲程和被动回缩缸筒排油，各个活塞缸工作过程相同，但动作时刻符合曲拐分布，角度具有周期性。

汽油机、柴油机及蒸汽机等发动机的工作原理与活塞式旋转液马达的工作原理基本相同，是其变形结构。汽油机和柴油机通过液态燃料雾化、点火、爆炸，产生膨胀冲击使活塞工作。蒸汽机利用锅炉的高压气体产生膨胀压力使活塞工作。

径向连杆旋转液马达是曲轴连杆旋转液马达的变形结构。

3.5　气马达

气马达和液马达的种类及作用原理相同，气马达包括摆动气马达和旋转气马达。由于马达和泵是作用原理可逆的作用元件，因此液压泵和气泵的种类与液马达和气马达的种类具有相同性，其作用原理是可逆的。

3.5.1　摆动气马达

摆动气马达与摆动液马达的结构相同，因此摆动气马达按结构特点也可分为叶片式摆动气马达（单叶片摆动气马达和双叶片摆动气马达）、螺杆式摆动气马达（大于 360° 即大于一周，小于 360° 即小于一周）、齿轮齿条式摆动气马达（大于 360° 即大于一周，小于 360° 即小于一周），但摆动液马达与摆动气马达驱动介质不同（无压缩性的压力液和有压缩性的压力气），表示符号不同（液用实三角"▲"表示，气用空三角"△"表示），输出转矩不同（液相转矩大，气相"转矩"小）。表 3-1 所示为摆动液马达与摆动气马达的图形符号。

表 3-1　摆动液马达与摆动气马达的图形符号

序　号	名　称	图形符号	序　号	名　称	图形符号
1	摆动液马达		2	摆动气马达	

3.5.2　旋转气马达

旋转气马达和旋转液马达的结构相同，可分为齿轮式旋转气马达、叶片式旋转气马达、柱塞式旋转气马达。

目前汽车上的汽油发动机就是柱塞式旋转气马达的一种变形形式，它通过喷嘴将液态汽油雾化送入气缸，同时点火形成爆炸膨胀使气缸推动曲轴旋转，用多个气缸在配气阀控制下实现规律性的进气（空气进入、加氧过程）、压缩（空气压缩、气缸升温）、做功（喷油雾化、点火爆炸、膨胀）、排气（燃烧废气排出）四冲程工作过程。四冲程发动机完成一个工作循环，曲轴转两圈，即 720°，柱塞上下往复运动四次，只有做功膨胀过程是动力输出过程，其余三个过程都是在曲轴惯性作用下的往复被动运动过程，柱塞缸的数量正比于曲轴输出的功率。二冲程发动机完成一个工作循环，曲轴转一圈，即 360°，柱塞上下往复运动两次，吸气和压缩是一个过程，做功和排气是一个过程。表 3-2 所示为旋转液马达与旋转气马达的图形符号。

表 3-2 旋转液马达与旋转气马达的图形符号

序　号	名　　称	图形符号	序　号	名　　称	图形符号
1	单向旋转液马达		3	双向旋转液马达	
2	单向旋转气马达		4	双向旋转气马达	

3.6　执行元件的应用特点

只有掌握执行元件的应用特点，才能正确应用它们。

3.6.1　执行元件的特点

① 与液压执行元件相比，气动执行元件的运动速度快，工作压力低，工作的环境温度范围较广，一般可在-20℃～+80℃（耐高温条件可达+150℃）的环境下正常工作。

② 相对液压执行元件来说，气动执行元件的结构简单、制造成本低、维修方便、便于调节，可以大大节省现场装配、调整时间，而且由于各元件动作的直观性强，其现场操作不需要配套各种经过专门培训的技术人员。

③ 由于气体的可压缩性，气动执行元件在速度控制、抗负载影响等方面的性能劣于液压执行元件。当需要精确地控制运动速度，减小负载变化对运动的影响时，常需要借助气动-液压联合装置等来实现。

④ 气动与液压执行元件有三大类：产生直线往复运动的气缸与液压缸、在一定角度范围内摆动的摆动气马达（曾称摆动气缸）与摆动液马达，以及产生连续转动的旋转气马达与旋转液马达。

3.6.2　气动执行元件（气缸）的故障

由于气缸装配不当且需要长期使用，因此气动执行元件（气缸）易发生内、外泄漏，输出力不足和动作不平稳，缓冲效果不良，活塞杆和端盖损坏等故障现象。

① 气缸发生内、外泄漏一般是因为活塞杆安装偏心、气缸内有杂质及活塞杆有伤痕或润滑油供应不足等造成密封圈和密封环磨损或损坏。当气缸发生内、外泄漏时，应重新

调整活塞杆的中心，以保证活塞杆与缸筒的同轴度；须经常检查油雾器工作是否可靠，以保证执行元件润滑良好；当密封圈和密封环出现磨损或损坏时，应及时更换；当气缸内存在杂质时，应及时清除；当活塞杆上有伤痕时，应及时更换。

② 气缸的输出力不足和动作不平稳一般是因为活塞或活塞杆被卡住，润滑不良，供气量不足，或缸内有冷凝水和杂质等。对此，应调整活塞杆的中心，检查油雾器的工作是否可靠，检查供气管路是否被堵塞。当气缸内存有冷凝水和杂质时，应及时清除。

③ 气缸的缓冲效果不良一般是缓冲密封圈磨损或调节螺钉损坏所致。此时，应更换密封圈或调节螺钉。

④ 气缸的活塞杆和端盖损坏一般是活塞杆安装偏心或缓冲机构失效造成的。对此，应调整活塞杆的中心位置，更换缓冲密封圈或调节螺钉。

3.6.3　执行元件的应用形式

在自动控制系统中，执行元件一般分为液压与气动执行元件和电动执行元件。

1．液压与气动执行元件

液压执行元件和气动执行元件的种类、工作原理与结构基本相同，只是液压执行元件的工作压力高（一般为 1.0～20.0MPa），气动执行元件的工作压力低（一般为 0.1～1.0MPa）。液压执行元件的液压油通过泄放回路回油箱可重复利用，油路分高压和回油两路，气动执行元件的压缩气体在工作完成后直接排入大气，气路只有压缩气体进气一路（单根气路）；液压执行元件的配合精度高，一般无外泄漏，气动执行元件的配合精度低，一般有少量气体外泄漏。从原理上讲，相同参数的液压执行元件可以代替气动执行元件，而相同参数的气动执行元件不能代替液压执行元件；相同形式的液压执行元件的制作成本高于气动执行元件的制作成本。

2．电动执行元件

电动执行元件包括电磁铁类电动执行元件、电机类电动执行元件和电加热类执行元件。

1）电磁铁类电动执行元件

电磁铁类电动执行元件是电流磁效应的典型应用，其与生活联系紧密，可用于电磁继电器、电磁起重机、磁悬浮列车等。电磁铁按使用电源的形式可以分为直流电磁铁和交流电磁铁两大类型，按用途可以分为牵引电磁铁、起重电磁铁、制动电磁铁、电器电磁系统及其他用途的电磁铁五类。

（1）牵引电磁铁

牵引电磁铁主要用来牵引机械装置、开启或封闭各种阀门等。

（2）起重电磁铁

起重电磁铁用于起重装置，可以实现吊运钢锭、钢材、铁砂等铁磁性材料。

（3）制动电磁铁

制动电磁铁主要用于对电机进行制动以达到准确停车的目标，以断电制动和通电运行为工作形式。

（4）电器电磁系统

电器电磁系统主要是指含电磁继电器和接触器等的电磁系统与含自动开关的电磁脱扣器及把持电磁铁等。

（5）其他用途的电磁铁

其他用途的电磁铁主要是指电磁振动器和机床上用于加工工件的电磁吸盘等。

2）电机类电动执行元件

电机类电动执行元件是由各种电机及减速机构构成的电动执行单元。电机是将电能转换为机械能并提供旋转驱动力矩的功率型耗能元件，电机可以按多种方式进行分类。

（1）按工作电源分类

根据工作电源的不同，电机可分为交流电机和直流电机。

交流电机还可分为单相交流电机和三相交流电机、高压电机和低压电机。

直流电机分为转子为线圈通直流电的有刷结构直流电机和转子为磁极特性的无刷结构直流电机。

（2）按结构及工作原理分类

根据结构及工作原理的不同，电机可分为异步电机和同步电机。

异步电机为感应式电机，定子产生旋转磁场，转子线圈切割磁力线产生感生电流，感生电流受磁场力作用使转子旋转。

同步电机的转子具有磁极特性，按照同性相斥、异性相吸原理，转子跟随定子旋转磁场同步运行。同步电机还可分为转子为永磁铁的同步电机，转子为凸极结构并设有反应槽和绕组的磁阻同步电机以及转子为磁滞材料的磁滞同步电机，磁阻同步电机和磁滞同步电机属于感应式电机。

（3）按用途分类

电机按用途可分为功率驱动用电机和控制用电机。功率驱动用电机包括工具用电机、家电用电机、机械设备用电机等。控制用电机又分为能够直接将数字脉冲信号转换为角位移的步进电机和具有反馈调节功能的伺服电机以及具有能量回馈功能的开关磁阻电机等。

步进电机属于驱动器控制的开环系统；伺服电机属于驱动器控制的闭环系统；开关磁阻电机属于驱动器控制的闭环节能功率型控制系统。

3）电加热类执行元件

电加热是指将电能转换为热能的过程。

（1）加热方式

电加热做功的方式很多，包括利用电流的焦耳效应将电能转换为热能的电阻加热方式；利用导体处于交变电磁场中产生感应电流（涡流）的感应加热方式；利用两电极间的气体放电的电弧加热方式；利用在电场作用下高速运动的电子轰击物体表面的电子束加热方式；利用红外线辐射物体使其吸收红外线后将辐射能转换为热能的红外线加热方式；利用高频电场的能量对绝缘材料进行加热的介质（微波）加热方式等。

（2）用途

① 热处理。各种金属的局部或整体淬火、退火、回火、透热。

② 热成型。工件整件锻打、局部锻打、热镦、热轧。

③ 焊接。各种金属制品钎焊，各种刀具刀片、锯片锯齿的焊接，钢管、铜管的焊

接，同种、异种金属的焊接等。

④ 金属熔炼。金、银、铜、铁、铝等金属的（真空）熔炼、铸造成型及蒸发镀膜。

⑤ 高频加热机。半导体单晶生长、热配合、瓶口热封、牙膏包装热封、粉末涂装、金属植入塑料等。

⑥ 流体加热。油（液压油等）、水（热水、乳化液等）、气（空气）等的加热。

只有掌握各个执行元件的工作性能，才能有效、快速地进行系统的综合选型，才能使系统做到结构合理、制造容易、控制可靠、工作高效、操作方便、维护简单、实用性强。

 ## 思考题

1. 什么是液压与气动系统执行元件？其包括哪些形式？
2. 普通气缸通常由哪几部分组成？
3. 气-液增压缸的工作原理是什么？
4. 薄膜式气缸有哪些特点？
5. 气缸有几种分类形式？单作用气缸和双作用气缸的主要区别是什么？
6. 摆动气马达和旋转气马达各有几种类型？阐述其各自特点和区别。
7. 叶片式马达有哪些特点？

第 4 章　控制元件

要点概述

　　4.1 节和 4.2 节主要讲述液压与气动系统中可自动复位的二位单控电磁换向阀和具有记忆功能的二位双控电磁换向阀以及三位电磁换向阀，介绍方向控制阀、单向阀、气动梭阀的结构、特点及控制要点；4.3 节和 4.4 节主要讲述具有入口稳压作用的溢流阀、具有出口稳压作用的减压阀、具有开关控制作用的顺序阀等压力控制元件，并介绍压力控制阀的控制要点；4.5 节和 4.6 节主要讲述节流阀和调速阀等流量控制元件，以及快速排气节流阀，并介绍流量控制阀的控制要点；4.7 节介绍可用电信号连续控制压力和流量的液压比例阀、具有组合型大流量开关控制作用的插装阀、集成一体化的叠加阀等的结构、特点及使用方法。4.8 节介绍气动比例减压阀、气动比例流量控制阀和气动比例方向控制阀。通过本章的学习，读者能够掌握液压与气动控制元件的种类、结构、特点及工作原理，进而能在液压与气动系统中正确应用它们。

本章教学目标：掌握液压与气动控制元件的结构原理，能合理地对各控制元件进行应用和控制，能准确描述各控制元件作用和使用要点，了解各控制元件的符号、画法并能正确表示				
	重　　点	难　　点	教学方法	教学时间
4.1 节	二位单控电磁换向阀、二位双控电磁换向阀和三位电磁换向阀的结构、原理	二位单控电磁换向阀、二位双控电磁换向阀和三位电磁换向阀的控制特点，了解元件的符号、画法并能正确表示	讲授	0.75 课时
4.2 节	气动或门型梭阀、与门型梭阀、快速排气阀的结构特点	气动二位单控电磁换向阀、二位双控电磁换向阀和三位电磁换向阀，以及气动梭阀的控制特点，了解元件的符号、画法并能正确表示	讲授	0.5 课时
4.3 节	液压溢流阀、减压阀、顺序阀的结构、原理	液压溢流阀、减压阀、顺序阀的工作特点，了解元件的符号、画法并能正确表示	讲授	0.75 课时
4.4 节	气动安全阀、调压阀、开关阀的结构、原理	气动安全阀、调压阀、开关阀的工作特点，了解元件的符号、画法并能正确表示	讲授	0.5 课时
4.5 节	液压节流阀和调速阀的结构、原理	液压节流阀和调速阀的工作特点，了解元件的符号、画法并能正确表示	讲授	0.5 课时
4.6 节	气动节流阀、单向节流阀、排气节流阀的结构、原理	气动节流阀、单向节流阀、排气节流阀的合理使用，了解元件的符号、画法并能正确表示	讲授	0.5 课时
4.7 节	液压比例阀、插装阀、叠加阀等的结构、原理	液压比例阀、插装阀、叠加阀等的控制应用，了解元件的符号、画法并能正确表示	讲授	0.75 课时
4.8 节	气动比例减压阀、气动比例流量阀和气动比例方向控制阀结构	气动比例减压阀、气动比例流量阀和气动比例方向控制阀的控制，了解元件的符号、画法并能正确表示	讲授	0.75 课时
合计课时				5.0 课时

　　液压与气动控制元件是控制和调节系统各部分回路中液压油或压缩空气的方向、压力、流量和发送信号的重要元件，按功能主要分为方向控制阀、压力控制阀和流量控制阀。其基本工作回路包括方向控制回路、压力控制回路和速度（流量）控制回路。液压与气动控制元件中的方向控制阀可以构成方向控制回路，用以控制系统执行元件的运动方向以及启动和停止过程。压力控制阀可以构成压力控制回路，用以实现系统特定位置的压力调节。流量控制阀可以构成流量控制回路，是实现执行元件速度调节的主要控制元件。液压与气动控制元件除具有特定的实现功能以外，在操作形式上也可根据实际的安全要求和效率要求设置为手动、脚踏、电动、气动、液动、电气动、电液动、气液动等多种形式。在自动控制系统中，以电动、电气动、电液动形式的应用较多。

　　液压与气动控制元件由于流体的密度、对环境的污染、回收价值、流体工作压力等不同，其密封结构、工作形式、加工精度、制作成本等有很大区别，但基本结构和图形符号的基本表示形式具有相似性，为便于学习与掌握基础知识，在以下内容中，只介绍具有典型结构的液压与气动控制元件的工作原理和控制形式。读者应理解液压与气动控制元件的不同点，并在液压与气动系统的传动和控制过程中，根据液压与气动系统的传动介质、工作压力、流量参数范围、换向结构性能、控制精度、无故障工作时间等具体要求进行选型。

4.1　液压方向控制元件

　　液压方向控制元件主要指二位电磁换向阀和三位电磁换向阀及单向阀，它们都属于方向控制阀，可以构成方向控制回路，在液压传动系统中，方向控制阀通过改变液压油的流动方向和流路的通断，控制执行元件的运动方向以及启动和停止过程。

4.1.1　二位电磁换向阀

1. 工作原理

　　电磁换向阀简称电磁阀，是液压与气动控制元件中最主要的方向控制元件，其品种规格繁多，结构各异。电磁阀按操纵方式可分为直动式电磁阀和先导式电磁阀；按结构形式可分为滑柱式电磁阀、截止式电磁阀和同轴截止式电磁阀；按密封形式可分为间隙密封电磁阀和弹性密封电磁阀；按所用电源可分为直流电磁阀和交流电磁阀；按使用环境可分为普通型电磁阀和防爆型电磁阀等。

　　二位电磁换向阀是指阀芯动作后的换向固定位置有两个的电磁阀。

　　1）直动式电磁阀

　　直动式电磁阀利用电磁力直接推动电磁推杆从而带动阀芯来实现换向。根据阀芯复位的控制方式可分为单电控直动式电磁阀和双电控直动式电磁阀。

　　如图 4-1 所示，双电控直动式电磁阀的阀芯两端各有一个带电磁推杆的吸合线圈，通过线圈带电推动阀芯移动。由于阀芯是具有密封阻力的游动形式的，当线圈带电后，如果阀芯的移动方向与线圈带电后产生的推动力方向不同，则线圈的电磁推杆带动阀芯移动到运动方向的同一侧；如果阀芯的移动方向与线圈带电后产生的推动力方向相同，则线圈的电磁推杆没有推动力，阀芯保持不动。因此在同一侧的阀芯位置保持时段中，线圈带电使阀芯动作后断电和线圈长期通电的效果是相同的，在同一侧的阀芯具有记忆功能，线圈通断电时阀芯位置状态不改变。

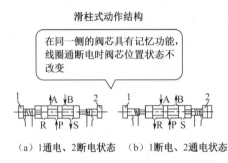

（a）1通电、2断电状态 （b）1断电、2通电状态

图 4-1 双电控直动式电磁阀工作原理图

如图 4-2 所示，单电控直动式电磁阀的阀芯一端为吸合线圈，另一端为弹簧，通过线圈带电推动阀芯移动，当线圈失电时弹簧可使阀芯复位。单电控直动式电磁阀由于一侧为线圈推杆，而另一侧为弹簧推杆，当线圈断电后，弹簧推杆可使阀芯恢复到通电前的断电原始位置。

直动式电磁阀结构简单、紧凑、换向频率高，只能作为小型阀使用。双电控直动式电磁阀在使用中应特别注意的是，两侧的电磁铁不能同时通电，否则将使电磁线圈烧坏。

如果将二位换向阀由电磁控制换成液压控制，就构成二位压力换向阀，二位换向阀包括电磁、液控等控制形式，因此有二位电磁换向阀、二位液控换向阀等。二位压力换向阀的输出负载能力远远大于二位电磁换向阀的输出负载能力。

2）先导式电磁阀

先导式电磁阀又称电控换向阀，由小型直动式电磁阀和大型液控换向阀构成。

先导式电磁阀可分为先导式单电控电磁阀（见图4-3）、先导式双电控电磁阀（见图4-4）。先导式电磁阀按工作位置可分为二位和三位两种类型，每位有二通、三通、四通、五通等回路接口，阀芯有截止式和滑柱式等动作结构。

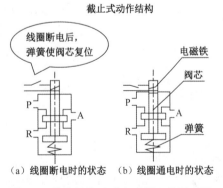

（a）线圈断电时的状态 （b）线圈通电时的状态

图 4-2 单电控直动式电磁阀工作原理图

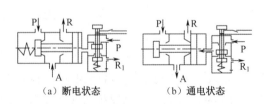

（a）断电状态 （b）通电状态

图 4-3 先导式单电控电磁阀工作原理图

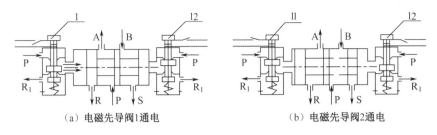

（a）电磁先导阀1通电　　　　　　　　　　　（b）电磁先导阀2通电

图4-4　先导式双电控电磁阀工作原理图

先导式电磁阀按液控信号的来源可分为自控式（内部先导）电磁阀和他控式（外部先导）电磁阀两种。直接利用主阀的液压源作为控制信号的电磁阀称为自控式电磁阀。

为了保证电磁阀的换向性能，降低电磁阀的工作压力，可由外部供给的液压源作为主阀控制信号，这类阀称为他控式电磁阀。

在二位换向阀（包括液控和电控）中，单控阀由于有复位弹簧，当没有驱动控制信号时，其阀芯具有自动复位功能；双控阀由于没有复位弹簧，驱动控制信号能使阀芯动作，当一个方向的驱动控制信号消失，而另一个方向的驱动控制信号没有出现时，阀芯不会受到任何驱动力的作用，因此阀芯具有记忆保持功能。对于任何形式的双控阀，其两控制端不能同时输入动作控制信号，否则阀芯在双向力的作用下，动作过程不确定，动作结果未知。

2．电气结构

电磁阀电气结构包括电磁铁、接线座及保护电路。

1）电磁铁

电磁铁主要由线圈、静铁芯和动铁芯构成，其根据使用电源的不同可分为交流电磁铁和直流电磁铁两种。

常用电磁铁的结构有 T 形和 I 形两种形式。图 4-5 所示为电磁铁结构图。

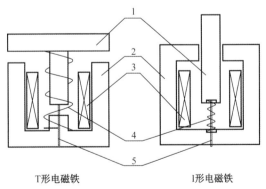

T形电磁铁　　　　　　　　　　I形电磁铁

1—动铁芯；2—静铁芯；3—线圈；4—弹簧；5—定位针。

图4-5　电磁铁结构图

T 形电磁铁适合作为交流电磁铁，它由高导磁的硅钢片层叠制成，具有铁损低、发热小的特点，其吸引行程和体积较大，主要用于行程较大的直动式电磁阀。

I 形电磁铁用圆柱形磁性材料制成，铁芯的吸合面通常制成平面状或圆锥形。I 形电磁铁吸力较小，行程也较短，适合作为直流电磁铁和小型交流电磁铁，常用于小型直动式电磁阀和先导式电磁阀。

在静铁芯的吸合面环形槽内压入了分磁环。分磁环一般由电阻系数较小的金属材料（如黄铜、紫铜等）制成。分磁环的作用是消除交流电磁铁工作时的动铁芯振动。

无论是直流电磁铁还是交流电磁铁，都可做成干式电磁铁、油浸式电磁铁和湿式电磁铁。目前我们所用的电磁铁大部分采用干式绝缘和散热结构，尤其是气动系统所用的电磁铁。

① 干式电磁铁（Dry Solenoid）。干式电磁铁的线圈、铁芯都位于空气中，不和油接触，当电磁铁与电磁阀连接时，电磁推杆的外周有密封圈。由于回油有可能渗入对中弹簧腔，所以电磁阀的回油压力不能太高。此类电磁铁一般附有手动推杆，一旦电磁铁发生故障，可对阀芯进行手动换位。这类电磁铁是液压与气动系统常用的类型。

② 油浸式电磁铁（Oil-Immersed Solenoid）。油浸式电磁铁的线圈和铁芯都浸在无压油液中。电磁推杆和动铁芯端部都装有密封圈。油液可帮助线圈散热，改善电磁推杆的润滑条件，所以油浸式电磁铁寿命远比干式电磁铁长。因有多处密封，油浸式电磁铁的灵敏性较差，造价较高。

③ 湿式电磁铁（Wetted Solenoid）。湿式电磁铁也叫耐压式电磁铁，和油浸式电磁铁的不同之处是，它的推杆处无密封圈。其线圈和动铁芯都浸在有压油液中，散热好且产生的摩擦力小，油液的阻尼作用还减小了换向阀工作位置切换时的冲击和噪声，所以湿式电磁铁具有噪声小、寿命长、温升低等优点，是目前应用较广的一种电磁铁。也有人将油浸式电磁铁和耐压式电磁铁统称为湿式电磁铁。

2）接线座

接线座用于电磁铁线圈的外部接线，有多种形式，要合理选择引出导线的接线方式。

3）保护电路

保护电路有多种形式，交流电磁铁线圈加阻容吸收回路；直流电磁铁线圈加续流二极管；线圈中一般要串联限流电阻和作为工作指示灯的发光二极管。图 4-6 所示为电磁铁线圈的保护电路形式，其电源不同，保护形式也不同。

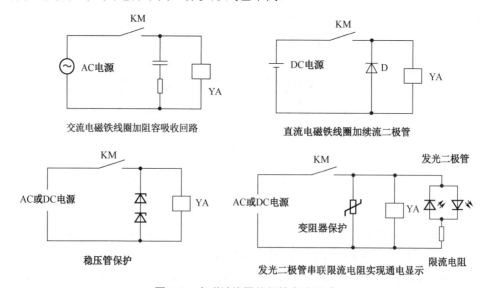

图 4-6　电磁铁线圈的保护电路形式

3．电气性能

1）防护等级

在符合 IP 等级要求的前提下按设备工作环境的防尘、防湿要求确定防护等级。

2）温升与绝缘级别

电磁铁线圈一般为 B 级绝缘，最高允许温度为 130℃。

3）电流特性

大型交流电磁铁线圈的启动电流可达到保持电流的 10 倍甚至更高；先导式电磁阀和小型电磁阀的线圈启动电流约为保持电流的 2 倍。交流电磁阀的启动电流与行程有关，行程越大，启动电流越大；直流电磁铁或电磁阀的线圈电流与行程无关。图 4-7 所示为电磁铁线圈的行程与电流特性。

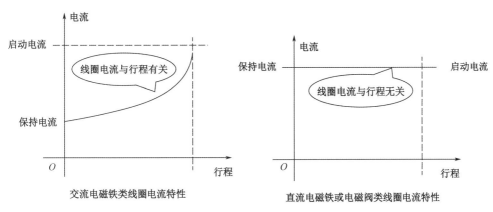

图 4-7 电磁铁线圈的行程与电流特性

4）吸力特性

交流电磁铁与直流电磁铁的吸力特性是相似的，当电压增大或减小时，两者的吸力都随之相应增大或减小；当动铁芯的行程增大或减小时，两者的吸力都随其变化相应增大或减小。但是，当动铁芯行程较大时，由于两者的电流特性不同，直流电磁铁的吸力大幅度下降，而交流电磁铁吸力下降幅度较小。因此当电压一定时，交流或直流电磁铁的吸力与行程成反比。

5）功率

交流电磁铁的功率用视在功率 UI 计算，单位为 VA；直流电磁铁的功率用消耗功率 P 计算，单位为 W。当选择交流回路驱动电源的功率时，首先要统计电磁阀或电磁铁同时带电吸合启动的最大数量，并按启动电流×数量×电压计算启动需要的最大功率；其次统计启动后同时带电保持的最大数量，并按保持电流×数量×电压计算带电保持需要的最大功率；最后按启动与带电保持的最大功率之和酌情选取。

4．控制要求

1）单控电磁阀的控制

在继电器和接触器的电气控制回路中，由于单控电磁阀具有断电复位功能，因此单控电磁阀用按钮、行程开关等主令电器启动时应采用自锁回路，防止因触点颤动造成电磁阀的反复吸合，使电磁阀线圈发热。图 4-8 所示为二位单控电磁阀电气控制自锁回路，在该回路中，YA_1 和 YA_2 为二位单控电磁阀，分别与 KM_1 和 KM_2 接触器并联，当用按钮或行程开关控制时，启动触点应加自锁。图 4-9 所示为二位单控电磁阀 PLC 控制自锁梯形图，当采用 PLC 控制时，须在梯形图中加自锁。

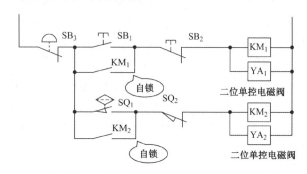

图 4-8   二位单控电磁阀电气控制自锁回路

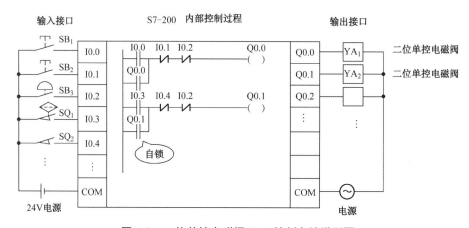

图 4-9   二位单控电磁阀 PLC 控制自锁梯形图

2）双控电磁阀的控制

在控制二位双控电磁阀时，要保证两端线圈不能同时带电，但能同时断电。在电气控制回路中，YA_1 和 YA_2 为二位双控电磁阀，由 KM_1 和 KM_2 接触器控制时必须加互锁，以保证任何时间都只有电磁阀的一端带电或两端断电。

图 4-10 所示为二位双控电磁阀电气控制互锁回路。如果采用 PLC 控制，则应在梯形图中加互锁，图 4-11 所示为二位双控电磁阀 PLC 控制互锁梯形图，也可采用图 4-12 所示的二位双控电磁阀 PLC 控制梯形图互锁与外部电路互锁。

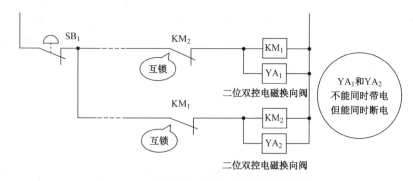

图 4-10   二位双控电磁阀电气控制互锁回路

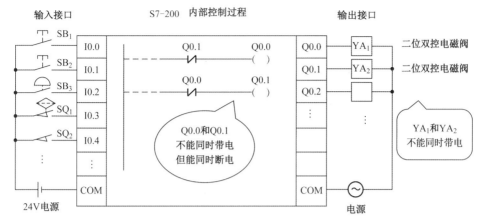

图 4-11　二位双控电磁阀 PLC 控制互锁梯形图

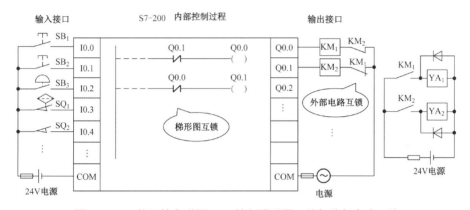

图 4-12　二位双控电磁阀 PLC 控制梯形图互锁与外部电路互锁

4.1.2　三位电磁换向阀

三位电磁换向阀在二位双控电磁换向阀的基础上增加了对中弹簧，其在双控电磁换向阀都断电的条件下出现了中间位置，使阀芯在阀体中具有左位、中位、右位三个位置。因此三位电磁换向阀阀芯具有三个固定位置。三位电磁换向阀也属于双控电磁换向阀。如果将三位换向阀由电磁控制换成液压控制或气动控制，就构成三位压力换向阀，因此三位换向阀存在电磁、液压、气动等控制形式，包括三位电磁换向阀、三位液控换向阀等多种形式，其中压力换向阀的输出控制功率远大于电磁换向阀的输出控制功率。

1．结构原理

三位电磁换向阀主要由阀体、阀芯、对中弹簧、定位套、推杆、静铁芯、动铁芯（衔铁）、电磁线圈等组成。三位电磁换向阀利用阀芯在阀体的中位、右位、左位的三个固定位置，实现对其输出端的压力变换。

1）中位

图 4-13 所示为三位电磁换向阀的结构原理图，其阀芯位置为两线圈断电时的中位，连接压力进油口 P 和两端出油口 A、B 的通道被阀芯中间滑块密封，阀芯左右滑块不密封，

此时压力进油口 P 与其他端口不接通，出油口 A、B 与两端的回油口 T 接通。

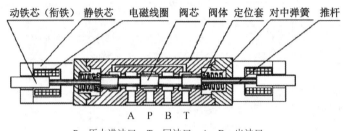

P—压力进油口；T—回油口；A、B—出油口。

图 4-13　三位电磁换向阀的结构原理图

2）右位

当左线圈通电时，左端动铁芯在线圈电磁力作用下右行并带动推杆使阀芯右行，此时连接压力进油口 P 和出油口 B 的通道被阀芯中间滑块密封，出油口 B 和回油口 T 接通，压力进油口 P 和出油口 A 接通，连接出油口 A 和回油口 T 的通道被阀芯左滑块密封。图 4-14 所示为阀芯右移后的阀体与阀芯的相对位置。

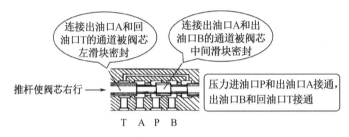

图 4-14　阀芯右移后的阀体与阀芯的相对位置

3）左位

当右线圈通电时，右端动铁芯在线圈电磁力作用下左行并带动推杆使阀芯左行，此时连接压力进油口 P 和出油口 A 的通道被阀芯中间滑块密封，出油口 A 和回油口 T 接通，压力进油口 P 和出油口 B 接通，连接出油口 B 和回油口 T 的通道被阀芯右滑块密封。图 4-15 所示为阀芯左移后的阀体与阀芯的相对位置。

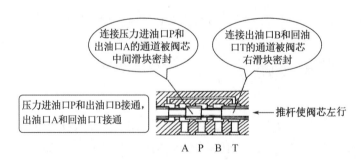

图 4-15　阀芯左移后的阀体与阀芯的相对位置

4）压力控制换向阀

如果将三位电磁换向阀的两端电磁铁去掉，并打开压力控制孔，使压力作用到阀芯的两端，使阀芯左移或右移或在中位，则三位电磁换向阀就转换成了液压或气动压力控制换向阀。图 4-16 所示为压力控制换向阀，K_1 和 K_2 为压力控制端口，K_1 口有压力时阀芯右移；K_2 口有压力时阀芯左移；当 K_1 口和 K_2 口无压力时，在两对中弹簧作用下，阀芯处在中位。

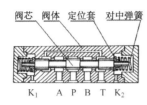

图 4-16　压力控制换向阀

2．换向阀的图形符号

换向阀的阀芯停留位置就是换向阀的工作位置，换向阀阀芯的工作位置称为换向阀的"位"，阀芯的停留位置数称为"位数"。换向阀所要控制的主回路和液压与气动系统中回路相连接的回路接口，即阀的进出口通路称为"通"，换向阀的主回路进出连接口数量称为"通数"。常用换向阀的结构原理与图形符号要符合 GB/T 786.1—2021《流体传动系统及元件　图形符号和回路图　第 1 部分：图形符号》的标准要求。

图 4-17 所示为压力换向阀的表示形式，图 4-17（a）所示为三位四通压力换向阀的结构原理图，图 4-17（b）所示为三位四通压力换向阀的图形符号。

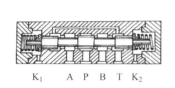
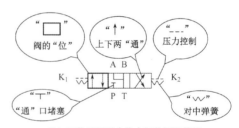

（a）三位四通压力换向阀的结构原理图　　　　（b）三位四通压力换向阀的图形符号

图 4-17　压力换向阀的表示形式

1）阀的"位"

用图 4-17（b）中的方框表示阀的"位"，有几个方框就是几位阀，二位阀用两个方框表示，三位阀用三个方框表示。

2）阀的"通"

在一个方框内，有几个上下进出油口就称为几"通"。

箭头"↑"表示该"位"方框内上下两"通"为接通状态，符号"┬"表示该"位"方框内该"通"口为堵塞状态。该方框中"↑"或"┬"与方框相交的点数之和就是通路数，有几个交点就是几通阀。箭头"↑"只表示两回路口相通，不表示流向；"┬"表示此回路口被阀芯封闭（堵塞），处于不通流状态。

3）阀的常态

三位阀中间的方框和二位阀出油口"A 和 B"或"A 或 B"与执行元件直接连接的方框称为阀的常态位置，即上电初始化后未施加控制信号时的原始位置。在液压与气动系统原理图中，换向阀的图形符号与油路或气路的连接状态表示的就是常态位置，常态位置要标出方向控制阀的出口标号"A和B"或"A或B"。

4）阀的复位

用图4-17（b）中的W形符号表示弹簧，其标注在三位阀的两端时代表对中弹簧，标注在二位阀的一端时代表复位弹簧。

5）阀的控制

把虚直线标注在三位换向阀或二位换向阀的两端，表示该阀为三位压力换向阀或二位压力换向阀。把虚直线标注在单控换向阀的一端，表示该阀为单控压力换向阀。压力换向阀的阀芯是受液压或气压的压力控制的。

阀的电磁铁控制表示形式就是把虚直线换成电磁阀的符号，如图4-18所示，图4-18（a）所示为三位四通电磁换向阀（直动式）的结构原理图；图 4-18（b）所示为先导式三位四通电磁换向阀（液控式）的结构原理图，其主压力阀为液压阀；图 4-18（c）所示为先导式三位四通电磁换向阀（气控式）的结构原理图，其主压力阀为气动阀。

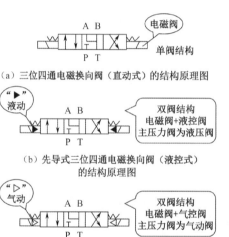

（a）三位四通电磁换向阀（直动式）的结构原理图

（b）先导式三位四通电磁换向阀（液控式）
的结构原理图

（c）先导式三位四通电磁换向阀（气控式）的结构原理图

图4-18 三位四通电磁换向阀

3．方向控制阀的图形符号及三位方向控制阀的中位机能

以滑阀为例，方向控制阀的结构原理及应用场合如表4-1所示。

表4-1 方向控制阀的结构原理及应用场合

类　型	结构原理图	图形符号	作用与功能
二位二通			回路通断开关
二位三通			回路流动方向转换

续表

类　型	结构原理图	图形符号	作用与功能
二位四通	 A P B T	A B P T	对双作用执行元件换向
三位四通	 A P B T	A B P T	对双作用执行元件换向和对任意位置保持中位
二位五通	 T₁ A P B T₂	A B T₁ P T₂	与二位四通方向控制阀相比，去掉了回油口 T 的阀体内部连通油路，增加了一个外部回油口 T₁，功能与二位四通方向控制阀相同
三位五通	 T₁ A P B T₂	A B T₁ P T₂	与三位四通方向控制阀相比，去掉了回油口 T 的阀体内部连通油路，增加了一个外部回油口 T₁，功能与三位四通方向控制阀相同

　　二位方向控制阀的阀芯在阀体中只有左和右两个位置，因此其只有两个功能，只能用于实现回路接通和断开功能，或用于实现回路的正向运行和反向运行功能。

　　三位方向控制阀的阀芯在阀体中具有左、中、右三个位置，因此其除了具有二位方向控制阀的功能，还可利用三位方向控制阀的中间位置增加回路的功能。换向阀处于常态位时，各油口的连通关系称为滑阀机能。三位方向控制阀的常态位为中位，因此三位方向控制阀的中位又称为中位机能，根据中位机能的滑阀结构可以设计出不同机能的三位方向控制阀，以满足不同回路对性能的不同要求，从而形成具有不同特点的中位机能形式。

　　表 4-1 针对三位方向控制阀的结构原理图及应用场合只给出了三位方向控制阀中位机能的断开保持形式，中位机能还有多种其他形式，表 4-2 所示为滑阀中位机能的几种常见结构形式，在实际应用中还可按照需要将中位机能设计成非标准的结构形式。

表 4-2　滑阀中位机能的几种常见结构形式

形　式	结构原理图	图形符号	作用与功能
O 形	 A　B T　P	A B P T	各回路处于封闭锁紧状态
H 形	 A　B T　P	A B P T	各回路口接通，A 端、B 端的执行元件形成浮动状态，P 端泵压通过 T 端回流形成有流量无压力的卸荷状态
Y 形	 A　B T　P	A B P T	A 端、B 端的执行元件通过 T 端回流形成浮动状态，P 端泵压被保持

续表

形 式	结构原理图	图形符号	作用与功能
M 形			A 端、B 端的执行元件被锁紧，P 端泵压通过 T 端回流，形成卸荷状态
P 形			A 端、B 端的执行元件和 P 端连通形成保压状态，可用于形成浮动或差动运动形式

滑阀中位机能一般分 O 形、H 形、Y 形、M 形、P 形五种基本形式。O 形为各回路处于封闭锁紧状态；H 形为各回路口接通，A 端、B 端的执行元件形成浮动状态，P 端泵压通过 T 端回流形成有流量无压力的卸荷状态；Y 形为 A 端、B 端的执行元件通过 T 端回流形成浮动状态，P 端泵压被保持；M 形为 A 端、B 端的执行元件被锁紧，P 端泵压通过 T 端回流，形成卸荷状态；P 形为 A 端、B 端的执行元件和 P 端连通形成保压状态，可用于形成浮动或差动运动形式。

4.1.3 单向阀

液压系统中常见的单向阀有普通单向阀和压力控制单向阀两种。

1. 普通单向阀

普通单向阀的作用是使流体只能沿一个方向流动，不允许流体倒流。图 4-19（a）所示为一种管式普通单向阀的结构原理图。具有压力的流体从阀体左端的 P_1 口流入，当流体压力作用在阀芯的端面上时，其产生的作用力能克服弹簧作用在阀芯上的弹力，阀芯向右移动，打开阀口，并通过阀芯上的径向孔 a、轴向孔 b 从阀体右端的 P_2 口流出。但是当具有压力的流体从阀体右端的 P_2 口流入时，其对阀芯产生的作用力和弹簧力同向，使阀芯锥面压紧在阀座上，阀口关闭，流体无法通过阀体，因此普通单向阀具有单向的压力导通性。图 4-19（b）所示为普通单向阀的图形符号。

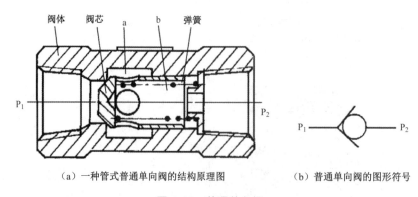

（a）一种管式普通单向阀的结构原理图　　（b）普通单向阀的图形符号

图 4-19　普通单向阀

2. 压力控制单向阀

图 4-20（a）所示为压力控制单向阀的结构原理图。当 K 口处无具有压力的流体流入时，它的工作机制和普通单向阀一样，具有压力的流体只能从 P_1 口流向 P_2 口，不能倒流。当 K 口有具有压力的流体流入时，因活塞控制口的右侧 a 腔有泄漏口，因此活塞在流体压力作用下会右移，推动顶杆顶开阀芯，使 P_1 口和 P_2 口接通，此时流体可以在两个方向自由通流。因此，当 K 口无压力作用时，具有压力的流体有单向流动性，只能从 P_1 口流向 P_2 口；当 K 口有压力作用时，P_1 口和 P_2 口接通，具有压力的流体有双向流动性。图 4-20（b）所示为压力控制单向阀的图形符号。

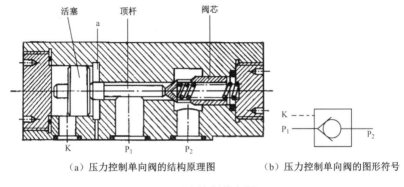

（a）压力控制单向阀的结构原理图　　　　（b）压力控制单向阀的图形符号

图 4-20　压力控制单向阀

4.2　气动方向控制元件

对于气动系统而言，单向阀除包括普通单向阀和压力控制单向阀以外，还包括气动单向梭阀、或门型梭阀、与门型梭阀、快速排气阀等，液压与气动系统中的方向控制阀在各自的控制回路中除传动介质和工作压力以及密封形式不同以外，其结构原理和控制方法都是相同的。气动单向梭阀是一种快速方向控制阀，由于气动系统的空气传动介质黏度小，流动阻力低，快速方向控制阀的应用得以实现，而液压系统则没有此类快速方向控制阀。气动电磁换向阀按润滑条件可分为不给油润滑气动电磁换向阀和油雾润滑气动电磁换向阀等。

4.2.1　或门型梭阀

在气动系统中，当两个端口 P_1 和 P_2 不允许与另一个端口 A 同时导通时，要使用或门型梭阀。或门型梭阀相当于单向阀的组合形式，两个单向阀的输出端汇合形成腔体，并引出一个输出端，即构成或门型梭阀。在逻辑回路中，它起到或门的作用。

如图 4-21 所示，当 P_1 口进气时，阀芯右移，P_2 口被关闭，此时气流从 P_1 口进入，从 A 口流出。反之，气流从 P_2 口进入，从 A 口流出。当 P_1 口、P_2 口同时进气时，哪个端口压力高，A 口就和哪个端口相通，另外一个端口自动关闭。

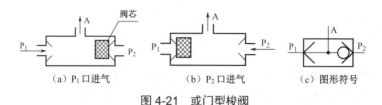

（a）P₁口进气　　　　　　　（b）P₂口进气　　　　　　　（c）图形符号

图 4-21　或门型梭阀

4.2.2　与门型梭阀

与门型梭阀又称双压阀，如图 4-22 所示。当 P₁ 口有压力时，阀芯右移，P₁ 口与 A 口被阀芯截止，如图 4-22（a）所示；当 P₂ 口有压力时，阀芯左移，P₂ 口与 A 口被阀芯截止，如图 4-22（b）所示；当 P₁ 口、P₂ 口同时有压力且压力相等时，A 口有压力气体输出，如图 4-22（c）所示。当 P₁ 口、P₂ 口的压力不等时，A 口与气压低的端口导通，A 口输出压力较低的气体。图 4-22（d）为该阀的图形符号。

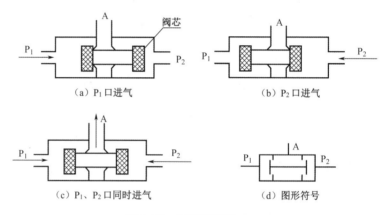

（a）P₁口进气　　　　　　　　　　　（b）P₂口进气

（c）P₁、P₂口同时进气　　　　　　　（d）图形符号

图 4-22　与门型梭阀

4.2.3　快速排气阀

快速排气阀又称快排阀，它能使气缸在换向后实现快速排气和加快运动，如图 4-23 所示。

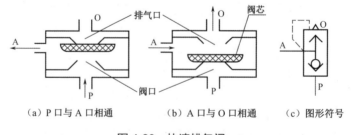

（a）P口与A口相通　　　　（b）A口与O口相通　　　　（c）图形符号

图 4-23　快速排气阀

当 P 口有压力气体进入时，密封阀芯迅速上移，此时压力进气口 P 与工作口 A 接通，压力气体可由 P 口进入 A 口，如图 4-23（a）所示；当需要换向时，P 口没有压力气体进入，此时 A 口有压力而 P 口无压力，在 A 口和 P 口的压差作用下，密封阀芯迅速下降，P 口关闭，A 口与 O 口接通，从 A 口进入的压力气体可通过 O 口快速排出，如图 4-23（b）

所示。图 4-23（c）所示为快速排气阀的图形符号。

4.2.4 方向控制阀的控制要点

读者应理解和掌握方向控制阀（二位阀、三位阀、单向阀）的控制要点。

1. 二位阀

① 二位阀中的双控电磁阀断电后具有记忆功能，可采用通电后实现断电保持的控制方式进行工作，既能节电又能减少电磁阀通电工作时间，有利于电磁阀的散热。

② 双控电磁阀不允许两端同时通电，双控压力控制阀不允许两压力控制端同时有压力。

③ 单控电磁阀断电后自动复位，单控压力控制阀控制端失去压力后自动复位。

2. 三位阀

① 三位阀属于双控阀，有自动复位功能，但没有记忆功能。

② 电磁控制阀不允许两端同时通电，压力控制阀不允许两压力控制端同时有压力。

③ 常态和复位后的状态为中位机能状态，应按中位机能设计回路的常态功能。

3. 单向阀

① 液压与气动系统都有普通单向阀和压力控制单向阀，而梭阀是气动系统特有的单向阀。

② 压力控制单向阀只有控制端有压力时才具有双向作用，否则只具有单向作用。

③ 或门型梭阀中的压力端或压力高端与输出端通流，而另一端不通流。

④ 与门型梭阀中两输入端同时有压力且压力相等时，三端同时通流，否则压力低的输入端和输出端通流。

⑤ 快速排气阀中输入端有压力时与输出口接通，输入端无压力时输出口排气。

4.3 液压压力控制元件

液压压力控制元件包括溢流阀、减压阀和顺序阀，它们利用直接或间接作用在阀芯上的系统压力与弹簧力的平衡作用来控制阀芯的开闭，以达到溢流稳压、阻力减压或定压开关的效果。

4.3.1 溢流阀

如图 4-24（a）所示，溢流阀由阀芯、弹簧、螺钉调节手柄、阀体等构成，P 为压力入口，T 为溢流端或出口。螺钉调节手柄可调节弹簧力大小，阀芯在弹簧的作用下与 P 口压力保持平衡，当 P 口压力增大时，阀芯与阀体之间流体流通的间隙面积增大，流体溢流流量增大；当 P 口压力减小时，阀芯与阀体之间流体流通的间隙面积减小，流体溢流流量减小；当 P 口压力小于调节的弹簧力对阀芯形成的压力时，阀芯与阀体之间流体流通的间隙关闭，无流体溢流。图 4-24（b）所示为直动式溢流阀的图形符号，溢流阀一般工作在无溢流状态，溢流阀在节流调速系统中起到溢流稳压的作用；在变量泵系统中起到阻力减压的作用。根据调节流量的大小，一般低压小流量调节可采用直动式单阀结构，高压大流量调节可采用先导阀（直动阀）与主阀（压力控制阀）的双阀结构。因此，直动式溢流阀用于低压系统，先导式溢流阀用于中、高压系统。先导式溢流阀的图形符号如图 4-24（c）所示。

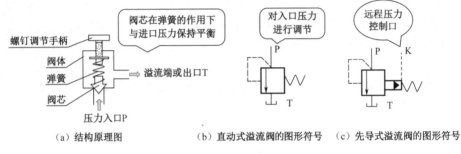

（a）结构原理图　　　　　（b）直动式溢流阀的图形符号　　（c）先导式溢流阀的图形符号

图 4-24　溢流阀

溢流阀根据阀芯结构不同可分为球阀、锥阀、滑阀、带阻尼孔滑阀、差动滑阀等多种形式。图 4-25 所示为溢流阀阀芯的结构，A 为压力作用面积。溢流阀将设定（弹簧）压力 p_0 与入口实际压力 p 进行大小比较后，通过溢流方式消除多余的压力，实现入口压力调节，从而使入口压力稳定。通常状态下，入口与溢流口之间的 T 口"不通"，即当 $p \leqslant p_0$ 时，T 口"不通"；当 $p > p_0$ 时，T 口"通"。

先导式溢流阀设有一个远程压力控制口，可以实现远程调压、多级压力控制和使液压泵卸荷等功能，如图 4-24（c）所示，K 口为远程压力控制口。

先导式溢流阀由直动式先导阀的阀芯、弹簧、螺钉调节手柄、主阀的阀芯、弹簧以及阀体等组成；主阀的阀芯外侧有阻尼孔，阻尼孔直接与远程压力控制口 K 和先导阀的阀芯密封阀口接通；主阀的阀芯上开有中心孔，将先导阀的溢流孔与阀的回流口 T 连通。

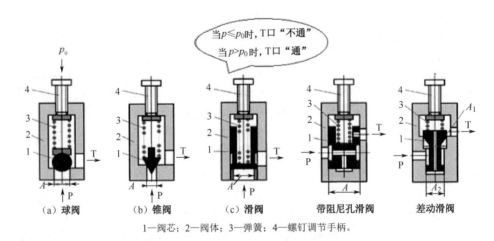

（a）球阀　　　　（b）锥阀　　　　（c）滑阀　　　带阻尼孔滑阀　　　差动滑阀

1—阀芯；2—阀体；3—弹簧；4—螺钉调节手柄。

图 4-25　溢流阀阀芯的结构

图 4-26 所示为先导式溢流阀的结构原理图。

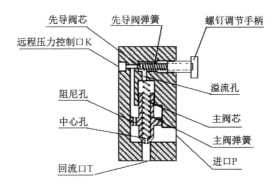

图 4-26 先导式溢流阀的结构原理图

当进口 P 处的压力较小时，流体通过阻尼孔进入 K 口，当此处压力大于设定压力 p_0 时，先导阀芯右移使先导阀弹簧压缩，从而达到流体压力与先导阀弹簧压力的平衡，此时 K 口处的流体通过阀口和先导阀的溢流孔以及主阀中心孔溢流到回流口 T，从而消除多余的压力，使流体压力和主阀弹簧压力保持平衡，进口压力值 p 等于设定压力值 p_0；当进口 P 处的压力较大时，阻尼孔会形成较大的阻力，此时流体直接推动主阀芯向上移动，使主阀弹簧压缩，从而使流体压力和主阀弹簧压力保持平衡，此时主阀芯在 P 口与 T 口直接产生环形缝隙，利用溢流方式消除多余的压力，使进口压力值 p 等于设定压力值 p_0。这就是先导式溢流阀对两种不同大小压力范围的流体的稳压原理。

4.3.2 减压阀

减压阀的作用是将流体较高的输入压力（入口压力）调到规定的输出压力（出口压力），并使输出压力保持稳定，不受外部气候条件变化及流体压力源波动的影响。

减压阀的调压方式有直动式和先导式两种，其本质是一种简易压力调节器。减压阀根据流体的特点具有很强的专用性，特别是对腐蚀性液体，必须具有专用性。图 4-27（a）所示为先导式液压减压阀的结构原理图，图 4-27（b）所示为先导式液压减压阀的图形符号，用以说明其实现出口压力稳定的工作过程。

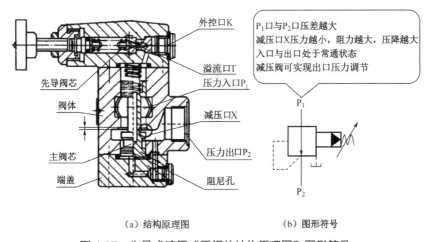

（a）结构原理图   （b）图形符号

图 4-27 先导式液压减压阀的结构原理图和图形符号

如图 4-27（a）所示，P_1 为压力入口，P_2 为压力出口，T 为溢流口。P_1 口流体经主阀芯边缘减压口 X 进入 P_2 口，P_2 口流体经主阀芯阻尼孔进入外控口 K，当 P_2 口流体压力小于或等于设定压力时，先导阀芯上的弹簧压力大于 P_2 口油液压力，此时先导阀芯不动，流到 K 口的流体被阻止在先导阀芯的外端，P_2 口输出流体的压力与 P_1 口相同；当 P_2 口流体压力大于设定压力时，先导阀芯上的弹簧压力小于 P_2 口流体压力，此时先导阀芯左移，K 口流体进入先导阀芯并经溢流口 T 溢流，主阀芯上腔流体压力也被钳位到泄油口 T 端压力（0 压力），主阀芯上移，减压口 X 处的压力减小，阻力增大，P_1 口流体经减压口 X 减压后进入 P_2 口，使 P_2 口处的输出压力接近设定压力，P_1 口流体压力大于 P_2 口流体压力，压差降落在减压口 X，P_1 口与 P_2 口压差越大，减压口 X 位移量越小，减压口 X 处的阻力越大且压降越大。因此减压阀是利用流体通过阀口缝隙所形成的压力损失与流量损失实现出口压力低于进口压力，并使出口压力基本不变的压力控制阀。减压阀入口与出口处于常通状态，减压阀可实现出口压力调节，常用于局部回路的压力需要低于系统主回路压力的场合。

减压阀实际上就是入口压力值与出口流体通道面积成反比且保证出口压力恒定的控制阀。图 4-28（a）所示为减压阀的结构原理图，图 4-28（b）所示为减压阀的图形符号。

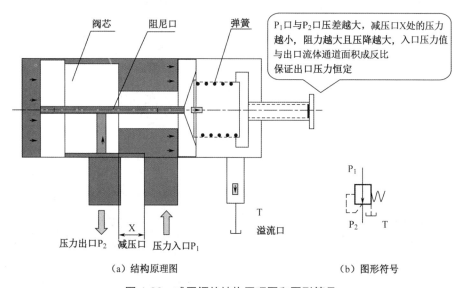

（a）结构原理图　　　　　　　　　　　　　　（b）图形符号

图 4-28　减压阀的结构原理图和图形符号

4.3.3　顺序阀

顺序阀与溢流阀结构类似，只是连接的位置有区别。图 4-29 所示为先导式顺序阀的结构原理图和图形符号。P_1 为压力入口，P_2 为压力出口，T 为溢流口，此时，主阀芯上腔油液压力与泄油口压力相同，为 0。顺序阀与溢流阀的工作原理基本相同，但顺序阀相当于入口压力控制的开关阀，不同于溢流阀对入口压力具有调整作用，顺序阀在回路中相当于以流体入口压力作为信号来控制路径通断的流体开关。当入口压力高于设定压力时，入口和出口接通，反之则不通，因而入口与出口之间的通道通常处于不通状态。顺序阀按照结构形式可分为直动式和先导式，按照控制形式可分为内控外泄式、外控外泄式、外控内泄式，如图 4-30 所示。外控内泄式顺序阀有压力入口 P_1 和溢流口 T，没有压力出口 P_2，实

际上是把 P_2 口和 T 口合二为一了，因此 P_1 口直接回流，使压力为 0，成为卸荷阀。

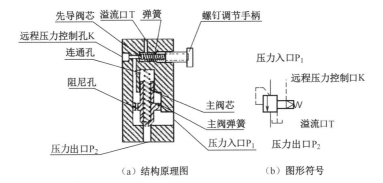

（a）结构原理图　　　　　　　（b）图形符号

图 4-29　先导式顺序阀的结构原理图和图形符号

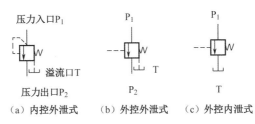

（a）内控外泄式　　（b）外控外泄式　　（c）外控内泄式

图 4-30　几种顺序阀的图形符号

4.4　气动压力控制元件

气动压力控制元件和液压压力控制元件的结构原理相同，但用法上存在区别，在液压压力控制元件中，溢流阀用于稳压，减压阀用于二次压力调节，顺序阀用于调整并联气缸的动作压力。在气动压力控制元件中，溢流阀用于气源最大压力的调整，属于安全阀；减压阀用于二次支路调压，属于调压阀；顺序阀按设定的压力控制各执行元件的先后动作顺序，起到压力导通的开关作用，属于开关阀。

4.4.1　气动安全阀（溢流阀）

气动安全阀和液压溢流阀的工作原理是相同的，但使用的场合和作用不同。图 4-31 所示为气动安全阀的图形符号，气动安全阀主要用于锅炉、压力容器、管道，其功能是控制容器压力不超过上限值，当压力超过规定值时，其可自动进行泄压处理或降温处理，以保证人身安全和设备安全。气动安全阀按结构可分为弹簧式安全阀、杠杆式安全阀（杠杆和重锤的作用力）、脉冲式安全阀（先导式）；按介质排放形式可分为全封闭安全阀（排气管排放）、半封闭安全阀（排气管与阀和杆间隙共同排放）、开放式安全阀（直接排向大气）；按压力调节性可分为固定式安全阀和可调式安全阀；按温度高低可分为常温安全阀和高温安全阀；按使用场合可分为蒸汽锅炉安全阀、液体介质用安全阀、空气和其他介质

图 4-31　气动安全阀的图形符号

用安全阀、液化石油气罐用或槽用安全阀等。

4.4.2　气动调压阀（减压阀）

气动调压阀是指和液压减压阀结构原理相同的气动减压阀，气动减压阀一般按使用压力、介质种类、工作温度的不同进行分类。气动减压阀包括气动溢流减压阀和气动直动减压阀，其图形符号分别如图 4-32 和图 4-33 所示。

图 4-32　气动溢流减压阀的图形符号　　　　图 4-33　气动直动减压阀的图形符号

气动减压阀按结构和特点可分为紧凑型减压阀、中等流量减压阀、常规高压减压阀、二级减压阀、低压大流量减压阀、专用减压阀（如煤气减压阀、液化石油气减压阀、天然气减压阀、氧气减压阀）等。

对于氨气等腐蚀性气体的减压处理需要用专用减压阀。常见的专用减压阀有氮气、空气、氢气、氨气、乙炔、丙烷、水蒸气等气体的专用减压阀。性能稳定气体，如氮气、空气、氩气等，可以采用氧气减压阀实现压力调节。

气体减压阀上一般都装有安全阀。安全阀是保证减压阀可以安全使用的装置，也是检测减压阀出现故障的信号装置。如果由于气体减压阀损坏或其他原因出口压力自行上升，当压力值超过一定许可值时，安全阀会自动打开排气，保证系统承受的是最高安全压力。

4.4.3　气动开关阀（顺序阀）

气动顺序阀和液压顺序阀结构原理相同，其用法也基本相同。图 4-34 所示为气动顺序阀的图形符号，气动顺序阀可根据入口压力的变化控制其阀口的开闭。由于空气的可压缩性，气动系统的二次压力与负载阻力成正比并具有相对稳定性，因此气动单向阀与气动顺序阀一般配合使用，构成气动单向顺序阀，以控制不同的气缸在不同的压力下能够稳定运行，其图形符号见图 4-35。

图 4-34　气动顺序阀的图形符号　　　　图 4-35　气动单向顺序阀的图形符号

4.4.4　压力控制阀的控制要点

① 在液压系统中，溢流阀属于稳压阀，采用入口稳压形式，压力入口 P 和溢流口 T

处于断开常态。在气动系统中，溢流阀属于安全阀，当阀口压力大于安全阀设定压力时，安全阀将溢流排气。

② 减压阀属于出口稳定阀，只对输出压力进行稳压调节，而输入压力可能有变化，压力入口 P_1 和压力出口 P_2 处于接通常态，而 P_1 口和 P_2 口与溢流口 T 处于断开常态。

③ 顺序阀属于压力开关阀，压力入口 P_1、压力出口 P_2 与溢流口 T 处于断开常态。

④ 根据系统要求的工作压力、调压范围和使用流量的最大值及稳压精度来选择压力控制阀。根据系统使用工作压力的不同，减压阀输出压力可分级供给；大口径减压阀可用多个小口径减压阀并联代替。

⑤ 在易爆等危险的场合，应选用远程压力控制阀；氧气用压力控制阀应严禁接触油脂，以免发生火灾事故。

⑥ 在气动系统中，要设置储气罐作为压力储能装置，以保证工作气源的压力稳定并起到延时供气的蓄能作用。

⑦ 减压阀可水平安装或垂直安装，减压阀前后应设置压力检测装置以便于压力调整。阀体上的箭头方向为流体的流动方向，安装时不能将方向搞错。为了延长减压阀的使用寿命，其闲置时应旋松手柄回零，以防止膜片长期受压产生塑性变形。在清洗减压阀时，金属零件用矿物油洗净，橡胶件用肥皂液洗净后还要用清水洗净并吹干。在装配减压阀时，零件滑动部分的表面要涂润滑脂。

4.5　液压流量控制元件

液压流量控制元件主要指控制液压执行元件运行速度的控制元件，包括节流阀和调速阀。

4.5.1　节流阀

节流阀是通过改变流体流通截面积或流体阻力通道长度来控制流体流量的阀门，其主要利用局部阻力的变化对流体流量进行控制。节流阀包括普通节流阀和单向节流阀。

1. 普通节流阀

图 4-36 所示为节流阀的结构原理图和图形符号。节流阀一般由阀体、阀芯、螺纹调节机构、固定螺母等组成，P_1 为压力流体入口，P_2 为压力流体出口，通过阀芯的上下调整改变阀体与阀芯形成的流通截面积，从而改变 P_1 口与 P_2 口形成的压差和 P_2 口流出的流体的流量 q。通过节流阀的流量 q 及 P_1 口与 P_2 口前后压差 Δp 的关系可表示为

$$q = KA\Delta p^m \tag{4-1}$$

式中，K 为节流系数，一般可视为常数；A 为节流阀流通截面积，与阀芯节流口的形状有关；Δp 为 P_1 口与 P_2 口前后压差；m 为由孔口形式决定的指数，$0.5 \leqslant m \leqslant 1$。由式（4-1）可以看出，通过节流阀的流量 q 与节流阀流通截面积 A 和 P_1 口与 P_2 口前后压差 Δp 成正比。

阀芯的结构决定了与阀体间形成的流通截面积和流体阻力通道的长度，因此利用阀芯的不同形式可得到不同的流量控制性能。

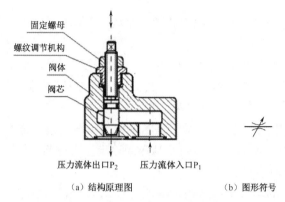

（a）结构原理图　　　　　　　　（b）图形符号

图 4-36　节流阀的结构原理图和图形符号

图 4-37 所示为节流阀的几种阀芯结构，图 4-37（a）所示为针阀结构，阀芯轴向移动，可改变环形节流口的流通截面积；图 4-37（b）所示为偏心槽结构，阀芯上开有截面呈三角形的偏心槽，转动阀芯，可改变流通截面积；图 4-37（c）所示为周向隙缝结构，在阀芯圆周方向开有狭缝，狭缝在圆周上的宽度是变化的，转动阀芯，可改变流通截面积；图 4-37（d）所示为轴向三角槽结构，在阀芯端部沿圆周方向均布开有三角槽，阀芯轴向移动，可改变环形三角槽节流口的流通截面积；图 4-37（e）所示为轴向隙缝结构，在阀芯衬套上开有轴向缝隙，阀芯轴向移动，可改变环衬套节流口的流通截面积。

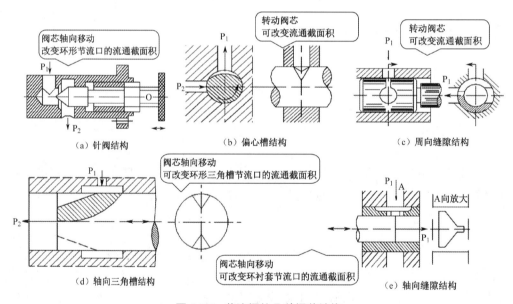

图 4-37　节流阀的几种阀芯结构

2．单向节流阀

单向节流阀实际上是将单向阀和节流阀通过并联形成的组合阀。

图 4-38 所示为单向节流阀的工作原理图。当流体从 A 流向 B 时，单向阀将节流阀短路，无节流效果；当流体从 B 流向 A 时，单向阀截止，流体只能走节流阀通道，此时流体处于节流状态。因此，单向节流阀只在流体从 B 流向 A 时节流，而当流体从 A 流向 B 时相当于短路，无节流效果。

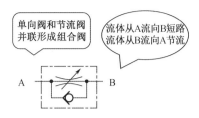

图 4-38 单向节流阀的工作原理图

4.5.2 调速阀

在液压系统中，虽然流量控制阀中的节流阀和调速阀控制作用相同，但调速阀的控制精度更高，这是由于节流阀只对压力流体的流通截面积进行调节，而当输入压力发生变化时，输入与输出间的压差发生变化，从而节流流量也会发生变化，造成节流流速会随着输入压力的变化而成正比例变化不稳定的现象。调速阀则先对压力流体进行减压，保证压力稳定后再对其流通截面积进行调节，当输入压力发生变化时，输出压力不变，因此节流调节是在恒压状态下进行的。对调速阀而言，输入压力变化不会影响节流流速，可精确实现对驱动执行元件的压力流体的流量控制，从而控制缸或马达等执行元件的运动速度、延时阀的延时时间等。

1．调速阀的工作原理

图 4-39 所示为液压调速阀的工作原理图，图 4-39（a）为调速阀结构，图 4-39（b）为结构图形符号，图 4-39（c）为调速阀图形符号。调速阀由减压阀阀芯、减压阀弹簧、流体通道、节流阀阀芯、节流阀弹簧等组成。P_1 为压力流体入口，P_2 为减压阀出口，P_3 为节流阀出口。当 P_1 口压力升高时，压力流体通过流体通道作用在减压阀阀芯上，减压阀阀芯上移，使 P_1 口与 P_2 口之间的流通截面积减小，阻力增加，压降增加，P_1 口升高的压力落在减压阀阀芯上，从而保证 P_2 口的压力稳定，节流阀出口 P_3 的流量 q 具有稳定性，因此 P_1 口与 P_2 口前后压差 Δp_{12} 是变化的，而 P_2 口与 P_3 口前后压差 Δp_{23} 是恒定的，流量 q 不随 P_1 口的压力变化而变化。

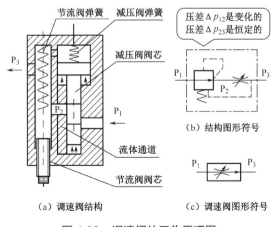

图 4-39 调速阀的工作原理图

2．节流阀与调速阀的性能特点

图 4-40 所示为调速阀与节流阀的流量与压力特性曲线。

节流阀的流量 q 随着输入压力 p_1 的增大而增大，而调速阀的流量变化分为两种情况，当输入压力 p_1 小于减压阀的设定输出压力 p_2 时，流量 q 随着输入压力 p_1 的增大而增大；当输入压力 p_1 大于减压阀的设定输出压力 p_2 时，流量 q 保持恒定。

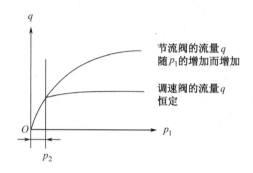

图 4-40　调速阀与节流阀的流量与压力特性曲线

4.6　气动流量控制元件

气动流量控制元件主要指普通节流阀和单向节流阀以及排气节流阀等。气动系统中所使用的普通节流阀和单向节流阀的原理与结构和液压系统中所使用的普通节流阀和单向节流阀的原理与结构相同，排气节流阀是气动系统特有的流量控制元件。

4.6.1　排气节流阀

对于气动系统而言，对执行元件做功后的压缩气体，由于没有回收价值，所以在换向过程中直接排放，而排放速度直接影响执行元件的回程速度，因此出现了排气节流阀。排气节流阀和节流阀一样，靠调节压力流体的流通截面积来实现排放气体流量的控制，从而实现对执行元件回程速度的调节。由于声音是由物体振动引起的，其传播是通过对空气、固体、液体等介质的冲击进行的，因此当排放气流冲击空气时产生噪声，气流越大或冲击动能越大，噪声越大，因此将大气流分散成小气流，将大冲击压力减缓成小冲击压力，将对一点的集中释放转换成对面的多点释放，就能减小执行元件换向排气时的冲击噪声，从而使排气节流阀具有消声作用。排气节流阀也叫消声排气节流阀，图 4-41 所示为排气节流阀的结构原理图和图形符号。排气节流阀由阀体、阀芯、消声套等组成。阀芯与阀体入口间形成的节流口的大小是通过旋转手柄调节螺纹控制的，阀芯的轴向移动可使节流口截面积发生变化，从而控制压缩气体的排放速度。消声套由多孔吸声材料制成，可增加气流排放面积，降低排放的气流压力。

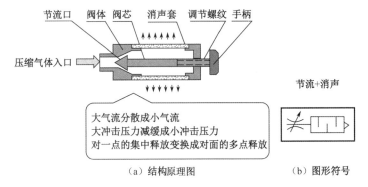

图 4-41　排气节流阀的结构原理图和图形符号

4.6.2　流量控制阀的选择与使用

在选择流量控制阀时应注意以下两点。

① 根据液压与气动执行元件的进、排气口的通径来选择流量控制阀。

② 根据传动介质的类型（液体或气体）、工作压力、流量调节范围及应用场合（室内或室外等使用条件）选择流量控制阀的类型和参数。

对于气动系统而言，用流量控制的方法控制气缸的运动速度，由于受空气压缩性及阻力的影响，一般气缸的运动速度不得低于 30mm/s。在气缸运动速度控制中，要注意以下几点。

① 要防止管路中的气体泄漏，包括各元件接管处的泄漏，如接管螺纹的密封不严、软管的弯曲半径过小、元件的质量欠佳等因素都会引起泄漏。

② 要注意减小气缸的摩擦力，以保持气缸运动的平衡。应选用高质量的气缸，在使用中要保持气缸良好的润滑状态。要注意正确、合理地安装气缸，超长行程的气缸应安装导向支架。

③ 气缸运动速度控制方法有进气节流和排气节流两种。排气节流比进气节流稳定、可靠。

④ 加在气缸活塞杆上的载荷必须稳定。若载荷在行程中途不定变化，则气缸运动速度控制会相当困难。在不能消除载荷变化的情况下，必须借助液压传动，如气-液阻尼缸、气-液转换器等，使气缸运动平稳、无冲击。

4.7　液压比例阀、插装阀、叠加阀

在实际的液压系统中，为便于系统参数的合理调整、大流量系统的可靠控制、系统元件的成套安装等，达到缩小系统空间体积、减少系统阻力连接环节、提高系统自动化程度的目的，目前常把液压比例阀、插装阀、叠加阀作为首选元件。

4.7.1　液压比例阀

液压比例阀简称比例阀，比例阀具有直动阀和先导阀的结构特征，由比例电磁铁和液

压阀构成。比例阀利用电信号可以按比例控制比例电磁铁的位移量，电磁铁上的阀杆按位移量推动阀芯，从而实现阀芯平衡系统调定的压力、流量、方向等参数按电信号成比例变化。

普通液压阀对压力液体的压力和流量都是通过预先调节的设定方式进行固定参数控制的。对于液压方向控制阀而言，由于普通电磁铁只有吸合和断开两个位置，因此只能进行二位或三位的换向控制，而比例阀包括压力比例阀、流量比例阀、方向比例阀等，用比例电磁铁替代普通压力控制阀和普通流量控制阀的手动调节装置以及换向阀的普通电磁铁。压力比例阀的压力、流量比例阀的流量、方向比例阀的流量和方向等参数受相应比例阀电磁铁的比例调节与控制。

1. 比例电磁铁的结构

图 4-42 所示为比例电磁铁的工作原理图，图 4-42（a）为比例电磁铁的结构，图 4-42（b）为比例电磁铁和普通电磁铁的电磁力-位移特性曲线。比例电磁铁一般由推杆、衔铁、轴承环、限位片、线圈、工作气隙、隔磁环、非工作气隙、弹簧、导套等组成。衔铁的前端装有推杆，推杆直接与先导阀芯连接，由线圈电流产生电磁力，使电磁力与后端装有弹簧和调节螺钉的调零机构产生平衡作用，从而输出位移 X，实现对压力控制阀的参数调整。因此，比例阀利用对比例电磁铁的电流控制，实现对比例阀中先导阀的控制，从而达到对相应比例阀中压力控制阀的压力、流量、方向的比例控制。

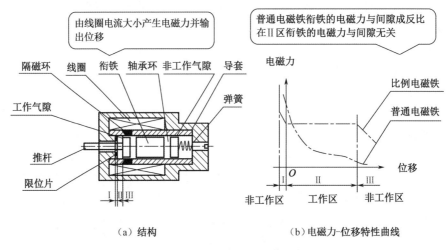

（a）结构　　　　　　　　（b）电磁力-位移特性曲线

图 4-42　比例电磁铁的工作原理图

由图 4-42（b）可以看出，普通电磁铁衔铁的电磁力基本与间隙成反比，而比例电磁铁衔铁的电磁吸力具有阶段性，在Ⅰ区衔铁的电磁力与间隙成反比，对应的位移为限位片的厚度，此区是非工作区；在Ⅱ区衔铁的电磁力与间隙无关，对应的位移为工作气隙的厚度（轴向长度），此区是工作区；在Ⅲ区衔铁的电磁力与间隙成反比，当位移大于工作气隙的最大长度时，线圈电流大于额定电流，弹簧的压缩厚度小于额定工作距离，此区是非工作区。因此，比例电磁铁衔铁的工作位移行程为Ⅱ区工作位移行程，在此行程内，不同的线圈电流产生不同的电磁力，与弹簧力达到平衡后，衔铁按比例产生位移，从而调节其相应的压力、流量、方向等参数。比例电磁铁是一种直流电磁铁。

2．比例电磁铁的性能

1）比例电磁铁的功能

比例电磁铁的功能是将比例控制放大器输出的电信号转换成力或位移。由于比例电磁铁可以在不同的电流下得到不同的力或位移，因此比例阀可以无级地改变压力、流量。

2）比例电磁铁的类型

比例电磁铁根据使用情况和控制对象及调节参数的不同，可分为力控制型比例电磁铁、行程控制型比例电磁铁和位置调节型比例电磁铁三种基本类型。

（1）力控制型比例电磁铁

力控制型比例电磁铁直接输出电磁力，其工作行程较短，在工作区内，其输出电磁力只与输入电流有关且成比例，与位移无关，不同的力对应不同的位移，具有水平的位移-电磁力特性曲线。

（2）行程控制型比例电磁铁

行程控制型比例电磁铁由力控制型比例电磁铁和负载弹簧组成。力控制型电磁铁的输出电磁力通过负载弹簧转换成为输出位移，即行程控制型比例电磁铁利用电流—电磁力—位移的线性转换，实现输出位移与输入电流成正比。

行程控制型比例电磁铁与力控制型比例电磁铁的结构基本相同，只在使用条件上有区别，二者的控制特性曲线是一致的，都具有水平的位移-电磁力特性曲线和线性的电流-电磁力特性曲线。

（3）位置调节型比例电磁铁

如果通过位移传感器检测比例电磁铁的衔铁位置，构成位置反馈闭环控制系统，就形成了位置调节型比例电磁铁。只要电磁铁在工作区域内运行，其衔铁位置就保持与输入电信号成比例，而与力无关。位置调节型比例电磁铁在结构上除了衔铁的位置具有传感器定位检测，其余结构与力控制型比例电磁铁和行程控制型比例电磁铁是相同的。位置调节型比例电磁铁是控制精度要求较高的比例电磁铁。

3）对比例电磁铁的性能要求

① 比例电磁铁输出的机械力与电信号大小成比例，与衔铁位移无关，能把电信号按比例地、连续地转换成机械力并输出给压力控制阀。

② 响应速度快，滞后性小，动态性能好，输出的压力或流量达到稳定状态所需的时间，即阶跃响应时间一般应小于 0.45s。

③ 有足够的负载输出力和行程。

④ 线性度好，灵敏度高，死区小，工作区域相对宽。

⑤ 比例阀在允许温升下能长期稳定工作。

⑥ 在流体压力系统的高压作用下抗干扰性能好。

⑦ 重复精度高，多次输入电流的最大差值与额定输入电流的百分比（即误差）越小，重复精度越好。

总之，力控制型比例电磁铁主要控制电磁输出力与线圈电信号之间的比例性，该控制过程属于开环控制过程；行程控制型比例电磁铁主要控制输出位移、力、线圈电信号之间的比例性，该控制过程属于开环控制过程；位置调节型比例电磁铁主要控制衔铁输出位置的准确性或定位精度，该控制过程属于闭环控制过程。通过在开环控制过程中增加相关参数的必要检测手段，可以实现系统的闭环控制。

3. 比例电磁铁的控制信号

由于比例电磁铁是一种直流电磁铁，因此其控制信号为直流模拟量形式，包括电流型和电压型两种形式。

模拟量一般是 4～20mA 的电流信号，或 0～10V 的电压信号，或-5～+5V 的电压信号等，实际上电压信号最终还要转换成线圈内的电流信号进行工作，因此可以说比例电磁铁的位移量 ΔX 是与电磁线圈电流 ΔI 成比例变化的参数量。比例电磁铁的控制应包括控制信号和与控制信号成比例的驱动电流以及线性工作区范围三个要素。

1）模拟量控制

模拟量控制是指利用 4～20mA 的电流信号，或 0～10V 的电压信号，或-5～+5V 的电压信号，或-10～+10V 电压信号，通过驱动电路的比例放大功能实现对比例电磁铁线圈电流的控制。图 4-43 所示为比例电磁铁模拟量控制原理框图。

图 4-43　比例电磁铁模拟量控制原理框图

① 可利用 4～20mA 的电流信号控制三极管类电流控制元件的驱动电路。

② 可利用 0～10V 的电压信号控制场效应三极管类电压控制元件的驱动电路。

③ 可利用-5～+5V 的电压信号，或-10～+10V 的电压信号控制三位换向阀线圈。三位换向阀的内部阀芯驱动线圈可以有一个也可以有两个，如果采用一个线圈，则此线圈靠电压反相控制阀芯向两边移动的位置；如果采用布置在三位换向阀两边的两个线圈，则两个线圈可以串联或并联，由一个正反向信号控制，也可以采用分时方式进行单独控制。

2）数字量控制

① 利用 PWM（Pulse Width Modulation，脉冲宽度调制）进行数字量控制。PWM 利用微处理器数字输出脉冲的带宽变化对场效应三极管模拟电路的输出电流进行控制，即用电压脉冲信号的"占空比"变化实现对比例电磁铁线圈电流的控制。图 4-44 所示为 PWM 技术控制比例电磁铁的驱动电路，电压脉冲信号通过限流电阻 R_1 以及单向导通二极管 D_1，使场效应三极管导通；D_2 为续流二极管，R_2 为负载输出回路限流电阻，比例电磁铁一般由 24 V 电源直接供电。

② 利用 PLC 等数字控制系统实现对比例电磁铁的闭环控制。图 4-45 所示为 PLC 实现对比例电磁铁的闭环控制系统，此时，PLC 的数字输出信号通过 D/A 转换模块和驱动电路实现对比例电磁铁线圈电流的控制，也可以采用 PWM 控制形式；比例电磁铁动作后所控制的执行元件的状态参数一般由位移传感器和压力传感器进行检测，位移检测信号和回路的压力检测信号一般均为模拟量形式，需要通过 A/D 转换模块送入 PLC，从而实现系统的闭环控制。如果传感器的检测信号为数字信号，则在 24V 电压的条件下，可直接将其送入 PLC。

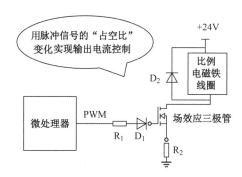

图 4-44 PWM 技术控制比例电磁铁的驱动电路

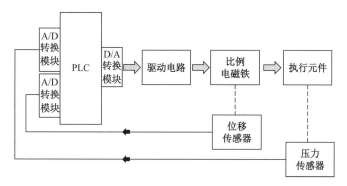

图 4-45 PLC 实现对比例电磁铁的闭环控制系统

4．比例阀

比例阀是一种压力、流量、方向等参数能够通过电信号连续调节并能实现无级变化的控制阀。

1）比例阀结构特点

（1）比例压力控制阀

比例压力控制阀包括比例溢流阀、比例减压阀、比例顺序阀。

比例溢流阀包括直动型比例溢流阀和先导型比例溢流阀。直动型比例溢流阀采用比例电磁铁代替手动调节装置，而先导型比例溢流阀用比例电磁铁代替先导型溢流阀中先导阀的手动调节装置（调压手柄），从而使远程压力控制和手动调节的普通先导型溢流阀转换成溢流阀所稳定的压力可随比例电磁铁的线圈电流连续且线性变化的比例溢流阀。图 4-46 所示为比例溢流阀的结构原理图，调节电流比例电磁铁线圈通过可以控制电磁铁的输出力 F，F 与先导阀反馈压力 F_p 相平衡，调节并稳定了由阻尼孔通道形成的 p_2；根据 $A_2p_2=A_1p_1$ 产生的平衡作用，压力控制阀得到平衡，从而使压力控制阀开度（阀芯与阀体的缝隙大小）根据变化压力 p_1 与相对稳定压力 p_2 的平衡状态得到稳定调节，压力阀开度与 p_1 的变化趋势相同，从而使负载得到稳定的压力 p_1。比例溢流阀一般还附有一个手动调整的（先导阀）安全阀，用以限制比例溢流阀的最高压力，以避免因电气控制装置发生故障而使控制电流过大，从而导致溢流压力超过系统允许的最大压力。若输入信号连续地按比例或按一定程序变化，则比例溢流阀的入口端所调节的系统压力也连续地按比例或按一定程序变化。因此，比例溢流阀多用于实现系统的多级压力调节或连续的压力控制。

如果将直动型比例溢流阀作为先导阀与其他普通的压力控制阀的主阀配合连接，则可组成先导型比例溢流阀、比例减压阀、比例顺序阀。

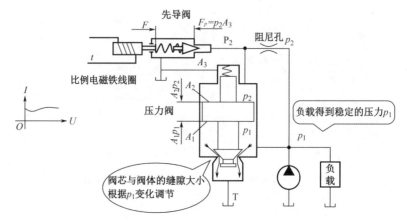

图 4-46　比例溢流阀的结构原理图

比例减压阀的出口压力可以跟随比例电磁铁的线圈电流连续变化，从而实现无级调节和控制。

比例顺序阀的入口压力可以跟随比例电磁铁的线圈电流连续变化，从而实现无级调节和控制比例顺序阀的开关导通压力。

图 4-47 所示为比例压力控制阀的图形符号。利用比例电磁铁可以控制比例溢流阀的入口压力、比例减压阀的出口压力、比例顺序阀的开关导通压力。

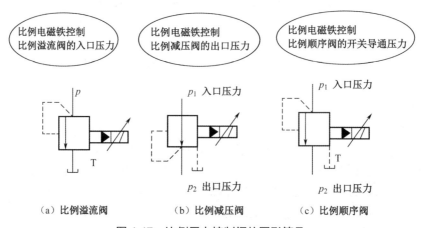

图 4-47　比例压力控制阀的图形符号

（2）比例流量控制阀

比例流量控制阀包括比例节流阀和比例调速阀，它在普通流量控制阀的基础上，用比例电磁铁替代节流阀或调速阀的手动调节装置，实现用比例电磁铁线圈的电流输入信号控制节流口的开度，从而达到可连续地或按比例地远程控制其输出流量的目的，实现对液压系统中执行元件的速度调节。

比例节流阀实际上是二位二通单控比例换向阀，比例节流阀关断位相当于比例电磁铁线圈没有电流，在比例节流阀导通位其流量与比例电磁铁线圈电流成正比；比例调速阀为先导阀结构，其流量随比例电磁铁线圈电流调节的稳定度高。图 4-48 所示为比例流量控制阀的图形符号。无论是比例节流阀还是比例调速阀，其节流阀芯都由比例电磁铁的推杆操纵，输入的电信号不同，电磁力不同，推杆受力不同，通过推动阀芯压缩复位弹簧实现力平衡过程后，有不同的节流口开度以保证控制流量，因此一定的输入电流对应一定的输出流量，不同的输入信号变化对应着不同的输出流量变化。

（a）比例节流阀　　　　　　（b）比例调速阀

图 4-48　比例流量控制阀的图形符号

（3）比例方向控制阀

用比例电磁铁替代电磁换向阀中的普通电磁铁，便可以通过对比例电磁铁线圈的电流进行调节实现节流，通过使电压反向或电流为零实现换向，从而形成了直动型或先导型两位或三位比例方向控制阀。图 4-49 所示为先导型三位四通比例方向控制阀的图形符号，其中位机能为 Y 形。当 a 端和 b 端比例电磁铁线圈串联或并联时，按照比例电磁铁线圈的电流变化，其所控制的阀芯行程可以连续地或按比例地变化，因而连通口间的通流截面积随着阀芯的移动也会连续地或按比例地变化，从而实现流量调节。当比例电磁铁线圈的电流小于极限值或为零时，其电磁力不能与复位弹簧力平衡，阀芯复位到中位，形成中位机能；当线圈电压极性改变使比例电磁铁线圈的电流方向改变时，阀芯在电磁力作用下向相反方向移动，从而实现换向；当换向后调节比例电磁铁线圈的电流时，同样可以控制换向后的输出流量，因此比例方向控制阀不仅可以通过换向来控制液压与气动系统中执行元件的运动方向，而且能通过节流控制其速度。比例方向控制阀通常又称为比例方向节流阀，是一种既能调节流量又能控制方向并参与全过程调节的液压元件。

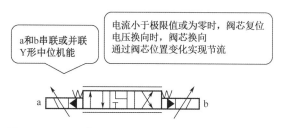

图 4-49　先导型三位四通比例方向控制阀的图形符号

一般二位比例方向控制阀都是弹簧复位的单控阀形式的，而三位比例方向控制阀的 a 端和 b 端的比例电磁铁线圈可以分别控制。

2）比例阀的发展

比例阀除了过去液压系统中广泛使用的电液比例阀，还有目前气动系统中应用的电气比例阀。电气比例阀是在微电子技术和计算机技术的迅速发展下，为满足现代工业化生产日益提高的自动化程度要求而产生的。电气比例阀包括比例压力控制阀、比例流量控制阀、比例方向控制阀等。电气比例阀的出现解决了气动控制系统中只能选择动作频率相对较低的开关式（ON-OFF）换向阀来控制气路通断，靠减压阀等压力控制阀来调节气动执行元件所需要的压力，靠节流阀来调节气动执行元件所需要的流量等问题。电气比例阀一般为先导阀结构，由比例电磁铁和气动阀组成，用比例电磁铁替代了压力控制阀与流量控制阀中的单一调节装置和方向控制阀中的普通电磁铁。电气比例阀通过改变阀内比例电磁铁输入电压或电流控制信号使其比例电磁铁产生相应移动，使先导阀芯产生位移、阀口尺寸发生改变，并通过平衡装置完成与输入电压或电流成比例的输出压力、流量、方向的控制，从而通过对电压或电流的控制实现对气体压力、流量或方向的输出调节。电气比例阀的控制方式和电液比例阀相同，只是控制对象不同，由于气体介质比液体介质黏度低，因此电气比例阀动作更快。

3）比例阀与电液伺服阀

阀对流量的控制方式可以分为两种：一种是非连续的开关控制方式，其阀芯只能停留在行程的两个极限位，阀口要么全开，要么全关，造成控制流量要么最大，要么最小，没有中间状态，如普通的电磁换向阀、电液换向阀。另一种是连续控制方式，其阀芯可以在行程中任意位置停留，阀口可以根据需要打开任意一个开度，使流量的大小能得到连续控制，这类阀有手动控制的，如节流阀；也有电动控制的，如比例阀、电液伺服阀等。

电液伺服阀是伺服阀的一种，伺服阀是液压伺服系统中最重要、最基本的组成部分，它可以实现信号转换、功率放大及反馈等控制作用。伺服阀可从不同的角度分类，按原理结构可分为滑阀、射流管阀和喷嘴挡板阀等；按控制信号形式可分为机液阀、电液伺服阀、气液伺服阀；按输出形式可分为位置伺服系统、速度或流量伺服系统、作用力或压力伺服系统。电液伺服阀与电液比例阀具有电气控制过程的相似性和可比性。

（1）伺服阀与比例阀的区别

目前伺服阀与比例阀之间的参数性能差别在逐渐变小，这是因为比例阀的精度控制性能越来越好，逐渐靠近伺服阀。比例阀和伺服阀的区别主要体现在以下几个方面。

① 驱动装置不同。比例阀的驱动装置是比例电磁铁；伺服阀的驱动装置是力马达或力矩马达。

② 控制结构不同。伺服阀的控制器属于闭环反馈控制系统，伺服就是指具有反馈、调节、跟随的控制过程；比例阀的控制器大部分为开环控制系统，闭环控制系统占一小部分，比例就是指具有调节、跟随的控制过程。

③ 控制信号的精度不同。伺服阀中位没有死区，比例阀中位有死区。伺服阀的响应频率高于比例阀，伺服阀的响应频率可以达到200Hz，比例阀的响应频率一般最高只能达到几十赫兹。

④ 阀芯结构、加工精度、价格不同。比例阀采用"阀芯+阀体"的结构，阀体兼为阀套。伺服阀采用"阀芯+阀套"的结构，加工精度要求也更高。一般伺服阀的价格是相同流量的比例阀价格的5～10倍。

⑤ 对油液要求不同。伺服阀有过滤网，需要对液压油液精过滤，否则容易堵塞，比例阀对油液的要求较低。

⑥ 中位机能种类不同。比例阀具有与普通换向阀相似的中位机能，而伺服阀的中位机能只有O形。

⑦ 控制信号的方式不同。比例阀的控制信号大部分为直流单向调节控制信号，其线圈为单作用形式；伺服阀的控制信号为交流双向调节控制信号，其线圈为双作用形式。

（2）伺服阀的图形符号

图4-50所示为三位四通伺服阀的图形符号，其中位机能为O形。

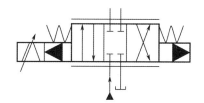

图 4-50 三位四通伺服阀的图形符号

4.7.2 插装阀

插装阀又称为插装式锥阀,是一种通流能力大,液阻小,密封性能好,动作灵敏,结构简单,标准化、通用化程度高,在液压回路中可实现回路通断功能的新型逻辑控制阀,它的通流量可达 1000L/min,通流直径为 200～250mm。它的功能比较单一,只有与普通液压控制阀组合使用时,才能实现对系统油液方向、压力、流量的控制。插装阀根据用途不同,可组合成各种不同的方向控制阀组件、压力控制阀组件、流量控制阀组件。插装阀主要用于流量较大的系统或对密封性能要求较高的系统。

1．插装阀的原理

图 4-51 所示为插装阀的结构原理图和图形符号。插装阀由阀体、阀芯、阀套、弹簧和密封圈组成。插装阀均有两个主油口 A 和 B,以及一个控制口 C,A 口对阀芯作用面积为 S_A,压力为 p_A,作用力为 $S_A p_A$;B 口对阀芯作用面积为 S_B,压力为 p_B,作用力为 $S_B p_B$;C 口对阀芯作用面积为 S_C,压力为 p_C,与 A 口和 B 口形成的平衡控制作用力为 $S_C p_C$,弹簧力为 F_C;当 $S_C p_C + F_C > S_A p_A + S_B p_B$ 时,阀口关闭;当 $S_C p_C + F_C \leqslant S_A p_A + S_B p_B$ 时,阀口开启。

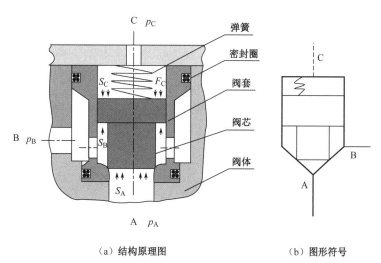

（a）结构原理图　　　　　　　　　（b）图形符号

图 4-51 插装阀的结构原理图和图形符号

2．插装阀的特点

1）组合型

不同功能的阀可采用同一规格的阀腔进行配合,组装成各种阀,如电磁换向阀、单向阀、溢流阀、减压阀、流量控制阀、顺序阀等，由于装配过程的通用性，阀孔规格的通用性、互换性特点，使用插装阀可以实现完善的设计配置，从而使其广泛地应用于各种液压机械。

2）体积小、成本低

插装阀的组合装配性和成套性使其可实现批量生产，可缩短采用插装阀的整套控制系统的制造工时，减少必须安装的元件和连接的管路，实现了缩短安装时间、减少泄漏点、减少易污染源、缩短维修时间（插装阀不用取下管接头配件即可更换）、减少占用空间等特性，使高效、方便、占用空间小的优势在插装阀形成的系统中得到了充分体现。

3）功能全、应用广泛

由于插装阀具有提高生产力和竞争力的优势，插装阀的应用在不断推进，目前已经广泛应用于各种工程机械、物料搬运机械和农业机械等。

利用开关特性，插装阀可作为闸阀、截止阀、旋塞阀、球阀、蝶阀和隔膜阀等截断阀使用，实现对管路中介质的接通或截断；可作为止回阀（又称单向阀或逆止阀）使用，防止管路中的介质倒流；可作为安全阀使用，防止管路或装置中的介质压力超过规定数值，从而达到安全保护的目的；可作为节流阀和减压阀等调节阀使用，实现对系统中流体介质的压力、流量等参数的控制；可作为各种分配阀和疏水阀等分流阀使用，实现对管路中介质的分配、分离或混合。

3. 插装阀的应用

1）作为方向控制阀

图 4-52 所示为用二通插装阀作为单向阀，图 4-52（a）为 A 端和 C 端连接形成 B→A 单向阀，图 4-52（b）为 B 端和 C 端连接形成 A→B 单向阀，图 4-52（c）为用二位三通液动阀控制 C 端压力，形成液控单向阀，液动阀左位工作时 A→B；液动阀右位工作时 AB 双向。

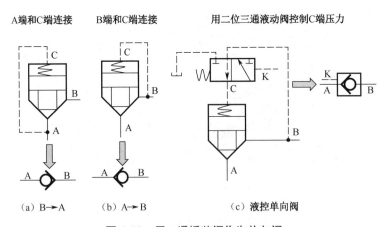

图 4-52　用二通插装阀作为单向阀

图 4-53 所示为用二通插装阀作为换向阀。图 4-53（a）为二位三通电磁换向阀控制 C 端压力，电磁换向阀左位工作时 A→B；电磁换向阀右位工作时 AB 双向，形成二位二通电磁换向阀。图 4-53（b）为两个二通插装阀的 C 端由二位四通电磁换向阀控制，电磁换向

阀左位工作时 P→A；电磁换向阀右位工作时 A→T，形成二位三通电磁换向阀。图 4-53（c）为四个二通插装阀的 C 端由二位四通电磁换向阀控制，电磁换向阀左位工作时 P→A，B→T；电磁换向阀右位工作时 A→T，P→B，形成二位四通电磁换向阀。

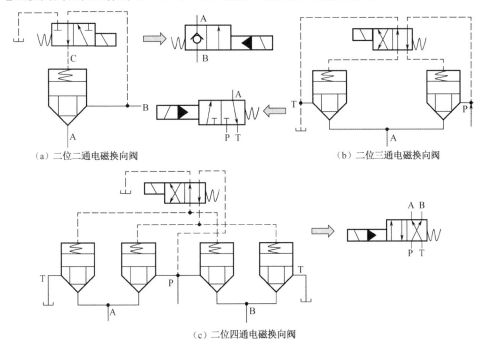

（a）二位二通电磁换向阀　　　　　　　　　　　　（b）二位三通电磁换向阀

（c）二位四通电磁换向阀

图 4-53　用二通插装阀作为换向阀

2）作为压力控制阀

图 4-54 所示为用二通插装阀作为压力控制阀。图 4-54（a）为用压力控制阀控制 C 端压力，形成先导式压力控制阀。图 4-54（b）为用二位二通电磁换向阀控制 C 端压力，A 端、C 端用阻尼孔连通，电磁换向阀上位工作时构成先导式卸荷阀；电磁换向阀下位工作时构成先导式溢流阀。图 4-54（c）为在先导式溢流阀基础上，将 B 端作为输出端，构成顺序阀。

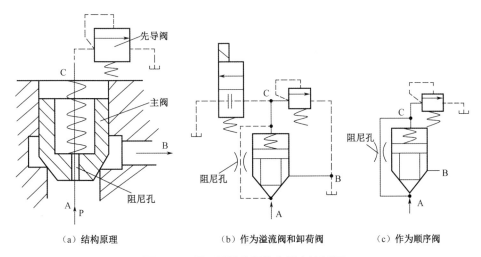

（a）结构原理　　　　　　　（b）作为溢流阀和卸荷阀　　　　　　　（c）作为顺序阀

图 4-54　用二通插装阀作为压力控制阀

3）作为流量控制阀

图 4-55 所示为用二通插装阀作为流量控制阀。图 4-55（a）为改变阀口通流面积形成节流阀。图 4-55（b）为节流阀前串联减压阀构成调速阀。

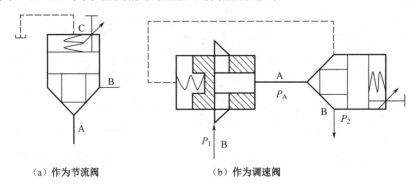

（a）作为节流阀　　　　　　　　　　（b）作为调速阀

图 4-55　用二通插装阀作为流量控制阀

4.7.3　叠加阀

叠加式液压阀简称叠加阀，是以积木叠加的方式连接的液压阀。其阀体本身既是元件又是具有油路通道的连接体，阀体的上、下两面制成连接面，使每个叠加阀不仅具有某种控制功能，同时还起着油路通道的作用。叠加阀安装在换向阀和底板块之间，按一定次序叠加后，由螺栓串联，从而将对压力、流量和方向起控制作用的各个叠加阀组合成一体，形成各种典型液压回路系统。

一般来说，同一通径规格系列的叠加阀的油口和螺钉孔的位置、大小、数量都与相同规格的标准换向阀相同。因此，应选择同一通径规格系列的叠加阀，按功能要求将其叠合在一起并用螺栓紧固，组成所需的液压传动系统。

1．叠加阀的种类

叠加阀按功能可分为方向控制阀、压力控制阀、流量控制阀三类。其中方向控制阀仅有单向阀，最上层的换向阀不属于叠加阀。

2．叠加阀的规格

叠加阀常见的标准通径规格有 6mm、10mm、16mm、20mm、32mm 五个系列，基本上与传统板式液压阀相同，适用于不同流量工作环境的场合。

叠加阀的额定压力为 20MPa。

叠加阀的额定流量范围为 10～200L/min。

3．叠加阀的图形符号

图 4-56 所示为叠加式溢流阀的图形符号。图 4-56（a）为 Y1-F-10D-P/T，图 4-56（b）为 Y1-F-10D-P1/T。其中，Y 表示溢流阀，F 表示压力等级，10 表示通径尺寸为 10mm，D 表示叠加阀，P/T 表示进油口为 P，回油口为 T。

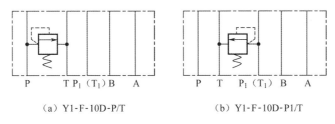

（a）Y1-F-10D-P/T　　　　　　（b）Y1-F-10D-P1/T

图 4-56　叠加式溢流阀的图形符号

4．叠加阀的组装

叠加阀的组装要求与传统板式单向阀大体相同，但叠加阀自成体系。要特别注意各阀体的安装面位置对应，以避免出现泄漏。叠加阀的组装步骤如下。

① 根据液压回路要求，选择同一通径系列的叠加阀互相叠加，首先叠放叠加阀与电磁换向阀，然后将叠加阀带 O 形圈的一面朝向底板（基础板）。

② 在将叠加阀插进螺栓之前，确认叠加阀的油孔位置正确无误，对齐叠加阀螺钉安装孔。

③ 插进叠加阀专用安装螺钉，确保每个螺钉均用规定扭力拧紧。

5．叠加式液压系统的特点

① 结构紧凑、体积小、质量轻，安装及装配周期短。

② 便于通过增减叠加阀实现液压系统的变化，系统的重新组装方便、迅速。

③ 元件之间无管连接，消除了因管件、油路、管接头等连接引起的泄漏、振动和噪声。

④ 系统配置灵活，外形整齐，使用安全、可靠，维护、保养容易。

⑤ 标准化、通用化、集成化程度高。

6．叠加阀的缺点

叠加阀的安装特点使得同一组叠加阀只能选用相同通径的叠加阀进行安装，选型灵活性不如传统板式液压阀高。

由叠加阀形成的液压系统，其结构原理的直观性差。

一套叠加阀一般只能实现一个简单系统，但叠加阀的配套使用可以实现复杂回路，因此一个阀块上出现很多排叠加阀的情况是很常见的。

4.8　气动比例阀

气动比例阀与液压比例阀结构原理相同，由比例电磁铁控制阀芯的位移从而控制其系统执行元件所承受的二次压力、运行速度以及暂停或换向的运动变化。气动比例阀包括气动比例减压阀（调压阀）、气动比例流量控制阀、气动比例方向控制阀。在传统的气动控制系统中，如果某一执行元件想要有多个输出力和多个运动速度，就需要用多个减压阀、节流阀，并通过换向阀的切换实现，而用比例阀（压力、流量、方向）控制比例电磁铁线圈的不同电流参数（如用 PLC 在不同时刻输出不同参数的模拟电流），能使同一个执行元件输出力的大小和运动速度及方向有不同的参数指标。

在包括气动比例阀在内的气动电磁阀（方向、压力、流量）中，应关注最高响应（动作或换向）频率与设备的工作环境温度这两个重要参数指标。

最高响应频率是指电磁阀每秒所能反复切换的最高次数，其单位是赫兹，电磁阀最高响应频率不仅取决于开关速度，还与电磁铁温升、阀的构造和工作寿命等因素有关。一般小型直动式电磁阀最高响应频率为 10～20Hz，大型先导阀最高响应频率为 10Hz 左右，高频电磁阀最高响应频率可达 30Hz。

通常电磁阀的工作环境温度为 5～50℃，温度下限是指由排气时绝热膨胀引起的温度下降不会使空气中的水分结冰的温度。温度上限是由电磁阀材料本身的耐温范围决定的。排气产生结冰或温度过高破坏电磁阀绝缘会导致电磁阀工作不可靠或出现故障。

4.8.1　气动比例减压阀（调压阀）

气动比例减压阀主要应用于气动系统二次压力的调整，也叫气动比例调压阀。图 4-57 所示为气动比例溢流减压阀的图形符号，其具有减压和调压的作用。

传统的气动比例减压阀利用电流或电压信号通过比例放大器控制比例电磁铁驱动阀芯移动，从而实现对输出口的开度控制，并通过毛细管的气路反馈达到其弹簧压力的平衡，实现对输出压力的稳定调节，属于开环控制结构。新型气动比例减压阀可以实现闭环控制，即由压力传感器实现电气反馈，从而达到压力的精确控制，实现输入电流或电压与输出流体压力的同步比例变化。这种新型气动比例减压阀又称气动比例伺服减压阀，其性能介于比例阀和伺服阀之间，结构上兼具比例阀的简洁和伺服阀的反馈特点。

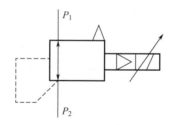

图 4-57　气动比例溢流减压阀的图形符号

气动比例减压阀的主要参数包括工作介质（应按气体种类，如氧气、天然气、空气等选择调压阀），供气压力（系统所能承受的最高气体压力），温度范围（气体温度和工作环境温度），电源（外接工作电源），控制信号（控制信号形式，电压为 0～10V；电流为 4～20mA），输出信号（故障报警），接线方式（插座或端子分布），功耗（消耗的功率）等。可以通过 PLC 等主控单元输出不同的控制给定信号（电流或电压）值，进而调节其气动系统输出的二次压力值，与比例电磁铁的控制方式相同。

4.8.2　气动比例流量控制阀

气动比例流量控制阀又称气动比例节流阀，一般指气动比例节流阀和气动单向比例节流阀。图 4-58 和图 4-59 所示分别为气动比例节流阀的图形符号和气动单向比例节流阀的图形符号。传统的气动比例节流阀利用电流或电压信号通过比例放大器控制比例电磁铁驱动阀芯移动，从而实现对输出口的开度控制，调节其流量，属于开环控制结构，新型气动比例节流阀可以实现闭环控制，即由接近传感器实现电气反馈，从而达到开度的精确定位，实现输入电流或电压与输出流体通道截面积的同步比例变化，属于气动比例伺服节流阀，其性能参数介于比例阀和伺服阀之间。

图 4-58　气动比例节流阀的图形符号

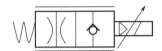

图 4-59　气动单向比例节流阀的图形符号

4.8.3　气动比例方向控制阀

　　气动比例方向控制阀和液压比例方向控制阀结构原理相同，控制形式相同，只是图形符号有区别。气动比例方向控制阀包括二位阀和三位阀，大部分二位阀有两种基本功能，一是反向短路或正向断路，即实现反向直通与正向阻断，二是正向的节流调节作用，用于流量控制，可以说二位阀具有通断换向和单向节流功能。三位阀的基本功能包括换向、正向节流与反向节流、中位机能等，可以说三位阀具有换向与双向节流功能和中位机能。气动比例方向控制阀既有换向功能也有节流调速功能。图 4-60 所示为三位四通气动比例方向控制阀，由比例电磁铁控制推杆的动作量，其阀芯移动量 Δx 的大小与比例电磁铁线圈的电流大小成正比，而不只有（额定电流）通和断，其阀芯移动量 Δx 与阀芯的通流截面积成正比，因此比例电磁铁线圈的电流大小（电流为 4～20mA，承受电压为 0～10V）与阀的通流截面积（0～最大值）成正比。

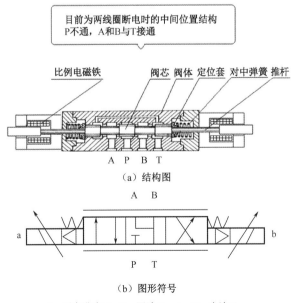

（a）结构图

（b）图形符号

P—压力进油口；T—回油口；A、B—出油口。

图 4-60　三位四通气动比例方向控制阀

思考题

1. 换向阀在液压系统中起什么作用？其有哪些类型？
2. 简述液控单向阀的工作原理。
3. 三位换向阀的中位机能指的是什么？
4. 液压压力控制阀有哪几种形式？它们的共同点是什么？
5. 溢流阀的作用有哪些？
6. 流量控制阀有哪几种形式？
7. 影响节流小孔流量稳定性的因素有哪些？
8. 画出下列元件的图形符号。
① 单向阀。
② 三位四通 H 形中位机能的带弹簧复位的电磁换向阀。
③ 直动式溢流阀。
④ 内控外泄式顺序阀。
⑤ 单向节流阀。
⑥ 调速阀。
9. 插装阀有哪些特点？
10. 简述叠加式系统的优缺点。

第5章 常用检测元件

要点概述

5.1 节介绍能够在磁性材料作用下导通的簧片及霍尔元件等磁性传感器组成的检测开关。5.2 节介绍电感式接近开关和电容式接近开关。5.3 节介绍利用光反射和光敏效应形成的光电编码器等检测器件的结构、特点及使用方法。5.4 节介绍压力开关和超声波接近开关以及单一型传感器的形式。5.5 节主要介绍模拟信号与数字信号之间信号传递与转换电路的结构原理。通过本章的学习，要求学生能够掌握自动控制系统中常用检测元件的种类及它们的工作原理和方法，进而掌握自动控制系统的组成。

本章教学目标：掌握各类传感器的结构原理，结合液压与气动系统的控制形式，能合理选择传感器的种类并理解各控制信号之间的转换关系				
	重 点	难 点	教学方法	教学时间
5.1 节	磁性传感器的作用、原理	磁性开关的种类和检测对象	讲授	0.5 课时
5.2 节	电感式接近开关、电容式接近开关的作用、原理	电感式接近开关、电容式接近开关的检测对象	讲授	0.5 课时
5.3 节	光电编码器等检测器件的结构、原理	光电编码器等检测器件的种类及正确使用方法	讲授	0.75 课时
5.4 节	专用型传感器的种类	各类传感器的选型	讲授	0.25 课时
5.5 节	传感器信号的传递过程	各信号之间的转换关系	讲授	0.5 课时
合计课时				2.5 课时

在液压与气动系统中，沿直线运动的气缸和液压缸以及做旋转运动的气液摆动马达和旋转马达，其运动行程和运动趋势要通过对相关参数的检测才能被方向、压力、流量等控制元件进行合理控制和准确定位。一般直线运动的行程检测主要通过气液缸带动掷子或磁块运动，触压行程开关、感应接近开关，通过遮挡或反射光电开关发出的光或触发磁块磁化舌簧开关及霍尔开关等方式，达到利用传感器实现对定位点检测的目的。旋转运动的转角或周长检测主要通过马达同轴带动码盘，并在码盘上设置均匀分布的金属、磁块、长方形孔等，利用金属物体触发接近开关、磁块触发舌簧开关及霍尔开关、旋转孔瞬间导通光电开关等手段记录导通次数，实现对低转速运动行程的检测；通过光电编码器实现对高转速运动行程的检测。对气液缸活塞杆输出压力的检测和马达输出轴旋转压力的检测，不仅可以借助溢流阀和顺序阀间接检测，还可以借助压力开关直接进行检测。

目前在精度测量方面，直线距离的测量采用光栅尺或磁栅尺，旋转弧度距离或角度的测量采用光电编码器，其感应控制原理相同。

工程上常用的检测器件称为传感器，传感器是一种能把物理量或化学量转换成便于利用的电信号的器件，是可以实现状态测量与检测的反馈元件。

传感器的工作是测量装置和控制系统的首要环节。传感器能够对原始参数进行精确可靠的测量，在信号转换、信息处理、最佳数据的显示和控制等方面应用广泛。可以说，没有精确可靠的传感器，就没有精确可靠的自动检测控制系统。

传感器主要用于对各种工艺变量（如温度、液位、压力、流量等）、电子特性参数（如电流、电压等）和物理量（如运动强度、速度、负载力等），以及物体的接近与定位等的测量，其应用领域涉及机械制造、工业过程控制、汽车电子产品、通信电子产品等各个方面。

目前应用广泛的传感器包括压力传感器、光电传感器、位移传感器、超声波传感器、温度传感器、湿度传感器、光纤传感器等。

光纤传感器中的光纤是光导纤维的简写，是一种利用光在玻璃或塑料制成的纤维中的全反射现象而实现的光传导工具。

5.1 磁性传感器

磁性传感器是指能对磁性元件进行检查的器件。

5.1.1 磁性开关

舌簧式磁性开关将舌簧开关、保护电路和动作指示灯等用合成树脂封装在一个模块（盒子）内。当舌簧式磁性开关进入磁场时，由于磁场对触点的磁化作用，触点快速闭合，舌簧式磁性开关接通并输出一个电信号。

图5-1所示为舌簧式磁性开关的工作原理，图5-1（a）为开关气缸的结构，图5-1（b）为舌簧开关在磁块作用下形成了动作区域。

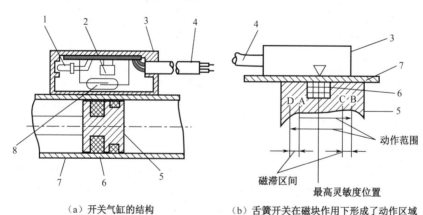

（a）开关气缸的结构　　　　（b）舌簧开关在磁块作用下形成了动作区域

1—动作指示灯；2—保护电路；3—开关外壳；4—导线；5—活塞；6—磁环；7—缸筒；8—舌簧开关。

图5-1　舌簧式磁性开关的工作原理

将舌簧开关用合成树脂固定于模块内形成磁性开关块，当带有磁环的活塞向右运动到

A 位置时，舌簧开关进入磁场，两簧片被磁化而相互吸引，触点闭合，输出一电信号；当活塞运动到 B 位置时，舌簧开关离开磁场，两簧片失磁，触点自动断开。（A-B）区间称为磁性开关的动作范围。活塞向左反向运动时，簧片动作触点闭合范围为（C-D）区间。有触点式舌簧开关的动作范围一般为 5～14mm。（B-C）区间和（D-A）区间称为磁滞区间，通常小于 2mm。扣除两侧磁滞区间的动作范围，（A-C）范围为最可靠动作区间，磁性开关块对活塞的定位点应确定在此区间，其中间位置称为最高灵敏度位置。若磁环停止在磁滞位置，则舌簧开关动作不稳定，易受外界干扰。

5.1.2　霍尔式传感器

以霍尔接近开关为例说明霍尔式传感器的工作原理。

1．霍尔效应

霍尔效应是指金属或半导体薄片置于磁感应强度为 B 的磁场中，磁场方向垂直于薄片，当有电流流过薄片时，在垂直于电流和磁场的方向上产生电动势 U，这种现象称为霍尔效应（Hall Effect），其表达式为 $U=KIB/d$，其中 K 为霍尔系数，I 为薄片中通过的电流，B 为外加磁场（洛伦兹力）的磁感应强度，d 为薄片的厚度。由此可见，霍尔效应的灵敏度高低与外加磁场的磁感应强度成正比。

2．霍尔接近开关

霍尔接近开关的工作原理基于霍尔效应。霍尔接近开关的输入端是以磁感应强度 B 来表征的，当磁感应强度达到一定值时，霍尔接近开关内部的触发器翻转，霍尔接近开关的输出电平状态也随之翻转。输出端一般采用晶体管，霍尔接近开关有 NPN 型、PNP 型、常开型、常闭型、锁存型（双极性）、双信号输出型等形式。霍尔接近开关一般是将霍尔元件、稳压电路、放大器、施密特触发器、门电路等集成，形成霍尔集成电路，当有外加磁场作用时，霍尔集成电路有电压输出。图 5-2 所示为霍尔接近开关工作原理示意图，无论是哪种结构，当磁力线穿过霍尔集成电路时，霍尔开关都动作并有输出。

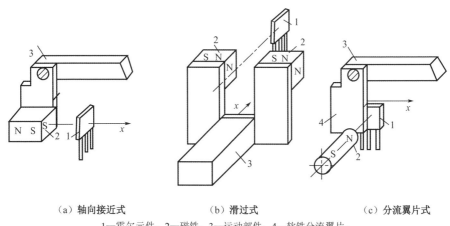

（a）轴向接近式　　　　　（b）滑过式　　　　　（c）分流翼片式

1—霍尔元件；2—磁铁；3—运动部件；4—软铁分流翼片。

图 5-2　霍尔接近开关工作原理示意图

霍尔接近开关具有无触点、低功耗、使用寿命长、响应频率高等特点，其内部采用环氧树脂封灌成一体化结构，能在各类恶劣环境下可靠工作。霍尔接近开关可应用于接近开关、压力开关、里程表等的控制中，其作为一种新型的磁控电气配件，具有寿命长、响应快、无磨损的特点。但霍尔接近开关在安装时要注意磁铁的极性，如果磁铁极性装反，霍尔接近开关就无法工作。

5.2 接近传感器

接近传感器是指检测元件对物体的检测采用非接触的形式，利用被检测物体在一定的距离范围内对检测物体的原有环境进行了改变，从而影响了检测物体的输出状态，实现对该类被检测物体有无的检测。

5.2.1 电感式传感器

以电感式接近开关工作过程说明电感式传感器的工作原理。电感式接近开关属于一种开关量输出的接近传感器，它由 LC 高频振荡器和放大处理电路组成，利用金属物体与磁性感应头接近时，传感器内部电路感应头线圈的电感量参数发生变化，由此识别出有无金属物体接近，进而用参数变化产生的电信号控制开关的通或断。这种电感式接近开关所能检测的物体必须是金属物体。

具体检测过程为：被检测金属物的位移变化→转换为电感量变化→形成电路的电压或电流变化→实现开关的通或断。

1. 结构特点

① 传感器的感应头能检测所有穿过或停留在高频电磁场中的金属物体。

② 传感器的感应头与被检测金属物体是非接触式的，即感应头与被检测物体不直接接触。

③ 传感器的感应头无须配专门的机械装置，如滚轮、机械手柄等，作为接触媒介。

④ 传感器靠感应头与内部电子电路装置接收检测信号，便于信号处理。

2. 电感式接近开关工作原理

外界的金属物体对传感器的高频振荡器产生非接触式感应作用。LC 高频振荡器是由缠绕在铁氧体磁芯上的线圈构成的 LC 振荡电路。LC 高频振荡器通过传感器的感应面，在其检测位置产生一个高频交变的电磁场。当外界的金属导电物体接近这一电磁场并到达有效感应区时，在金属物体内产生涡流效应（阻尼现象）。这一变化会被开关的后置电路放大处理并转换为一个确定的输出信号，触发开关驱动控制器件，从而达到非接触式物体检测的目的，电感式接近开关工作原理如图 5-3 所示。

电感式接近开关对不同金属材料的额定检测距离是不同的，使用时必须进行检测距离修正。

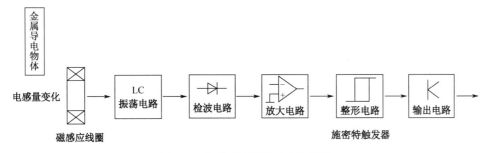

图 5-3　电感式接近开关工作原理

5.2.2　电容式传感器

以电容式接近开关为例说明电容式传感器的工作原理。它和电感式接近开关的工作原理基本相同，也由 LC 高频振荡器和放大处理电路组成，不同之处是电容式接近开关利用电容量参数发生的变化，由此识别出有无被检测物体接近，进而用参数变化产生的电信号控制开关的通或断。

1. 结构形式

电容式接近开关的感应面由两个同轴金属电极构成，很像"打开的"电容器的两个电极。电容器的两个电极连接在高频振荡的回路中，当无被检测目标时电路维持稳态，当被检测目标接近传感器表面时，它就进入了由这两个电极构成的电场，引起两个电极之间的耦合电容增加，电路开始振荡。每次振荡的振幅均由数据分析电路进行检测，当被检测的物体达到设定的距离时就形成开关信号。

2. 原理分析

电容式接近开关既能感应导体被检测物体，也能感应非导体被检测物体。以导体为材料的被检测物体对传感器的感应面形成一个反电极，使电容量增加，电容量的增加量取决于被检测物体在电场中的介电常数，所以金属被检测物体可获得最大开关的检测距离。在使用电容式传感器时不必像使用电感式传感器那样，对不同金属采用不同的校正系数。在检测具有较低介电常数的物体时，可以通过调节回路中的多圈电位器来增加感应灵敏度。与电感式传感器相比，由于电容式传感器的检测参数不同，因此其检测头结构不同，其余部分与电感式传感器相同，电容式接近开关工作原理如图 5-4 所示。

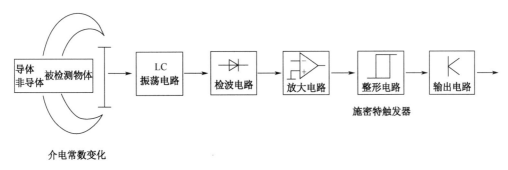

图 5-4　电容式接近开关工作原理

5.3　光电式传感器

以光电开关为例说明光电式传感器的工作原理。光电开关是用来检测物体的靠近、通过等状态的光电式传感器。从原理上讲，光电开关是由红外发射元件与光敏接收元件组成的检测元件，其检测距离可达数十米。

5.3.1　工作原理

光电开关检测的原理是被检测物体可阻断或部分反射发射器发出的光束，接收器为光敏元件，可通过光照变化产生输出控制信号，根据被检测物体阻断或部分反射光照结果来控制开关的通断状态。

当接收器接收到光线时，光电开关有输出，被称为亮态操作；当光线被阻断或亮度低于一定数值时，光电开关无输出，被称为暗态操作。光电开关动作的阈值是由多个因素决定的，包括被检测物体的反射能力及光电开关的灵敏度等。所有光电开关都采用调制光，以便有效地消除环境光的影响。

5.3.2　光电开关的结构和分类

图 5-5 所示为光电开关类型及应用，光电开关可分为遮断型和反射型两类。

遮断型光电开关的发射器和接收器相对安装，轴线严格对准。

反射型光电开关分为反射镜反射型及被检测物体反射型（简称散射型）两种结构。

反射镜反射型光电开关的传感器单侧安装，需要调整反射镜的角度来获得最佳的反射效果，它的检测距离小于遮断型光电开关。

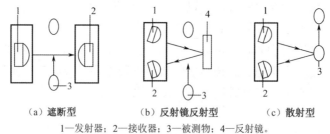

（a）遮断型　　　　（b）反射镜反射型　　　　（c）散射型

1—发射器；2—接收器；3—被测物；4—反射镜。

图 5-5　光电开关类型及应用

散射型光电开关安装最为简便，并且可以根据被检测物体上的黑白标记来检测，但散射型光电开关的检测距离较小，一般只有几百毫米。

光电开关中的红外光发射器一般采用功率较大的红外发光二极管（红外 LED），而接收器可采用光敏三极管、光敏达林顿三极管或光电池。为了防止日光灯的干扰，可在光敏元件表面加红外滤光透镜。

光电传感器内部结构相当于集成电路，它把光电二极管、放大器、施密特电路及稳压电源集成为一个模块，如图 5-6 所示。当有光照射时，输出端 OUT 输出低电平，即模块内部晶体管导通；反之则模块内部晶体管截止。

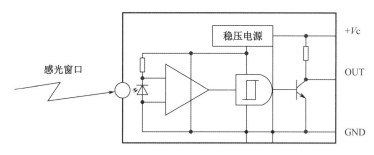

图 5-6　光电传感器内部结构

5.3.3　光电编码器

1．光电编码器工作原理

光电编码器是一种通过光电转换将输出轴上的几何位移量转换成脉冲或数字量的传感器。电源的工作电压一般为 5～24V（DC）。光电编码器是利用旋转的码盘的转速与栅孔透光形成的脉冲数成正比的原理，实现用脉冲数统计转数或转速的计数检测装置。码盘是在一定直径的圆板上等分地开通若干个长方形孔而制成的，安装在发光源和光敏接收器之间。与电机主轴同轴的旋转轴与码盘同轴旋转，发光二极管（发光源）发出的光经棱镜变为束状平行光，经码盘上的栅孔和固定光栅形成的定向通道，实现对光敏三极管（光敏接收器）的照射，并通过放大电路后输出高电平信号；当光路不通时，放大电路输出低电平信号；光路每通一次，放大电路就输出一个脉冲信号。脉冲信号的数量等于电机转数与码盘上栅孔数的乘积。光电编码器结构原理图如图 5-7 所示。

此外，为判断旋转方向，码盘还可提供相位相差90°的两路输出脉冲信号。输出两路信号的电路组成相同，只是光照位置有差别。

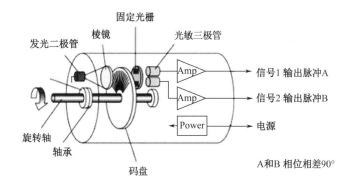

图 5-7　光电编码器结构原理图

脉冲形成过程如图 5-8 所示。

当光电编码器的旋转轴转动时，A、B 两路都产生脉冲输出且相差 90°相位角，由此利用逻辑转换电路，可测出光电编码器转动方向与电机转速。如果 A 路脉冲比 B 路脉冲超前，则光电编码器为顺时针旋转，否则为逆时针旋转。A 路用来测量脉冲个数，B 路与 A 路配合可测量出转动方向。

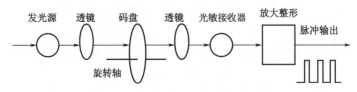

图 5-8　脉冲形成过程

对于一个自控系统而言，当光电编码器由反馈信号测出的脉冲个数与计算出的给定信号的标准值有偏差时，可根据电压与脉冲个数的对应关系计算出输出给伺服系统的增量电压 ΔU，经过 D/A 转换，再计算出增量脉冲个数。

图 5-9 所示为光电编码器逻辑转换结构原理图，利用 D 触发器对 A 路脉冲和 B 路脉冲进行逻辑转换，由于 D 触发器的 CLK 脉冲上升沿触发，触发时 $\overline{Q}$ 端（W1 端）要与 D 端状态一致，OUT-L 端可以是 A 路脉冲、B 路脉冲、独立的基础脉冲。

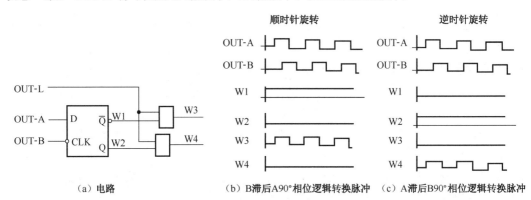

（a）电路　　　（b）B 滞后 A90°相位逻辑转换脉冲　　（c）A 滞后 B90°相位逻辑转换脉冲

图 5-9　光电编码器逻辑转换结构原理图

2．光电编码器的分类

根据检测原理，光电编码器可分为光学式编码器、磁式编码器、感应式编码器和电容式编码器；根据其刻度方法及信号输出形式，光电编码器可分为增量式编码器、绝对式编码器以及混合式绝对编码器。

1）增量式编码器

增量式编码器直接利用光电转换原理输出三路方波脉冲 A、B 和 Z，A、B 两路脉冲相位相差 90°，从而可方便地判断出旋转方向，Z 路脉冲用于基准点定位。

2）绝对式编码器

绝对式编码器是直接输出数字的传感器，在它的圆形码盘上沿径向有若干同心码盘，每组同心码盘都由透光和不透光的扇形区相间组成，径向相邻码盘上码道的扇区数目为双倍关系，码盘上的码道数为它的二进制数位数，即按 2^n 位数（2、4、8、16…）进位排列，码盘一侧为光源，另一侧为对应每一码道的光敏元件，当码盘处于不同位置时，各光敏元件根据受光照与否转换输出相应的电平信号，直接形成二进制数读数。对应每一个角度的位置都是由机械结构决定的唯一位置，在检测角度小于 360° 时选用单圈绝对式编码器，在检测角度大于 360° 时选用多圈绝对式编码器。

3）混合式绝对编码器

混合式绝对编码器一般可输出两组信息，一组为绝对信息，另一组为具有增量式编码器的输出信息。

3．光电编码器的应用

1）角度测量

直接利用步距角脉冲的产生和计数统计进行角度测量，可以实现汽车方向盘的助力控制、扭转角度仪显示输出等。

2）长度测量

利用滚轮周长来测量线形物体的长度和运动距离，从而实现"计米器"功能。对于拉线位移传感器，则可利用收卷轮周长测量长度。如果与实现直线位移的动力装置的主轴联轴，并通过输出脉冲数的计量和运算，就能实现长度的联轴直测。目前加工设备上的长度精密测量主要采用磁栅尺和光栅尺，都利用感应原理产生脉冲并计数实现对长度的测量。

3）速度测量

利用角度和时间的关系，可实现线速度和角速度的测量。

4）位置测量

在电梯、提升机、切断型机床等控制方面，可以检测和记忆设备运行到达的位置，从而实现自动控制。

5）同步控制

通过角速度或线速度的测量，可实现对多个传动环节的步进角反馈，并进行同步控制，以实现转速、转矩等的同步控制。

4．接近开关的应用

接近开关的种类很多，在工业中主要用于产品计数、测速、确定物体位置并控制其运动状态以及自动安全保护等。

1）接近开关应用过程中应注意的问题

① 自感式接近开关及差动变压器式接近开关只能检测导磁物体。

② 电涡流式接近开关只能检测导电性良好的金属物体。

③ 电容式接近开关对接地的金属、地电位的导电物体、非金属等都能进行检测。

④ 舌簧磁性开关（也叫干簧管）属于磁性开关，只能检测磁性较强的物体。

⑤ 霍尔接近开关也属于磁性开关，只能检测磁性物体。

从广义上讲，大多数非接触式传感器可用于接近开关，如光电传感器、微波和超声波传感器等，它们的检测距离一般为数米或数十米，是电子类开关器件。

2）接近开关与传统机械开关相比所具有的优点

① 非接触检测，不影响被检测物体的运行工况。

② 不产生机械磨损和疲劳损伤，工作寿命长。

③ 响应快，一般响应时间为几毫秒或几十毫秒。

④ 采用全密封结构，防潮、防尘性能较好，工作可靠。

⑤ 无触点、无火花、无噪声，适用于要求防爆的场合。

⑥ 输出信号强，可与计算机或 PLC 等接口连接。

⑦ 体积小，安装、调整方便。

5.4 其他类型传感器件

其他类型传感器件主要指特殊用途传感器。

5.4.1 压力开关

压力开关是一种当输入压力达到某一给定值时电气开关接通并发出电信号的装置，常用于需要压力控制和保护的场合。

压力开关由感受压力变化的压力敏感元件、调整给定压力大小的压力调整装置和电气开关三部分构成。

压力敏感元件一般采用膜片、膜盒、波纹管和波登管（弹簧管）等弹性元件，也可采用活塞。

压力敏感元件的作用是感受压力大小，将压力转换为位移量，常采用压敏元件、压阻元件，其体积小、精度高，能直接将压力转换成电信号输出。

力传感器（荷重传感器、拉力传感器、扭矩传感器）、压力传感器（表压传感器、绝压传感器、密封压力传感器）、差压传感器、液位传感器等都是由敏感元件构成的传感器。

5.4.2 超声波接近开关

由发射器发射出来的超声波脉冲作用到一个声反射物体上并被反射，当反射的声波（回声）回到发射器位置的反射器上时，这段发射波或反射波单程经过的时间周期与该超声波速度的乘积就是由波源到被检测物体的距离，可以利用计时产生的开关信号来检测被检测物体的距离或位置。

当被检测物体到波源的距离发生改变时，接收到的波的频率会发生偏移，这种现象称为多普勒效应，声呐和雷达就是利用这个原理制成的。利用多普勒效应可制成超声波接近开关、微波接近开关等。当有物体接近时，接近开关接收到的反射信号会产生多普勒频移，由此可以识别出有无物体接近。

5.4.3 单一型传感器

大部分传感器都属于敏感元件类传感器，敏感元件类传感器是由某类敏感材料制成的单一功能的检测元件。

敏感元件是指能敏锐地感受某种物理、化学、生物等信息并将其转换为电信息的特种电子元件。这种元件通常是利用材料的某种敏感效应制成的。敏感元件可以按输入的物理量来命名，如热敏电阻器、光敏电阻器、（电）压敏电阻器、（压）力敏元件、磁敏元件、气敏元件、湿敏元件。在电子设备中采用敏感元件来感知外界的信息，可以达到或超出人类感觉器官的功能。敏感元件是传感器的核心元件。随着信息技术的迅速发展，敏感元件的重要性日益增大。

敏感元件按输入与输出关系特性可归纳为两类，一类是缓变型敏感元件，另一类是突变型敏感元件，敏感元件的典型特征曲线如图 5-10 所示。

缓变型敏感元件的输出信号在一较宽的范围内随输入信号的增大或减小而逐渐增大或减小（见图 5-10 中的曲线 1 和曲线 2），突变型敏感元件在输入信号的某个很窄的范围内有突变反应，而在此范围外变化较小（见图 5-10 中的曲线 3 和曲线 4）。

对敏感元件的基本要求为灵敏度、稳定性和可靠性高，互换性和过程重复性好，在某些情况下还要求其有较高的响应速率。

常用的敏感元件主要有压电效应传感器、光敏电阻器、力敏元件、磁敏元件和气敏元件等。

1. 压电效应传感器

压电效应可分为正压电效应和逆压电效应。

正压电效应是指在晶体受到某固定方向外力的作用时，内部产生电极化现象，同时在晶体的两个表面上产生符号相反的电荷；当外力撤去后，晶体恢复到不带电的状态；当外力作用方向改变时，电荷的极性也随之改变；晶体受力所产生的电荷量与外力的大小成正比。

逆压电效应是指对晶体施加交变电场所引起的晶体机械变形现象，又称电致伸缩效应。用逆压电效应制造的变送器可用于电声（电声音乐）和超声工程。压电敏感元件的受力有厚度变形型、长度变形型、体积变形型、厚度切变型、平面切变型这五种变形形式。压电晶体是各向异性的，并非所有晶体都能在这五种变形形式下产生压电效应。例如，石英晶体就没有体积变形型压电效应，但具有良好的厚度变形型压电效应和长度变形型压电效应。

切变一般指方向相反的对称变化。

基于压电效应的压电材料可分为压电单晶、压电多晶和有机压电材料。

用压电材料可以生产压电效应传感器，压电效应传感器大多是利用正压电效应制成的。

2. 光敏电阻器

光敏电阻器是由光敏材料制成的电阻敏感元件，元件电阻值随入射光（一般指可见光）的强弱变化而变化。通常入射光增强时，元件电阻值下降。光敏电阻器对入射光的响应与光的波长和所用材料性质有关。制造光敏电阻器的材料主要是镉的化合物，如硫化镉、硒化镉和两者的共晶体硫硒化镉，还有锗、硅、硫化锌等。光敏电阻器一般用于光强控制系统和光电自动控制系统中的亮度检测。光电开关、光电计数、光电安全保护和烟雾报警器等的检测元件都由光敏电阻器构成。

3．力敏元件

力敏元件指电参数随外界压力变化而变化的敏感元件。力敏元件种类繁多，如电阻式力敏元件、电容式力敏元件、压电式力敏元件等，最常见的应用是金属应变计和半导体应变计。金属应变计通过外力的作用使金属箔和金属丝伸长或缩短，从而使其电阻值发生变化来完成信息的转换功能。应变材料多为铜、镍等金属和合金。半导体应变计是利用半导体材料的压阻效应制成的。图 5-11 为 N 型硅的电阻值与压强的关系。

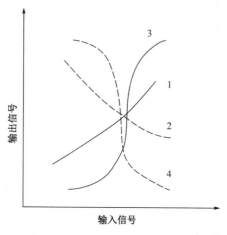

图 5-10　敏感元件的典型特性曲线　　　　图 5-11　N 型硅的电阻值与压强的关系

由图 5-11 可知，压强在某一固定值以下时，N 型硅的电阻值随压强的变化为线性。利用这一线性段可制成半导体应变计。半导体应变计又可分为体型（单一晶体）半导体应变计和扩散型（掺杂）半导体应变计两种。扩散型半导体应变计利用半导体平面工艺制成，其性能优良，具有很大的发展前途。

力敏元件的基本参数为灵敏系数，即电阻值的相对变化量与应变量的比值。金属应变计的灵敏系数为 2～3，半导体应变计的灵敏系数为 20～200。力敏元件可用来测量压力、位移、扭矩、加速度、气压、气体流量等物理量。

4．磁敏元件

磁敏元件是一种磁电转换元件，包括霍尔元件、磁阻元件、磁敏二极管、磁敏晶体管等。霍尔元件也称为霍尔发生器，是利用霍尔效应制成的半导体器件。霍尔元件的磁灵敏度用某一给定控制电流条件下的霍尔电压与磁感应强度的比值来衡量。磁阻元件是利用半导体材料的磁阻效应工作的。它的磁灵敏度称为磁阻系数，即磁阻元件在某一磁场强度下的电阻值与零磁场时的电阻值之比。将磁场作为媒介，磁敏元件可用于测量位移、振动频率、压力、角度、转数、速度、加速度、流量、电流、电功率等物理量。

5．气敏元件

气敏元件是指电参数随外界气体种类和浓度的变化而变化的敏感元件。气敏元件的气敏效应机理尚处于探索阶段。一般认为，气体的吸附和解吸会导致半导体表面能带结构的畸变，使宏观电阻值发生变化。半导体气敏元件灵敏度高、结构简单、使用方便、价格低廉。许多氧化物材料如 ZnO、SnO₂、Fe₂O₃、Cr₂O₃、MgO、NiO 等都有气敏效应。最常用的气敏材料为 SnO₂ 和 ZnO，它们的检测灵敏度和温度有关。气敏元件主要应用在防灾报警、防止公害、检测计量等领域。

6．湿敏元件

湿敏元件是指电参数随环境湿度变化而变化的敏感元件。湿敏元件包括电解质湿敏元件、有机高分子膜湿敏元件、金属氧化物湿敏元件和陶瓷湿敏元件等。湿敏电阻器的灵敏度以相对湿度变化 1%时的电阻值变化率来表示。多数湿敏电阻器的电阻值随湿度增大而减小，这类湿敏电阻器称为负特性湿敏电阻器。少数湿敏电阻器的电阻值随湿度增大而增大。湿敏元件主要用于湿度测量和控制，按测湿范围可分为高湿型湿敏元件、低湿型湿敏元件、全湿型湿敏元件三类。湿敏元件在气象、食品、纺织、轻工、空调、仓库设施等方面得到广泛的应用。

7．热释电式接近开关

用能感知温度变化的敏感元件做成的开关叫热释电式接近开关。这种开关将热释电元器件安装在开关的检测面上，当有与环境温度不同的物体接近时，热释电元器件的输出发生变化，由此可检测出有物体接近。热释电式接近开关经常使用在楼道及室内外公共活动场所进行照明及电气控制等。

5.5　检测信号的传递与转换

随着电子技术的发展，特别是微电子技术的发展，检测技术、计算机技术得到了广泛的使用。数字化显示系统、数字化控制系统、智能化仪表、智能化调节器等都是由数字电路构成的模块化逻辑功能控制系统。许多模拟电路已被数字电路所取代。数字电路主要利用逻辑功能的特点实现系统的核心控制，由于数字信号存在许多优势，因此数字控制得到了快速发展。

目前模拟电路主要用于传感检测系统的前级信号放大、执行机构系统的后级功率驱动放大以及不同电压等级和信号模式的转换等，由此出现了不同形式的转换电路。

5.5.1　现场信号的传递过程

图 5-12 所示为通用数字信号系统的信号采集和信号控制传递转换过程。

现场设备的非电量参数经传感器等一次仪表检测后转换成电模拟信号，传感器等一次仪表生成的电模拟信号一般要经变送器等二次仪表的模拟放大和输出，之后要通过模数转换电路生成相应的数字量信号，数字量信号能被计算机等数字化控制系统所接收，并经过相应的数字比较、逻辑运算、参数调整等过程，生成新的偏差调节过程参数，此过程参数作为现场设备执行元件的控制信号，还要经过数模转换电路生成模拟控制信号，再进行功率放大后就可驱动和控制现场设备的执行元件，执行元件通过回转运动、直线运动、电磁吸合、高温加热等实现对现场设备的操作控制。因此数字电路的输入信号部分和输出信号部分都要有不同形式和功能的转换电路，而数字电路的发展是由于人们发现了数字信号传递的优势。数字信号传递的优势包括以下几个方面。

① 数字信号便于存储。例如，"1"代表高电平或有磁或有压力等，而"0"代表低电平或无磁或无压力等，"1"和"0"可以代表对立的两个形态。

② 由于数字信号采用高低电平的脉冲数字形式，"1"电平和"0"电平有高度差和脉冲宽度的限制，因此短距离传送具有很好的抗噪和抗干扰特性，在远距离传送时，可采用中继接收方式，各个中继站能够完整地将接收到的数字信号输出，能从根本上消除传输过程中的噪声和干扰，从而在各中继站之间信号传输过程中所混入的干扰不会产生积累和放大。

③ 对各信号的加载调制和恢复解调电路都采用数字电路，可以利用逻辑集成电路的专用模块化结构，其可靠性和稳定性都很高。

④ 数字信号传输的信号频带较宽。

⑤ 模拟信号的信号形式、幅值大小、频率高低等参数变化大，而数字信号的幅值、脉冲宽度、频率等参数变化小。

按照上述模拟信号和数字信号相关的参数特点，通常涉及的转换电路的形式包括电流电压变换电路、电压电流变换电路、电平转换电路、模数转换电路、数模转换电路等。

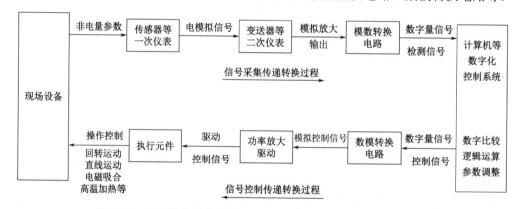

图5-12　通用数字信号系统的信号采集和信号控制传递转换过程

5.5.2　数字式智能仪表

数字式智能仪表是指由单片机控制的集参数设置、传感检测、测量数据的储存和记忆、数据结果的统计和逻辑判断及程序处理、数据结果的显示和信号输出、输入输出信号转换功能于一体的检测单元。图5-13所示为数字式智能仪表的结构原理。

1. 检测输入电路

在检测输入电路中，被测量通过传感器、放大器等组成的输入电路经模数转换，以脉冲方式进入单片机系统。

2. 补偿环节

在补偿环节中，还要采用模拟式非线性补偿法、非线性模数转换补偿法或数字式非线性补偿法等对采集参数进行非线性补偿，以免由于检测误差造成控制误差；如果检测元件或变送器的输入输出线性关系很好，或是对显示控制的精度要求不高，非线性补偿环节也可省略，或通过分段选择不同规格检测元件的线性范围等保证测量的准确度。

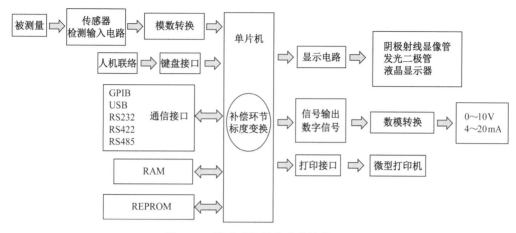

图 5-13　数字式智能仪表的结构原理

3. 人机联络

在人机联络环节中，通过键盘接口实现人机数据设置和程序输入，程序按照控制精度的要求和输出显示方式及输出信号形式以及打印、通信、数据存储格式的要求进行设计并保存在 REPROM 和 RAM 中。

4. 打印接口

在输出打印环节，智能仪表一般可通过打印接口支持微型打印机定时输出打印。

5. 通信接口

在各主控单元的通信环节中，一般可以通过设置智能仪表的通信接口，满足 GPIB、USB、RS232、RS422、RS485 等协议要求。

6. 显示电路

在智能仪表的显示电路中，通过计数器对所接收的脉冲信号进行计数，经译码器等环节将测量结果用十进制数显示出来，根据显示输出要求可驱动阴极射线显像管、发光二极管、液晶显示器等显示设备，以便操作人员能直接精确地读取所需的数据，由于人眼反应时间在 0.5s 左右，因此显示输出刷新周期应小于 0.5s。

7. 信号输出

在智能仪表的信号输出接口，可将传感器的测量结果以比例关系通过数模转换后，用 0～10V 电压信号或 4～20mA 电流信号的形式输出，也可以直接输出数字信号。

8. 标度变换

标度变换的实质就是量程变换，通过它可输出信号和显示设备所表征的温度、压力、流量或液位等被测参数的工程量。因为测量值与工程值之间往往存在一定的比例关系，如 10V 或 20mA 的测量值可能代表的工程值是 1000℃、5000Pa、100m³、500mm 等，工程值是测量值乘以某一常数，再被智能仪表输出和显示。这种标度变换可以在模拟部分的 I/O 环节中接入，也可以在数字部分的 I/O 接入。在 PLC 控制系统中，最简单的标度变换就是利用乘、除系数和传送指令实现不同数据的转换。

 思考题

1. 光电传感器有几种感应形式？各种感应形式的特点是什么？
2. 光电编码器一般由几部分构成？阐述其各种形式和工作特点。
3. 光电开关有哪几种类型？
4. 目前广泛应用的传感器有哪些？
5. 数字式智能仪表指的是什么？
6. 简述现场检测信号的传递过程。
7. 敏感元件包括哪几种？

第6章 动力源

要点概述

6.1 节主要介绍液压源的结构组成及主要性能和参数，并介绍齿轮泵、叶片泵、柱塞泵、螺杆泵等动力元件的结构和工作原理以及蓄能器、油箱、滤油器等辅助元件的结构和工作原理；6.2 节主要介绍气压源（简称气源）的结构组成和主要性能指标，并对空气压缩机（简称空压机）及后冷却器、油水分离器、储气罐、干燥器、气动三联件等气源净化设备的结构和工作原理进行介绍；6.3 节详细介绍间隙密封、O 形密封圈、唇形密封圈、组合式密封装置、回转轴用密封装置等密封元件的结构和原理；6.4 节介绍管路中输送管、管接头的种类和结构以及管道系统的选择要求。

本章教学目标：掌握液压与气动系统动力源的结构原理，熟悉动力源各组成部分的功能和应用，理解各功能元件的符号画法并能正确表示，能准确描述不同种类密封元件的性能，能合理选择连接管路				
	重　点	难　点	教学方法	教学时间
6.1 节	液压源的作用、原理、结构、特点、组成	液压源各组成部分的功能和应用，理解各元件的符号画法并能正确表示	讲授	1.75 课时
6.2 节	气源的作用、原理、结构、特点、组成	气源各组成部分的功能和应用，理解各元件的符号画法并能正确表示	讲授	0.75 课时
6.3 节	液压与气动系统密封元件的结构和种类	不同种类密封元件的性能	讲授	1.75 课时
6.4 节	液压与气动系统管路连接的形式	管路的正确选用	讲授	0.75 课时
合计课时				5 课时

动力源主要指能为系统提供能源动力的装置，是一种能量源。自然界中太阳产生的光能、电磁能，高低温差的作用使气流运动产生的风能，河水的流动产生的动能和物体自由落体运动产生的动能，煤炭、煤气、汽油、柴油、天然气、木材等的燃烧产生的热能，水加热形成水蒸气产生的压力能等都属于不同形式的动力源。自然界的物质存在形式从宏观上可分为固态、液态、气态三类，自然界的一切物质都具有能量，运动形式不同其能量形式也不同，如机械运动的结果是产生动能和势能，物体分子热运动的结果是产生内能，电磁转换运动的结果是产生电磁能，化学反应的结果是产生化学能等，同时，这些运动形式可以用特定的状态参量来表示。当运动形式发生变化或运动量发生转移时，能量也从一种形式转换为另一种形式，从一个系统传递给另一个系统，在转换和传递中总能量始终不变，这就是能量守恒定律，适用于世间万物。只要有能量转换，就一定服从能量守恒定律。能量守恒定律反映了自然界的普遍联系，各种自然现象都不是孤立的，而是相互联系的。

在液压与气动系统中，动力源包括电源、气源、液压源。采用电机可将电源的电能转换成机械能，再利用齿轮泵、叶片泵、柱塞泵、空压机等动力元件将机械能转换成提供动力的能，成为液压源和气源。

气源与液压源是自动控制系统中应用广泛的动力源，气源一般工作压力相对较低，常用于压力小于1MPa的低压系统，适用于远距离传输，气动系统各个工作元件比液压系统工作元件加工工艺简单，制作成本低，同时气动系统是对环境无污染、传动介质不回收、传动介质可压缩、只有动力单回路输出的传动控制系统。液压源一般应用于工作压力大于1MPa的中高压系统，液压系统工作平稳、反应快、冲击小、可实现频繁启动制动过程、输出较大的力和转矩，其传动介质具有不可压缩性并形成高压输出和低压回流的循环回路，是密闭的传动系统。

6.1 液压源的结构组成

液压源提供液压能，是将常压液体转换成压力液体的装置。

液压源主要由液压泵、压力表、溢流阀、回油过滤器、冷却器、吸油过滤器、单向阀、温度检测、空气过滤器、加热器、液位检测、油箱等组成，如图6-1所示。

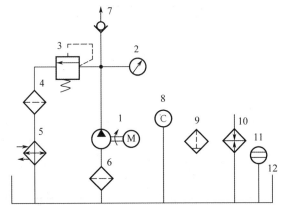

1—液压泵；2—压力表；3—溢流阀；4—回油过滤器；5—冷却器；6—吸油过滤器；
7—单向阀；8—温度检测；9—空气过滤器；10—加热器；11—液位检测；12—油箱。

图6-1 液压源的组成

液压源的主要指标是压力液体的压力、流量、温度。在选择液压源时，要求液压源的压力和流量大于设备系统工作时所需要的最高压力和瞬时最大流量。应按照系统要求对液压源的液压泵进行合理配置和选择，首先根据运行工况、功率大小和工作性能确定液压泵的类型，然后按系统所要求的压力、流量大小确定其规格型号。工作温度是传递介质的重要指标，当工作温度超过60℃时液压油会加速老化变质，容易造成液压管路结垢或堵塞，影响系统正常工作，一般液压源的介质工作温度应控制在50℃以下，超过50℃时应加装冷却器。

6.1.1 液压泵的分类

在液压控制系统中，液压泵可将电机或内燃机等原动机输出的机械能转换为系统工作液体的压力能，是液压源中的动力元件，主要提供符合系统流量和压力等工作要求的油、水、乳化液等液体压力介质，是液压控制系统不可缺少的核心元件。

液压泵必须具有周期变化的密封容腔和压力单向配流装置才能正常工作。满足这两个条件就能形成具有液体压差 I/O 端的各种泵。对液压泵来说，原动机带动泵旋转，使泵的密封容腔发生变化，并用配流装置使密封容腔产生高压液、低压吸液腔轮流与输液管路、回流液箱单向导通。对动力元件来说，最重要的结构参数是压力和流量。不同类型的泵具有不同的额定压力和输出流量。在运转过程中，泵的工作压力和流量是随外界负载变化的。

液压泵的分类方式很多，它可按压力的大小分为低压泵、中压泵和高压泵；也可按流量是否可调节分为定量泵和变量泵；还可按泵的结构分为齿轮泵、叶片泵、柱塞泵和螺杆泵。其中，螺杆泵多用于低压系统，齿轮泵和叶片泵多用于中压系统、低压系统，柱塞泵多用于高压系统。液压泵的图形符号如图 6-2 所示。

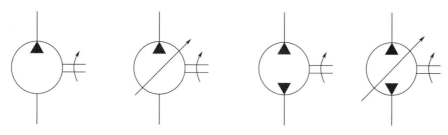

(a) 单向定量液压泵　　(b) 单向变量液压泵　　(c) 双向定量液压泵　　(d) 双向变量液压泵

图 6-2　液压泵的图形符号

6.1.2 液压泵的主要性能和参数

液压泵的主要性能和参数围绕输出压力和流量的状态进行评价。

1. 压力

1）工作压力

液压泵实际工作时的输出压力值称为工作压力。工作压力的大小与外接负载的大小和输液管路上压力损失的大小有关，与液压泵的流量无关。

2）额定压力

液压泵在正常工作条件下，按试验标准规定（额定负载条件下）可连续运转的最高压力值称为液压泵的额定压力。

3）最高允许压力

在超过额定压力的条件下，根据试验标准规定，允许液压泵短暂运行的最高压力值称为液压泵的最高允许压力。

2．排量和流量

1）排量 V

液压泵每转一周，按其密封容腔几何尺寸变化量的计算得到的排出液体的体积，称为液压泵的排量。排量可调节的液压泵称为变量泵；排量为常量的液压泵称为定量泵。

2）理论流量 q_i

理论流量是指在不考虑液压泵泄漏流量的情况下，其单位时间内所排出的液体体积的平均值。如果液压泵的排量为 V，其主轴转速为 n，则该液压泵的理论流量 q_i 为

$$q_i = Vn \tag{6-1}$$

式中，V 为泵的排量（L/r）；n 为转速（r/min）。

3）实际流量 q

液压泵在某一具体工况下，单位时间内排出的液体体积称为实际流量，它等于理论流量 q_i 减去泄漏流量 Δq，即

$$q = q_i - \Delta q \tag{6-2}$$

4）额定流量 q_n

液压泵在正常额定工作条件下，按试验标准规定（额定压力和额定转速条件下）必须保证的输出流量称为额定流量。

3．功率和效率

1）液压泵的功率损失

液压泵的功率损失包括容积损失和机械损失两部分。

（1）容积损失

容积损失是指液压泵在流量上的损失，液压泵的实际输出流量总是小于其理论流量，主要由于液压泵内部高压腔的泄漏，在液体压缩过程中的压缩阻力大，在吸油过程中的吸油阻力大、温度低等原因造成液体黏度大，以及液压泵转速太高等原因导致液体不能全部充满密封容腔，最终使输出流量减少。液压泵的容积损失用容积效率来表示，它等于液压泵的实际输出流量 q 与其理论流量 q_i 之比，即

$$\eta_i = \frac{q}{q_i} = \frac{q_i - \Delta q}{q_i} = 1 - \frac{\Delta q}{q_i} \tag{6-3}$$

因此液压泵的实际输出流量 q 为

$$q = q_i \eta_i = Vn\eta_i \tag{6-4}$$

式中，V 为液压泵的排量（L/r）；n 为液压泵的转速（r/min）。

液压泵的容积效率与液压泵的结构类型有关，液压泵结构不同其容积效率不同，容积效率随着液压泵工作压力的增大而增大，但始终小于 1。

（2）机械损失

机械损失是指液压泵在转矩上的损失。液压泵的实际输入转矩 T_0 总是大于理论上所需要的转矩 T_i，其主要原因是液压泵内各相对运动部件之间会因机械摩擦引起摩擦转矩损失，同时液体的黏性也会引起摩擦损失。液压泵的机械损失用机械效率表示，它等于液压

泵的理论转矩 T_i 与实际输入转矩 T_o 之比，设转矩损失为 ΔT，则液压泵的机械效率为

$$\eta_m = \frac{T_i}{T_o} = \frac{1}{1 + \dfrac{\Delta T}{T_i}} \tag{6-5}$$

2）液压泵的功率

（1）输入功率 P_i

液压泵的输入功率是指作用在液压泵主轴上的机械功率，当输入转矩为 T_o，角速度为 ω 时，有

$$P_i = T_o \omega \tag{6-6}$$

（2）输出功率 P_o

液压泵的输出功率是指液压泵在工作过程中的实际吸、压油口间的压差 Δp 和输出流量 q 的乘积，即

$$P_o = \Delta p q \tag{6-7}$$

式中，Δp 为液压泵吸、压油口之间的压差（N/m^2）；q 为液压泵的实际输出流量（m^3/s）；P_o 为液压泵的输出功率（$N \cdot m/s$ 或 W）。

在实际系统的计算中，若油箱与大气连通，液压泵吸、压油的压差为液压泵出口压力 p。

3）液压泵的总效率

液压泵的总效率是指液压泵的实际输出功率与其输入功率的比值，即

$$\eta = \frac{P_o}{P_i} = \eta_i \eta_m \tag{6-8}$$

由此可知，液压泵的总效率等于其容积效率与机械效率的乘积，所以液压泵的输入功率也可写成

$$P_i = \frac{\Delta p q}{\eta} \tag{6-9}$$

图 6-3 所示为液压泵各主要参数相关曲线。

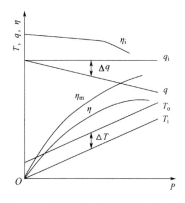

图6-3 液压泵各主要参数相关曲线

使用时要注意泵的各种效率。其中，容积效率反映泄漏的影响，机械效率反映摩擦损失的影响，而总效率则为这两种效率的乘积。容积效率影响泵的实际流量，机械效率影响泵的输入转矩。效率是输出和输入之比。

6.1.3　齿轮泵

齿轮泵是液压系统中广泛使用的一种液压泵，一般做成流量恒定的定量泵，按传动结构的不同，齿轮泵分为两齿轮旋转运动方向相反的外啮合齿轮泵和两齿轮旋转运动方向相同的内啮合齿轮泵。由于外啮合齿轮泵具有结构简单紧凑、容易制造、成本低、对油液污染不敏感、工作可靠、维护方便、寿命长等优点，外啮合齿轮泵广泛应用于各种低压系统中，是应用相当广泛的液压泵。随着制造业的发展和齿轮泵结构上的不断完善，中、高压齿轮泵得到了发展和应用。目前高压齿轮泵的工作压力为 14～21MPa。

1．齿轮泵的工作原理

以外啮合齿轮泵为例介绍齿轮泵的工作原理。

1）工作原理

外啮合齿轮泵工作原理如图 6-4 所示。外啮合齿轮泵由壳体、对齿轮、齿轮轴、端盖、进口、出口等组成，对齿轮两侧由端盖罩住，壳体、端盖和对齿轮的各个齿间槽组成了许多密封工作腔。其工作过程包括吸油和压油两个环节。

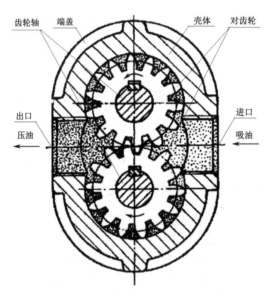

图 6-4　外啮合齿轮泵工作原理

（1）吸油

如图 6-4 所示，当齿轮按图中标示方向旋转时，在右侧进口的吸油腔由于相互啮合的齿轮逐渐脱开，两齿根部的齿尖密封工作腔容积逐渐增大，形成部分真空，当齿尖打开时，该侧的压力降低，油箱中的油液在外界大气压力的作用下，经吸油管进入吸油腔，将齿间槽充满，并随着两齿轮旋转，在壳体和两侧端盖的密封作用下，脱离进口的各个齿间形成独立的密封载液空间，齿间把油液带到左侧的压油腔。

（2）压油

在出口的压油区一侧，由于齿轮在这里逐渐进入啮合，因此密封工作腔容积不断减小，油液被挤压出去，从压油腔通过出口输送到压油管路中。

在啮合点处的齿面接触线起着隔离出口和进口两高低压油腔的作用。

2）外啮合齿轮泵运转时的泄漏

（1）泄漏原因

在外啮合齿轮泵隔离进出口高低压油腔的两个齿轮的中间啮合处、齿顶与齿轮壳内壁之间，以及两齿轮端面与两边侧板之间这三个密封部位，由于存在配合精度和运动间隙，因此油液在运动过程中会有泄漏。当泵体内部的工作压力增加时，其两边侧板的挠度会增加，两齿轮端面与两边侧板之间的间隙增加，使泄漏随压力增加而严重，这也是外啮合齿轮泵不适合作为高压泵的主要原因。

（2）解决泄漏方法

为解决外啮合齿轮泵的泄漏问题，提高压力，可减小其轴向间隙，增加侧板强度以及改善浮动侧板结构，使固定侧板式齿轮泵的最高工作压力长期为 7～10MPa；而浮动侧板式齿轮泵由于侧板在高压时被往内推，减少了高压时的泄漏，其最高工作压力为 14～17MPa。

3）困油现象

油液在渐开线齿轮泵运转过程中，因齿轮相交处的封闭体积随时间变化而变化，且油液具有一定黏度，因此常有一部分油液被封闭在齿间，我们称之为困油现象，如图 6-5 所示。

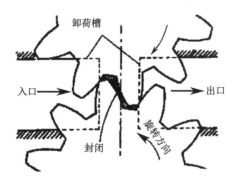

图 6-5 困油现象

4）噪声问题

由于液体的不可压缩性，外接齿轮泵在运转过程中会产生极大的振动和噪声，因此必须在侧板上开设卸荷槽，使侧向有油液泄放循环通道，减小其挤压冲击压力，从而抑制相对较大的振动和噪声。

2．齿轮泵的结构和种类

齿轮泵的种类很多，按啮合形式可分为外啮合式齿轮泵和内啮合式齿轮泵；按齿形曲线形式可分为渐开线式齿轮泵和摆线式齿轮泵；按接触齿面方式可分为直齿式齿轮泵、斜齿式齿轮泵、人字齿式齿轮泵；按内部结构可分为无侧板式齿轮泵、浮动侧板式齿轮泵和浮动轴套式齿轮泵。不同种类的齿轮泵外形大致相同，而内部结构各异。

以图 6-6 所示的外啮合齿轮泵为例，说明齿轮泵结构。它是无侧板式（CB-B 式）齿轮泵，为分离三片式结构，三片是指泵体 7 和前、后泵盖 4、8，其结构简单，不能承受较高的压力。泵体内装有一对齿数相等且相互啮合的齿轮 6，长轴（主动）10 与短轴（从动）1 通过键与齿轮 6 连接，两根轴借助滚针轴承 2 支撑在前、后泵盖 4、8 中。前、后泵盖与泵体用两个定位销 11 定位，用 6 个螺钉 5 连接并压紧。为了使齿轮灵活地转动，同时使泄漏量最小，在齿轮端面和前、后泵盖之间有适量间隙。为了防止泵内油液外泄同时减轻螺钉的拉力，在泵体的两端面开有封油卸荷槽 d，此槽与吸油口相通，泄漏油由此槽流回吸油口。另外，在前后端盖中的轴承处也钻有泄漏油孔 a，使轴承处泄漏油液经短轴中心通孔 b 及通道 c 流回吸油腔。

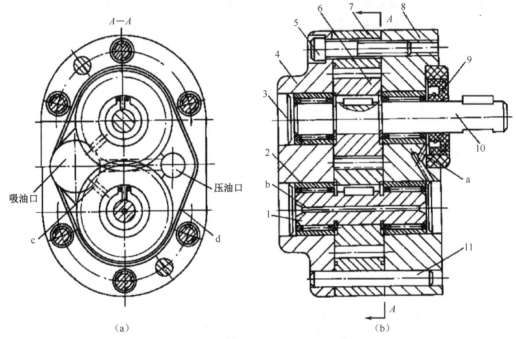

1—短轴；2—滚针轴承；3—油堵；4、8—前、后泵盖；5—螺钉；6—齿轮；
7—泵体；9—密封圈；10—长轴；11—定位销。

图 6-6　外啮合齿轮泵

6.1.4　叶片泵

叶片泵主要有单作用叶片泵和双作用叶片泵两种。

1. 单作用叶片泵

1）工作原理

图 6-7 所示为单作用叶片泵工作原理。单作用叶片泵由转子 1、定子 2、叶片 3 和两侧端盖等组成。定子具有圆柱形内表面，定子和转子间有一定的偏心距。叶片装在转子槽中，并可在槽内滑动，当转子回转时，由于离心力的作用，叶片紧靠在定子内壁，这样在

定子、转子、叶片和两侧配油盘间就形成若干个密封的工作空间。当转子按图示的方向回转时，按象限划分，在图右部的Ⅰ象限和Ⅳ象限为吸油侧，在图左部的Ⅱ象限和Ⅲ象限为压油侧，当叶片由Ⅳ象限逆时针向Ⅰ象限旋转时，叶片逐渐伸出，叶片间的工作空间逐渐增大，由于真空的作用，该侧压力降低，从吸油口吸油。在图的左部，叶片被定子内壁逐渐压进槽内，工作空间逐渐缩小，将油液从压油口压出。配油盘的作用是将低压油液引入吸油侧，将压油侧的高压油液排出，且在吸油腔和压油腔之间设有一封油区，把吸油腔和压油腔隔开。转子每转一周，叶片间的每个工作空间完成一次吸油和压油，因此这种泵称为单作用叶片泵。转子不停地旋转，单作用叶片泵就不断地吸油和压油。

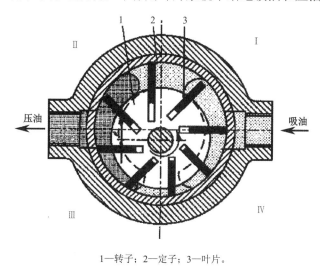

1—转子；2—定子；3—叶片。

图 6-7　单作用叶片泵工作原理

改变转子与定子间的偏心距即可增加叶片的出槽长度，从而改变泵的流量，偏心距越大，流量越大，若转子与定子几乎同心，则流量接近于零。因此单作用叶片泵大多为变量泵。

2）单作用叶片泵的特点与要求

① 改变定子和转子之间的偏心距便可改变流量。偏心反向时，吸油和压油方向也反向。

② 处在压油腔的叶片顶部受到油液的作用，该作用把叶片推入转子槽内，为了使叶片顶部可靠地和定子内表面接触，压油腔一侧的叶片底部通过特殊的沟槽和压油腔相通。吸油腔一侧的叶片底部和吸油腔相通，这里的叶片仅靠离心力的作用顶在定子内表面上。为了有利于叶片在惯性力作用下向外伸出，使叶片有一个与旋转方向相反的倾斜角（后倾角，一般为 24°），转子叶槽倾斜，叶片有倒角。叶片在叶槽中的间隙加工要合理，太大会使泄漏增加，太小则叶片不能自由伸缩，导致工作失常。

③ 单作用叶片泵的轴向间隙对容积效率 η_i 影响很大。一般小型泵的轴向间隙为-0.015～0.03mm；中型泵的轴向间隙为-0.02～0.045mm。

④ 单作用叶片泵的转向改变，则其吸油和压油的方向也改变，单作用叶片泵大都有规定的转向，不允许逆转。可逆转的单作用叶片泵必须专门设计。

⑤ 配油盘与定子用定位销正确定位，叶片、转子、配油盘都不得装反，定子内表面

吸入区部分最易磨损，必要时可将其翻转安装，使原吸入区变为排出区继续使用。

⑥ 油液的温度一般不宜超过 55℃，黏度要求为 17~37mm²/s。黏度太大则吸油困难；黏度太小则泄漏严重。

⑦ 由于转子受到不平衡的径向液压作用力，所以这种单作用叶片泵一般不适用于高压变量泵而适用于中低压变量泵，可采用限压保护方式，当负荷小时，输出流量大，负载可快速移动；当负荷增大时，输出流量变小，输出压力增加，负载速度降低。如此可减少能量消耗，避免油温上升。

⑧ 单作用叶片泵具有和叶片马达相同的基本结构及工作原理，单作用叶片泵输出的是压力介质，出口是高压区，转子转速高、扭矩小，属于动力元件；而叶片马达输出的是转矩，入口是高压区，转子转速低、扭矩大，属于执行元件。两者的润滑方式和轴结构等都有一定的区别。

2．双作用叶片泵

1）工作原理

图 6-8 所示为双作用叶片泵工作原理，双作用叶片泵由转子 1、定子 2、叶片 3 和配油盘（图中未画出）等组成。转子和定子中心重合，定子内表面近似为椭圆柱形，该近似椭圆柱形由两段大圆弧、两段小圆弧和四段过渡曲线组成，图 6-9 所示为双作用叶片泵定子的过渡曲线。

当转子按图 6-8 所示方向运转时，叶片在离心力和根部（通过减压后的底部特殊的沟槽）油液的作用下，在转子槽内沿径向移动并压向定子内表面，使叶片、定子内表面、转子外表面和两侧配油盘之间形成若干个密封空间，这种结构作用方式和单作用叶片泵相同。旋转过程中，在小圆弧上的密封空间经过渡曲线运动到大圆弧时，叶片逐渐外伸，密封空间容积逐渐增大，由于真空作用，其压力降低，吸入油液；在大圆弧上的密封空间经过渡曲线运动到小圆弧时，叶片被定子内壁逐渐压进槽内，密封空间容积逐渐变小，油液从压油口压出。转子每转一周，每个工作空间要完成两次吸油和压油，因此这种泵称为双作用叶片泵。由于双作用叶片泵具有两个吸油腔和两个压油腔，且各自的中心夹角是对称的，所以作用在转子上的油液压力相互平衡，因此双作用叶片泵又称为卸荷式叶片泵，为了使径向力完全平衡，密封空间数（叶片数）应当是偶数（对称）。

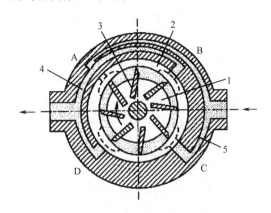

图 6-8 双作用叶片泵工作原理

2）双作用叶片泵的特点

（1）配油盘

双作用叶片泵的配油盘经进液通道 5 与盘上两个吸油窗口 A 和 C 连通，经出液通道 4 与盘上两个压油窗口 B 和 D 连通；窗口之间为封油区，通常封油区对应的中心角稍大于或等于两个叶片之间的夹角，否则会使吸油腔和压油腔连通，造成泄漏；当两个叶片间密封油液从吸油区过渡到封油区时，其压力基本上与吸油压力相同，但当转子再继续旋转一个微小角度时，该密封腔突然与压油腔相通，油液压力突然升高，油液容积突然减小，此时，压油腔中的油液会倒流进该密封腔，液压泵的瞬时流量突然减小，引起液压泵的流量脉动、压力脉动和噪声，为此，在配油盘的压油窗口靠叶片从封油区进入压油区的一边开有一个截面形状为三角形的三角槽（又称眉毛槽），使两叶片之间封闭的油液在未进入压油区之前就通过该三角槽与油液相连，油液压力逐渐上升，减少了流量和压力脉动并降低了噪声。转子叶片底部有沟槽，在相应区域分别与吸油腔和压油腔连通。

（2）定子曲线

定子曲线是由四段圆弧和四段过渡曲线组成的。过渡曲线应保证叶片紧贴在定子内表面上，保证叶片在转子槽中径向运动时速度和加速度的变化均匀，使叶片对定子的内表面的冲击尽可能小。

过渡曲线如采用阿基米德螺旋线，则理论上叶片泵的流量没有脉动，但由于叶片在大圆弧、小圆弧和过渡曲线的连接点处产生很大的径向加速度，因此对定子产生冲击，造成连接点处磨损严重，并引发噪声。为改善这种情况，需要在连接点处用小圆弧进行修正，新型泵一般采用"等加速-等减速"曲线进行过渡，如图 6-9 所示。

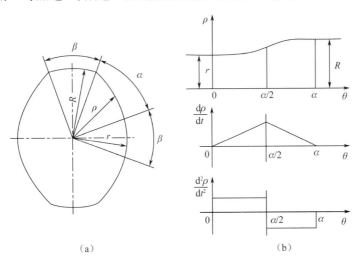

图 6-9　双作用叶片泵定子的过渡曲线

图 6-9（a）为定子内表面形状，图 6-9（b）从上到下分别为圆弧和过渡曲线连接点的平滑过渡曲线形式、径向"等加速-等减速"曲线形式、径向"加速度-减速度"曲线形式的示意图。根据有关资料，这种曲线的极坐标方程（仅供参考）为

$$\rho = r + \frac{2(R-r)}{\alpha^2}\theta^2, \quad 0 < \theta < \alpha/2 \tag{6-10}$$

$$\rho = 2r - R + \frac{4(R-r)}{\alpha^2}\left(\theta - \frac{\theta^2}{2\alpha}\right), \quad \alpha/2 < \theta < \alpha \qquad (6\text{-}11)$$

由式（6-10）和（6-11）可求出叶片的径向速度 $\mathrm{d}\rho/\mathrm{d}t$ 和径向加速度 $\mathrm{d}^2\rho/\mathrm{d}t^2$，可知：当 $0 < \theta < \alpha/2$ 时，叶片的径向加速度为等加速度，当 $\alpha/2 < \theta < \alpha$ 时，叶片的径向加速度为等减速度。由于叶片的速度变化均匀，大多时间不会对定子内表面产生很大的冲击，但是，在 $\theta = 0$、$\theta = \alpha/2$ 和 $\theta = \alpha$ 处，叶片的径向加速度仍有突变，会对定子内表面产生一些冲击。

（3）叶片的倾角

叶片在工作过程中，受离心力和叶片根部油液的作用，叶片和定子紧密接触。当叶片转至压油区时，定子内表面会将叶片推向转子中心，它的工作情况和凸轮相似，叶片与定子内表面接触形成一压力角，且该压力角大小是变化的，其变化规律与叶片径向速度变化规律相同，即从零逐渐增加到最大，又从最大逐渐减小到零，因而在双作用叶片泵中，将叶片顺着转子回转方向前倾一个角度，以减小所受的侧向力，一般双作用叶片泵叶片倾角为 $10° \sim 14°$。

6.1.5 柱塞泵

柱塞泵通过柱塞在液压缸内往复运动来实现吸油和压油。与齿轮泵和叶片泵相比，柱塞泵能以较小的尺寸和较小的质量提供压力相对较大的介质，是一种高效率液压泵，主要用于高压、大流量、大功率的场合。柱塞泵包括径向柱塞泵和轴向柱塞泵。

1. 径向柱塞泵

径向柱塞泵包括阀配流式径向柱塞泵和轴配流式径向柱塞泵两种，图 6-10 所示为阀配流式径向柱塞泵结构原理图。阀配流式径向柱塞泵主要由缸筒、柱塞、弹簧、偏心轮、吸油单向阀和排油单向阀组成，利用偏心轮 1 或凸轮偏心半径的径向行程变化和作用实现缸筒和柱塞的往复运动，其工作过程包括吸油过程和压油过程。

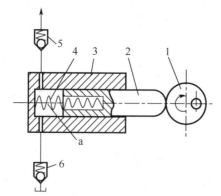

1—偏心轮；2—柱塞；3—缸筒；4—弹簧；5、6—单向阀。

图 6-10　阀配流式径向柱塞泵结构原理图

1）吸油过程

柱塞 2 装在缸筒 3 中形成一个密封腔 a，柱塞在弹簧 4 的作用下始终紧压在偏心轮 1

上。原动机驱动偏心轮 1 旋转使柱塞 2 往复运动，进而使腔 a 的大小发生周期性的交替变化。当腔 a 的容积由小变大时，由于腔内形成真空，油箱中油液在大气压作用下，经吸油管顶开单向阀 6 进入腔 a 中，实现吸油过程。

2）压油过程

当腔 a 的容积由大变小时，腔 a 中吸满的油液在压力作用下，顶开单向阀 5 并作为动力源流入系统，实现压油过程。

原动机驱动偏心轮不断旋转，液压泵就会不断地吸油和压油，这样液压泵就将原动机输入的机械能转换成液体的压力能，压力介质驱动系统做功，做功后的介质经换向回流到油箱成为低压介质，从而形成循环工作过程。由于这种泵依靠密封工作腔的容积变化来实现吸油过程和压油过程，因此称之为容积式泵。

图 6-11 所示为轴配流式径向柱塞泵结构原理图。轴配流式径向柱塞泵主要由定子、转子、柱塞、配流轴等组成。当转子转动时，由于转子和定子偏心安装，在离心力的作用下，柱塞会紧贴定子内壁并在周期内呈往复运动行程。当转子顺时针转动时，在上半个周期柱塞逐渐伸出，柱塞与转子形成的径向容积在真空的作用下通过轴进油孔及上腔实现吸油；在下半个周期伸出的柱塞被定子内壁逐渐压进，径向容积中的油液在柱塞压力的作用下通过轴压油孔及下腔实现压油。配流轴静止不动。改变转子旋转方向或偏心量方向，则轴配流式径向柱塞泵的吸、压油方向改变。轴配流式径向柱塞泵可做成单向或双向变量泵，其流量与偏心距有关。

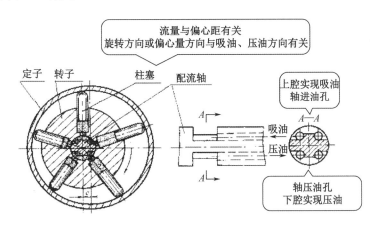

图 6-11　轴配流式径向柱塞泵结构原理图

2．轴向柱塞泵

轴向柱塞泵包括直轴式轴向柱塞泵和斜盘式轴向柱塞泵。

图 6-12 所示为斜盘式轴向柱塞泵结构原理图。斜盘式轴向柱塞泵主要由缸筒 1、配油盘 2、柱塞 3 和斜盘 4 等组成。柱塞沿圆周均匀分布在缸筒内。斜盘轴线与缸筒轴线倾斜一角度，柱塞靠机械装置或在低压油液作用下紧压在斜盘上（图中为弹簧），配油盘 2 和斜盘 4 固定不转，当原动机通过传动轴使缸筒转动时，由于斜盘的作用，柱塞在缸筒内往复运动，并通过配油盘的配油窗口进行吸油和压油。

图 6-12 所示的回转方向中，当缸筒转角在 $\pi/2 \sim -\pi/2$ 时，柱塞向外伸出，柱塞底部缸

孔的密封工作腔容积增大，通过配油盘的吸油窗口吸油；当缸筒转角在-π/2～π/2 时，柱塞被斜盘推入缸筒，缸孔的密封工作腔容积减小，通过配油盘的压油窗口压油。缸筒每转一周，每个柱塞各完成吸油、压油一次，如改变斜盘倾角，就能改变柱塞行程的长度，即改变液压泵的排量，改变斜盘倾角方向，就能改变吸油和压油的方向，成为双向变量泵。

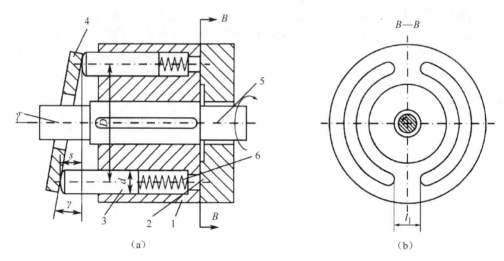

（a） （b）

1—缸筒；2—配油盘；3—柱塞；4—斜盘；5—传动轴；6—弹簧。

图 6-12 斜盘式轴向柱塞泵结构原理图

由于柱塞泵是依靠密封工作腔的容积变化来实现吸油和压油的，因而称之为容积式液压泵。容积式液压泵的流量大小取决于密封工作腔的容积变化的大小和次数。若不计泄漏，则流量与压力无关。

3．容积式液压泵的特点

① 容积式液压泵具有若干个密封且可以周期性变化的工作腔，其输出流量与此腔的容积变化量和单位时间内的变化次数成正比，与其他因素无关。

② 油箱内液体的绝对压力必须恒等于或大于大气压力。这是容积式液压泵能够吸入油液的外部条件。因此，油箱必须与大气相通或采用密闭的充压油箱。

③ 不同结构原理（种类）的容积式液压泵具有不同的配流机构，要将吸油腔和排油腔隔开，保证其有规律地、连续地吸排液体。

④ 容积式液压泵中吸油腔的压力取决于吸油高度和吸油管路的阻力，吸油高度过高或吸油管路阻力过大时，会使吸油腔真空度过高而影响液压泵的输出能力。压油腔的压力取决于外负载和排油管路的压力损失，从理论上讲排油压力与液压泵的流量无关。

⑤ 容积式液压泵排油的理论流量取决于液压泵的有关几何尺寸和转速，与排油压力无关。但排油压力会影响其内泄漏和油液的压缩量，从而影响其实际输出流量，所以容积式液压泵的实际输出流量随排油压力的升高而降低。

6.1.6 螺杆泵

螺杆泵是一种依靠泵体与螺杆所形成的啮合腔容积变化和移动来输送油液或使之增压的回转泵。螺杆泵按螺杆数目分为单螺杆泵、双螺杆泵和三螺杆泵等。

图 6-13 所示为双螺杆泵结构原理图，两螺杆中间啮合部位为密封结构，因此螺杆中间啮合密封、螺杆、泵体可形成密封腔，当主动螺杆转动时，与其啮合的从动螺杆一起转动，油液吸入口一端的螺杆啮合腔容积逐渐增大，由于真空作用其压力降低，实现吸油。而另一端的螺杆啮合腔容积逐渐减小，实现对油液增压，成为压力油液的排出口。因此油液在压差作用下进入啮合腔，当容积增至最大而形成一个密封腔时，液体就在一个个密封腔内连续地沿轴向移动至另一端的排出腔。螺杆泵的工作原理与齿轮泵相似，只是在结构上用螺杆取代了齿轮。

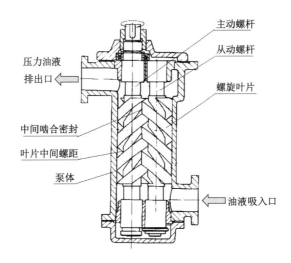

图 6-13 双螺杆泵结构原理图

螺杆泵的流量和压力脉冲很小，噪声和振动也相对较小，有自吸能力。螺杆泵因转速变化可实现变量输送、方向变化（进出口可逆转），并能输送含固体颗粒的液体，因此在污水处理厂中，其广泛地应用于输送水、湿污泥和絮凝剂药液等方面。

6.1.7 液压泵类型及电机参数的选择

液压泵是为液压系统提供一定流量和压力的油液动力元件，它是每个液压系统不可缺少的核心元件，合理选择液压泵对于降低液压系统的能耗、提高系统的效率、减小噪声、改善工作性能和保证系统可靠工作是十分重要的。

1. 液压泵的选型原则

液压泵要根据主机工况、功率大小和系统对工作性能的要求进行选择，首先确定液压泵的类型，然后按系统所要求的压力、流量大小确定其规格型号。表 6-1 列出了液压系统中常用液压泵的主要性能，这也是液压泵的定性选型原则。

表 6-1　液压系统中常用液压泵的主要性能

性　　能	外啮合齿轮泵	双作用叶片泵	限压式变量叶片泵	径向柱塞泵	轴向柱塞泵	螺杆泵
输出压力	低压	中压	中压	高压	高压	低压
流量调节	不能	不能	能	能	能	不能
效率	低	较高	较高	高	高	较高
输出流量脉动	很大	很小	一般	一般	一般	非常小
自吸特性	好	较差	较差	差	差	好
对油的污染敏感性	不敏感	较敏感	较敏感	很敏感	很敏感	不敏感
噪声	大	小	较大	大	大	非常小

　　每种泵都有其特点和合理的使用范围，必须根据具体要求，全面权衡利弊来选择。一般在机床液压系统中往往选用双作用叶片泵和限压式变量叶片泵；在筑路机械、港口机械及小型工程机械中往往选择抗污染能力较强的外啮合齿轮泵；在负载大、功率大的场合往往选择柱塞泵。

2．液压泵的规格确定

　　液压泵的选择通常是先根据液压泵的性能要求来确定液压泵的类型，再根据液压泵所需提供的压力和流量来确定它的具体规格。

　　液压泵的工作压力是根据执行元件的最大工作压力决定的，考虑到各种压力损失，泵的最大工作压力 $p_泵$ 应按式（6-12）确定。

$$p_泵 \geqslant k_压 p_缸 \tag{6-12}$$

式中，$p_泵$ 表示液压泵所需提供的最大工作压力（Pa）；$k_压$ 表示系统中压力损失系数，一般取 1.3～1.5；$p_缸$ 表示液压缸中所需的最大工作压力（Pa）。

　　液压泵的输出流量取决于系统所需最大流量及泄漏量，即

$$q_泵 \geqslant k_流 q_缸 \tag{6-13}$$

式中，$q_泵$ 表示液压泵所需输出的流量（m³/min）；$k_流$ 表示系统的泄漏系数，一般取 1.1～1.3；$q_缸$ 表示液压缸所需提供的最大流量（m³/min）。若多液压缸同时动作，$q_缸$ 为同时动作的几个液压缸所需的最大流量之和。

　　在求出 $p_泵$、$q_泵$ 以后，就可具体选择液压泵的规格。选择液压泵时应使实际选用泵的额定压力大于所求出的 $p_泵$ 值，通常应比 $p_泵$ 值大 25%。液压泵的额定流量一般选择略大于或等于所求出的 $q_泵$ 值即可。

3．电机参数的选择

　　液压泵是由电机驱动的，可根据液压泵的功率计算出电机所需的功率，再考虑液压泵的转速，然后从样本中合理地选择标准的电机。

　　驱动液压泵所需的电机功率可按式（6-14）进行计算。

$$p_M = \frac{p_泵 q_泵}{60\eta} \tag{6-14}$$

式中，p_M 表示电机所需的功率（kW）；$p_泵$ 表示液压泵所需的最大工作压力（MPa）；$q_泵$ 表

示液压泵所需的最大流量（L/min）；η 表示液压泵的总效率。

各种液压泵的总效率如下。

① 齿轮泵效率为 0.6～0.7。

② 叶片泵效率为 0.6～0.75。

③ 柱塞泵效率为 0.8～0.85。

6.1.8　蓄能器

蓄能器是液压系统中的储能元件，它能储存液压系统中多余的油液，并在需要时向液压系统进行释放。

1．蓄能器的类型和结构

蓄能器有重力式蓄能器、弹簧式蓄能器和充气式蓄能器三类，常用的是充气式蓄能器，它又可分为活塞式蓄能器、气囊式蓄能器和隔膜式蓄能器三种。

1）活塞式蓄能器

活塞式蓄能器如图 6-14（a）所示，其利用在缸筒 2 中浮动的活塞 1 把缸分成液压油腔和气体腔。这种蓄能器的活塞上装有密封圈，活塞的凹部面向气体腔，压油口 4 与系统连接，气体口 3 与储气罐连接。当系统压力升高，下部油液进入时，活塞上移，气体压缩；当系统压力降低，压缩气体膨胀时，活塞下移，油液顶入系统。这种蓄能器的结构简单，易于安装，维修方便，但是不能完全解决活塞的密封问题，有压气体容易进入液压系统中，而且由于活塞的惯性和密封件的摩擦力，活塞动作不灵敏。活塞式蓄能器的最高工作压力一般为 17MPa，总容量为 1～39L，温度适用范围为-4～+80℃。

活塞上的气体可以换成重物或弹簧。

如果把活塞换成隔膜并固定在缸筒上，油液进入后，弹性隔膜向上充涨，进入的油液始终处在隔膜的弹性压力下，并具有压力降低就释放的特点。

2）气囊式蓄能器

气囊式蓄能器如图 6-14（b）所示，它由壳体 1、气囊 2、充气阀 3、限位阀 4 等组成。工作前，充气阀向气囊充入一定压力的气体，然后将充气阀关闭，使气体封闭在气囊内；当油液从壳体底部限位阀进入气囊外腔，气囊内气体被压缩而储存液压能。气囊式蓄能器的优点是惯性小、反应灵敏，且结构小、重量轻，一次充气后能长时间保存气体，充气也较为方便，故在液压系统中得到广泛应用。气囊式蓄能器的工作压力为 3.5～35MPa，容量为 0.6～200L，温度适用范围为-10～65℃，它和压力给水箱结构相同。

2．蓄能器的功能

① 蓄能器可作为辅助动力源。

② 蓄能器可保压和补充泄漏。

③ 蓄能器可缓和冲击，吸收压力脉动。

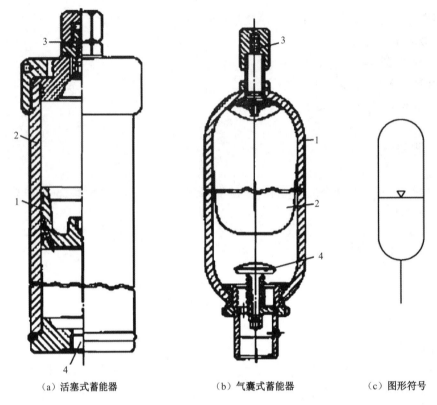

（a）活塞式蓄能器　　　　（b）气囊式蓄能器　　　　（c）图形符号

图 6-14　充气式蓄能器

3．蓄能器的安装

蓄能器在液压回路中的安放位置一般按功能作用的要求设置。当对液压冲击或压力脉动进行吸收时，蓄能器应设置在冲击源或脉动源旁边；当用于补油保压时蓄能器应尽可能接近有关的执行元件。使用蓄能器须注意如下几点。

① 充气式蓄能器中应使用化学性质稳定的气体（一般为氮气），允许工作压力视蓄能器结构形式而定。例如，气囊式蓄能器的允许工作压力为 3.5～35MPa。

② 不同的蓄能器有不同的适用工作范围。例如，气囊式蓄能器的气囊强度不高，不能承受很大的压力波动，且只能在-10～65℃的温度范围工作。

③ 气囊式蓄能器原则上应垂直安装（油口向下），只有在空间位置受限制时才允许倾斜或水平安装。

④ 装在管路上的蓄能器须用支板或支架固定。

⑤ 蓄能器与管路系统之间应安装截止阀，供充气或检修时使用。蓄能器与液压泵之间应安装单向阀，防止液压泵停车时蓄能器内储存的油液倒流。

6.1.9　油箱

油箱主要用于为液压系统提供符合工作要求的低压油液，并对工作过程中的回流油液进行工作前的简单处理，避免油液因杂质、油温等因素影响系统工作。

1. 功能

油箱的功用主要是储存油液，并对系统开始工作前的油液进行恒温（低温加热，高温散热）处理；对做功后的升温回流油液进行降温处理，利用油液的降温降压过程释放出混在油液中的气体，利用油液的相对静止过程沉淀油液中的杂质等污染物质。

2. 结构

图 6-15 所示为油箱的典型结构。油箱内部用隔板 7、9 将吸油管 1 与回油管 4 隔开，吸油管入口加装滤油器以防止异物进入。顶部注油器盖 3 的油液进口的下部装有滤油网 2，液位计 6 设在侧部以利于工作人员观察油液高度，放油阀 8 设在底部最低位置以便排放污油。液压泵及其驱动电机应固定在油箱顶面的盖板 5 上，盖板 5 采用分体结构以便于拆装检修，盖板应压合紧密，防止灰尘和异物的进入。

油箱还可与主机进行整体式设计，但要具备以上功能。近年来又出现了充气式的封闭油箱，不同于图 6-15 所示的分离式油箱结构，封闭油箱是全封闭结构，顶部有一充气管，可送入 0.05~0.07MPa 的纯净压缩空气。空气或者直接与油液接触，或者被输入蓄能器的气囊，不与油液接触。这种油箱的优点是改善了液压泵的吸油条件，缺点是它要求系统中的回油管、吸油管承受背压。油箱本身还须配置安全阀、电接点压力表等元件以稳定充气压力，因此它只应用在特殊场合。

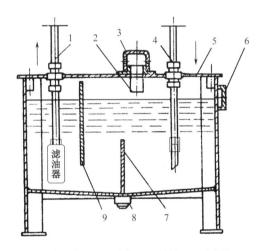

1—吸油管；2—滤油网；3—注油器盖；4—回油管；5—盖板；6—液位计；7、9—隔板；8—放油阀。

图 6-15　油箱的典型结构

3. 设计油箱时的注意事项

1）油箱的有效容积

油箱的有效容积为油面高度在油箱高度 80%时的容积，根据液压系统发热和散热平衡的原则来计算。一般油箱的有效容积可以按液压泵的额定流量 q_p（L/min）进行估算。例如适用于机床或其他一些固定式机械的油箱的有效容积估算公式为

$$V = \xi q_p \tag{6-15}$$

式中，V 为油箱的有效容积（L）；ξ 为与系统压力有关的经验数字，低压系统 ξ 为 2～4，中压系统 ξ 为 5～7，高压系统 ξ 为 10～12。

2）吸油管和回油管

吸油管吸入的油液应为洁净油液，因此吸油管入口加装滤油器，且滤油器距箱底应大于 20mm，防止吸入底部混浊油液，并防止油面最低时滤油器露出油面而吸入空气或油液表面漂浮的气泡。吸油管和回油管之间要用隔板隔开，形成两个相对独立的空间，隔板高度最好为箱内油面高度的 3/4，防止回油管回流油液时对吸油管周围油液造成扰动；回油管的管出口端应斜切 45°，且斜切口面对箱壁而不面对隔板，以增加两管之间的油液通道距离，增大出油口截面积，减慢出口处油液流速，有利于油液散热、杂质沉淀、气泡浮出，使气、液、固三态得到较好分离。当回油管的回油量很大时，宜使管出口处高出油面，并向一个带孔或不带孔的斜槽（倾角为 5°～15°）排放，油液沿槽散开，从而减慢油液流向油箱的流速并减缓回油过程对内部油液形成的冲击搅拌作用，同时快速释放油液内部压力并排走油液中空气。考虑清洗过程中滤油器的连接时，回油管可采用短接连接结构。

3）密封

为了防止油液污染，油箱上各盖板、管等接口处都要妥善密封。注油器上要加滤油网。防止油箱出现负压而设置的通气孔上须装空气滤清器。空气滤清器的容量至少应为液压泵额定流量的 2 倍。

4）恒温

要根据实际使用环境，在油箱中安装热交换器以及测温和温控等设施，避免温度低使油液黏度高或温度高使设备发热而加速油液老化变质。

5）污油排放

根据 GB/T 3766—2015，油箱底部离地至少 150mm。箱底应适当倾斜，在最低部位处设置堵塞或放油阀，箱体上注油口的近旁必须设置液位计。滤油器应便于装拆。箱内各处应便于清洗。油箱的安装位置应易于散热和便于搬移及维护保养。

6）油箱制作

油箱一般用 2.5～4mm 厚钢板焊成。箱壁越薄，散热越快，一般 100L 容量的油箱箱壁厚度取 2.5mm，400L 以下容量的油箱箱壁厚度取 3mm，400L 以上容量的油箱箱壁厚度取 6mm，箱底厚度大于箱壁，箱盖厚度应为箱壁厚度的 4 倍。大尺寸油箱要加焊角板、筋条，以增加刚性。当液压泵及其驱动电机和其他液压件都装在油箱上时，油箱顶盖要相应地加厚。

7）涂装防腐

油箱内壁应涂上耐油防锈涂料。外壁涂辐射冷却效果好的黑漆（厚度不超过 0.025mm）。铸造的油箱内壁一般只进行喷砂处理，不涂漆。

6.1.10　滤油器

滤油器的作用是对进入液压系统中的油液进行过滤，降低进入系统油液的污染度，防止油液中的杂质造成内部油液通路的堵塞而影响系统正常工作。

1．过滤精度

滤油器的过滤精度是指滤芯能够滤除的最小杂质颗粒的大小，用直径 d 表示，滤油器按精度可分为粗滤油器（$d<100\mu m$）、普通滤油器（$d<10\mu m$）、精滤油器（$d<5\mu m$）、特精滤油器（$d<1\mu m$）等。一般滤油器应能满足液压系统对过滤精度的要求，阻挡一定尺寸的杂质进入系统；滤芯应有足够强度，不会因压力而损坏；滤芯抗腐蚀性能要好，能在规定的温度下持久地工作；滤油器通流能力要大，压力损失要小；滤油器要易于清洗或更换滤芯。

2．滤油器的种类

滤油器按其滤芯材料的过滤机制可分为表面型滤油器、深度型滤油器和吸附型滤油器三种。

1）表面型滤油器

表面型滤油器整个过滤作用都是由一个几何面来实现的，其滤下的污染杂质被截留在滤芯元件靠液流上游的一面。滤芯材料具有均匀的标定小孔，可以滤除比小孔尺寸大的杂质。由于污染杂质积聚在滤芯表面，因此滤芯很容易被阻塞，要定期清洗和更换。表面型滤油器可分为编网式滤油器和线隙式滤油器等。

（1）编网式滤油器

编网式滤油器的滤芯以铜网为过滤材料，在周围开有很多孔的塑料或金属筒形骨架上包着一层或两层铜网，其过滤精度取决于铜网层数和网孔的大小。这种滤油器结构简单，通流能力大，清洗方便，但过滤精度低，一般用于液压泵的吸油口。

编网式滤油器的压力损失一般小于 0.004MPa。

（2）线隙式滤油器

线隙式滤油器用铜线或铝线密绕在筒形骨架的外部来组成滤芯，依靠丝间的微小间隙滤除混入液体的杂质。其结构简单，通流能力大，过滤精度比网式滤油器高，但不易清洗，多为回油滤油器。

线隙式滤油器的压力损失一般为 0.03～0.06MPa。

2）深度型滤油器

深度型滤油器的滤芯材料为多孔可透性材料，其内部具有曲折迂回的通道。大于表面孔径的杂质直接被截留在外表面，较小的污染杂质进入滤材内部，撞到通道壁上，由于吸附作用也能得到滤除。滤材内部曲折的通道有利于污染杂质的沉积。使用纸芯、毛毡、烧结金属、陶瓷和各种纤维制品等滤芯材料的滤油器都属于这种类型。较常见的深度型滤油器有纸质滤油器和烧结式滤油器等。

（1）纸质滤油器

纸质滤油器滤芯为平纹或波纹的酚醛树脂或木浆微孔滤纸制成的纸芯，将纸芯围绕在带孔的镀锡铁做成的骨架上，以增大强度。为增加过滤面积，纸芯一般做成折叠形。其过滤精度较高，一般用于油液的精过滤，但堵塞后无法清洗，须经常更换滤芯。

纸质滤油器的压力损失一般为 0.01～0.04MPa。

（2）烧结式滤油器

烧结式滤油器滤芯采用金属粉末烧结而成，利用颗粒间的微孔来挡住油液中的杂质。

其滤芯能承受高压，抗腐蚀性好，过滤精度高，适用于要求精过滤的高压、高温液压系统。

烧结式滤油器的压力损失一般为 0.03～0.2MPa。

3）吸附型滤油器

吸附型滤油器主要指磁性滤油器，这种滤油器的滤芯材料能把油液中的相关杂质吸附在其表面上。当含有杂质颗粒的油液经过磁性滤芯时，磁性杂质颗粒会被磁性滤芯吸附在其表面上，流出的油液则变得较为清洁。

3．滤油器的选用和安装

滤油器应根据液压系统的技术要求，按过滤精度、通流能力、工作压力、油液黏度、工作温度等条件选定其型号。

1）液压元件对油液污染物的颗粒度（直径 d）要求

不同的液压元件对油液中污染物颗粒大小的适应能力不同，见表 6-2。

表 6-2　液压元件对油液污染物的颗粒度（直径 d）要求

序　号	液压元件名称	过滤精度/μm	选用滤油器
1	齿轮泵及马达	30～50	粗或普通
2	叶片泵及马达	20～30	粗或普通
3	柱塞泵及马达	15～25	普通
4	高压柱塞泵及马达	10～15	普通
5	中低压液压阀	15～25	普通
6	高压液压阀	10～15	普通
7	高速阀、比例阀	5～10	精
8	伺服阀	3～5	精
9	精密伺服阀	≤3	特精

2）选用和安装

滤油器在液压系统中的安装位置通常有以下几种。

（1）安装在泵的吸油口

泵的吸油口一般都安装有表面型滤油器，目的是滤除较大的杂质颗粒以保护液压泵，一般选用粗精度的滤油器，此时滤油器的过滤能力应按泵流量的 2 倍以上选取，压力损失应控制在 0.01～0.035MPa，大于 0.02MPa 时应进行清洗。

（2）安装在泵的出油口

此处安装滤油器的目的是用来滤除可能侵入阀类等元件的污染物。过滤精度要求为10～15μm，一般滤油器选用普通精度，且能承受油路上的工作压力和冲击压力，压力损失应小于 0.35MPa，同时应安装安全阀以防泵过载和滤芯损坏。

（3）安装在系统的回油通路

这种安装起间接过滤作用，可在油液流入油箱前滤去污染物。因回油路压力很低，可采用滤芯强度不高的精滤油器，并允许滤油器有较大的压力损失。一般与过滤器并联安装一背压阀，当过滤器堵塞达到一定压力值时，背压阀打开。

（4）安装在分支油路或单独过滤元件之前

液压系统中除了整个系统所需的滤油器，还常常在一些分支油路或伺服阀、精密节流阀等重要元件前面单独安装一个专用的精滤油器以确保其正常工作。同时应注意的是，一般滤油器只能单向使用，即进、出口不可互换。

6.2　气源的结构组成

气源是将常压气体转换成压缩气体的装置，负责提供压缩能。气源主要由空压机、冷却器、油水分离器、储气罐等组成，如图6-16所示。由空气过滤器、减压阀、油雾器构成的组件为气动三联件，主要用于调整输出压力能的压力和流量。

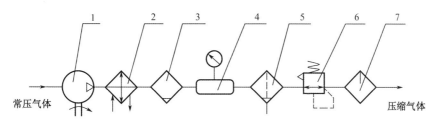

1—空压机；2—冷却器；3—油水分离器；4—储气罐；5—空气过滤器；6—减压阀；7—油雾器。

图 6-16　气源的组成

气源的主要指标是气体的压力、流量、温度。选择气源时，一定要注意气源的平均输出压力和流量要高于设备所需的压力和流量，这样才能保证气源满足使用设备的要求，当使用设备瞬时需要的压缩气体的流量较大时，要适当增大气源的输出功率，同时增大储气罐的容积或数量。储气罐可以在气源处集中增加，也可以在每个设备使用现场分散增加，分散增加的各个储气罐要满足各自现场设备对压缩气体的瞬时流量需求。气体温度关系到器件工作时是否会结露，也关系到器件的加热与散热，从而影响系统工作的可靠性。

气源的储气罐要设置安全阀，以限定系统的最高安全工作压力，一般要求各个储气罐上的安全阀压力相等。

6.2.1　空压机

空压机是空气压缩机的简称，是气源装置的动力元件，能将原动机输出的机械能转化为气体的压力能。

1. 空压机的分类

空压机的种类很多，按工作原理主要分为容积式空压机和速度式空压机两类。

1）容积式空压机

容积式空压机中气体压力的提高是由于空压机内部的工作容积被缩小，单位体积内气体的分子密度增加。容积式空压机按结构可分为活塞式空压机、膜片式空压机和螺杆式空压机等。

2）速度式空压机

速度式空压机中气体压力的提高是由于气体分子在高速流动时突然受阻而停滞，动能转化为压力能。速度式空压机按结构可分为离心式空压机和轴流式空压机等。

2．空压机的工作原理

活塞式空压机通过曲柄连杆机构使活塞往复运动实现吸气和压气的过程，从而达到提高气体压力的目的。图 6-17 所示为活塞式空压机。

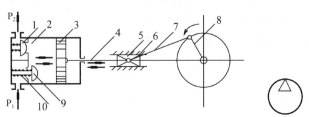

1—排气阀；2—气缸；3—活塞；4—活塞杆；5、6—十字头与滑道；
7—连杆；8—曲柄；9—吸气阀；10—弹簧。

图 6-17　活塞式空压机

1）吸气过程

活塞 3 向右运动时，左腔容积增加，压力下降，当压力低于大气压力时，排气阀 1 在压力作用下关闭，吸气阀 9 打开，气体进入气缸 2 内，实现吸气过程。

2）压缩过程

当活塞 3 向左运动时，吸气阀 9 在压力作用下关闭，缸内气体被压缩，压力升高后通过排气阀 1 压出，实现压缩过程。

当电机带动曲柄进行回转运动时，通过连杆、滑块、活塞杆推动活塞进行往复运动，并通过单向阀的作用，使空压机的缸筒容积减小时压缩气体，空压机的缸筒容积增大时缸筒充气，如此连续往复就能连续排出高压气体。

3．空压机的选择和使用

空压机要根据气动系统所需的工作压力、流量和一些特殊的工作要求进行选择。气动系统常用压力范围为 0.1～0.8MPa，可直接选用额定压力为 1MPa 的低压空压机，有特殊需要时也可选用中、高压的空压机。空压机使用时应注意以下事项。

① 空压机所用的润滑油应具有不易氧化和不易变质的特点，并定期更换，防止润滑油变质，出现"油泥"。

② 空压机的周围环境必须清洁，确保粉尘少、湿度低、通风好，以保证吸入的空气质量，同时进口加空气过滤器，并定期检查过滤器的阻塞情况。

③ 空压机在启动前后应把储气罐中的冷凝水排出。

4．压缩空气的净化

直接由空压机排出的压缩空气还要进行净化处理，如果压缩空气不除去混在其中的水分、油分等杂质是不能为气动装置使用的。因此，必须设置一些除油、除水、除尘等环节以提高压缩空气质量，这就需要气源净化处理的辅助设备。

压缩空气净化设备一般包括后冷却器、油水分离器、储气罐和干燥器。

6.2.2　后冷却器

后冷却器安装在空压机的出口管道上，空压机排出的压缩空气具有 140～170℃的温度，必须经过后冷却器降温至40～50℃才能输出使用，否则会引起相关设备发热。此过程会使压缩空气中油雾和水汽达到饱和状态，且其大部分在储气罐中进行凝结而析出。后冷却器的结构形式有蛇形管式、列管式、散热片式和套管式等，冷却方式有水冷和风冷两种形式。图 6-18 所示为后冷却器。

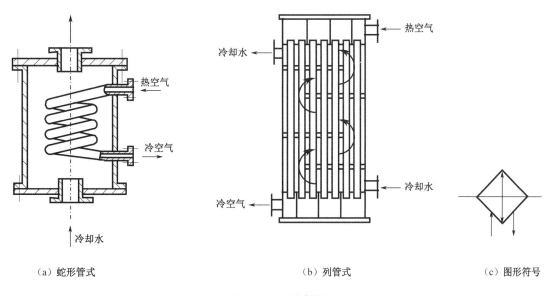

(a) 蛇形管式　　　　　　　　　　(b) 列管式　　　　　　　　　(c) 图形符号

图 6-18　后冷却器

6.2.3　油水分离器

油水分离器安装在后冷却器后的管道上，作用是分离压缩空气中所含的水分、油分等杂质，使压缩空气得到初步净化。油水分离器的结构形式有环形回转式、撞击折回式、离心旋转式、水浴式等多种。以上形式可单独使用也可组合使用。油水分离器主要利用离心回转、撞击、水浴等方法使水滴、油滴及其他杂质颗粒从压缩空气中分离出来。

撞击折回式油水分离器如图6-19所示。由于后冷却器的冷却降温作用，其排出的气体为含冷凝油和水的混合气体，当气体进入撞击折回式油水分离器后，撞击挡板使气体向下，继而又折返向上，形成旋流，实现气液离心分离过程，同时混合气体进一步冷却，油水冷凝液滴沿挡板壁和壳体壁向下流入分离器底部，并由底部放水口流出，经油水分离后的压缩空气由出口排出，一般出口排出的压缩空气要送入储气罐储存。

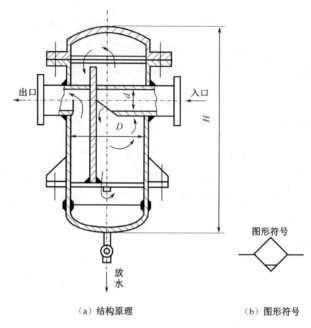

（a）结构原理　　　　　　　（b）图形符号

图6-19　撞击折回式油水分离器

6.2.4　储气罐

储气罐的结构形式如图6-20所示。由于冷凝液沉积在储气罐底部，因此储气罐底部应加疏水器或放水阀。

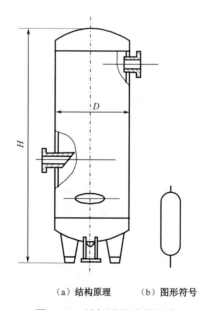

（a）结构原理　　（b）图形符号

图6-20　储气罐的结构形式

储气罐的主要作用是储存一定数量的压缩空气，利用气体的可压缩性，起到蓄能器的作用；同时可减少气源在输出过程中产生的气流脉动现象，增加气压稳定性和气流连续性，减弱空压机排出的脉动气流引起的管道振动；还能利用储气缓冲输出过程的静置和罐体的冷却散热作用，进一步分离压缩空气中的水分和油分。

6.2.5　干燥器

在某些不允许结露的条件下，储气罐提供的压缩空气必须经干燥器进一步脱水后才能使用，而干燥器本身还应具有相关的配套设备。

1．干燥器主体

干燥器的作用是进一步除去压缩空气中含有的水分、油分和颗粒杂质等，使压缩空气干燥。干燥器接在储气罐的出口，一般由干燥器提供的压缩空气主要用于对气源质量要求较高的气动装置、气动仪表等方面。压缩空气干燥主要采用吸附、离心、机械降水及冷冻等方法。图 6-21 所示为吸附式干燥器。

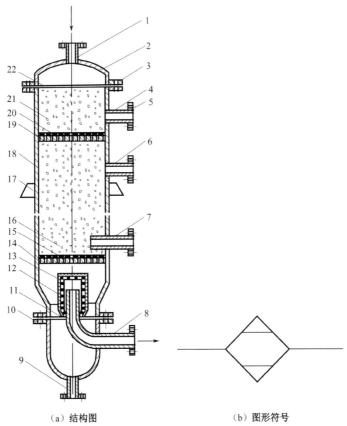

（a）结构图　　　　　　　　　　（b）图形符号

1—湿空气进气管；2—顶盖；3、5、10—法兰；4、6—再生空气排气管；7—再生空气进气管；8—干燥空气输出管；
9—排水管；11、22—密封垫；12、15、20—钢丝过滤网；13—毛毡；14—下栅板；16、21—吸附剂层；17—支撑板；
18—筒体；19—上栅板。

图 6-21　吸附式干燥器

对于吸附式干燥器，在使用过程中，为保证其连续性，一般设置两个干燥器交替使用，采用通热空气的方法实现干燥器的复用。因此与吸附式干燥器配套的设备包括再生设备（空气加热器）和转换通道（四通阀）。

2．空气加热器

空气加热器可将空气加热，使热空气吹入闲置的干燥器中，将吸附剂中的水分蒸发并通过出口排出，从而对使用过的吸附剂进行再生处理，采用两干燥器（再生准备+过滤吸附）交替使用方式实现系统连续工作。空气加热器的种类很多，根据空气加热量的不同可选择多种加热形式，如直接加热或间接加热、电加热或燃料加热等。

3．四通阀

四通阀是通道连接的转换器，用于转换两个干燥器的工作状态，当一个干燥器处于工作状态时，另一个干燥器则处于再生状态。

6.2.6 气动三联件

空气过滤器、减压阀和油雾器称为气动三大件，气动三大件依次无管化连接而成的组件称为气动三联件，是气动设备必不可少的压缩气源过滤、调压、润滑装置。大多数情况下，气动三大件组合使用，其安装次序依进气方向为空气过滤器、减压阀和油雾器。气动三联件应安装在用气设备的附近，以便于调节和观测。

1．空气过滤器

图 6-22 所示为空气过滤器。

空气过滤器又名分水滤气器、空气滤清器，它的作用是滤除压缩空气中的水分、油滴及杂质，以达到气动系统所要求的净化程度，是气源经压力输送管道进入气动系统前的过滤器，大多数情况下与减压阀、油雾器一起构成气动三联件，安装在气动系统的入口处，对气源进行第二次过滤。

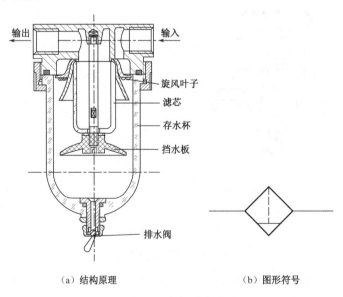

（a）结构原理   （b）图形符号

图 6-22 空气过滤器

2．油雾器

油雾器是一种特殊的注油装置，它以压缩空气为动力，将润滑油利用局部压差作用吸入，并在压差作用下喷射成雾状且混合于压缩空气中，使压缩空气具有润滑气动元件的能力。图 6-23 所示为油雾器。

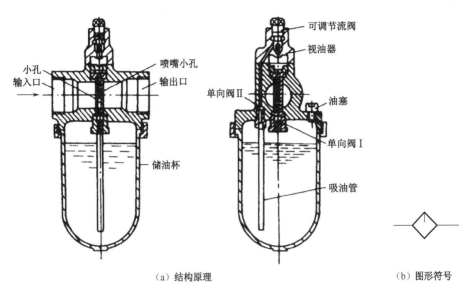

（a）结构原理　　　　　　　　　　　　（b）图形符号

图 6-23　油雾器

3．减压阀

气动三联件中所用的减压阀起减压和稳压作用，工作原理与液压系统减压阀相同。

4．气动三联件的安装次序

气动系统中，气动三联件的安装次序如图 6-24 所示。目前新结构的三联件插装在同一支架上，形成无管化连接，用以进一步过滤压缩空气中的灰尘、杂质颗粒、调节和稳定出口工作压力、润滑后续气动元件。

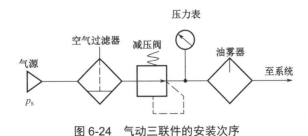

图 6-24　气动三联件的安装次序

6.3　密封装置

密封是解决液压与气动系统泄漏问题最重要、最有效的手段。尤其对液压系统而言，其运行压力一般为 1～32MPa，如果密封不良，会出现油液外漏的问题，外漏的油液将会污染周围环境；当某些液压元件的腔体处在负压吸油状态时，空气会通过缝隙进入腔体通道，使内部油液成为具有可压缩性的气液混合体，影响液压泵的工作性能和液压执行元件运动的平稳性，压力会波动，运行会颤动（爬行）；泄漏严重时，系统容积效率过低，甚至达不到工作压力要求值。若密封过度，虽可防止泄漏，但会造成密封部分的严重磨损，缩短密封件的使用寿命，增大液压元件内部的运动摩擦力，降低系统的机械效率。这些问题同样也会对运行压力小于 1MPa 的气动系统有不同程度的影响，因此，合理地选用和设计密封装置在液压与气动系统的设计中十分重要。

1. 对密封装置的要求

① 在工作压力和工作温度范围的条件下，密封结构应具有良好的密封性能，并能随着压力的增加自动提高密封性能。

② 密封装置和运动元件之间的密封结构合理，摩擦系数要稳定，摩擦力要小。

③ 密封装置的抗腐蚀能力强，不易老化，工作寿命长，耐磨性（弹性和强度）好，磨损后在一定程度上能自动补偿。

④ 密封件结构简单，制作、使用、维护方便，价格低廉。

2. 密封装置的类型和特点

密封按其工作原理可分为非接触式密封和接触式密封。前者主要指间隙密封，后者指密封件密封。

6.3.1 间隙密封

间隙密封是靠相对运动元件配合面之间的微小间隙来进行密封的，其利用间隙通道中的多道槽结构，使油液利用通道截面变化产生的局部阻力和增加流动距离产生的行程阻力减小油液的溢流、外漏，常用于柱塞、活塞或阀的圆柱面中，一般在阀芯的外表面开有几条等距离的均压槽，其主要作用是使径向压力分布均匀，减少液压卡紧力，同时使阀芯在孔中的对中性好，并用减小间隙的方法来减少泄漏。

均压槽一般宽为 0.3～0.5mm，深为 0.5～1.0mm。圆柱面的配合间隙与直径大小有关，对于阀芯与阀孔一般取 0.005～0.017mm。

这种密封的优点是摩擦力小，缺点是磨损后不能自动补偿，主要用于直径较小的圆柱面之间的密封，如液压泵内的柱塞与缸筒之间、滑阀的阀芯与阀孔之间。

6.3.2 O 形密封圈

O 形密封圈一般用耐油橡胶制成，其横截面呈圆形，它具有良好的密封性能，内外侧和端面都能起密封作用，结构紧凑，与运动元件间的摩擦力小，制造容易，装拆方便，成本低，且高低压均可以用，在液压系统中应用广泛。

图 6-25 所示为 O 形密封圈的结构和工作情况。图 6-25（a）为 O 型密封圈外形图，图 6-25（b）为其装入密封沟槽的情况，δ_1、δ_2 为 O 形密封圈装配后的预压缩量，通常用

压缩率 W 表示，$W = [(d_0 - h)/ d_0] \times 100\%$。固定密封压缩率一般为 $15\% \sim 20\%$；往复运动密封压缩率一般为 $10\% \sim 20\%$；回转运动密封压缩率一般为 $5\% \sim 10\%$。由于当油液工作压力超过 10MPa 时，O 形密封圈在往复运动中容易被油液压力挤入间隙而提早损坏，如图 6-25（c）所示，因此，要在它的侧面安放 $1.2 \sim 1.5$mm 厚的聚四氟乙烯挡圈；其单向受力时要在受力侧的对面安放一个挡圈，如图 6-25（d）所示；其双向受力时则在两侧各放一个挡圈，如图 6-25（e）所示。

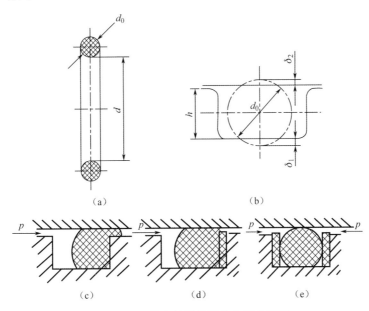

图 6-25　O 形密封圈的结构和工作情况

O 形密封圈的安装沟槽形状有矩形，也有 V 形、燕尾形、半圆形、三角形等，实际应用中可查阅有关手册及国家标准进行选择。

6.3.3　唇形密封圈

唇形密封圈根据截面的形状可分为小 Y 形密封圈、V 形密封圈、U 形密封圈、L 形密封圈等。图 6-26 所示为唇形密封圈结构及工作原理，图 6-26（a）为其外形图，图 6-26（b）为其密封工作状况。流体介质的压力将唇形密封圈的两唇边（h_1）压向形成间隙的两个零件的表面，从而形成密封。这种密封作用的特点是能随着系统内部工作压力的变化自动调整密封性能，压力越高则唇边被压得越紧，密封性越好；当压力降低时唇边压紧程度也随之降低，从而减少了摩擦力和功率消耗，自动补偿了唇边的磨损，保持密封性能的可靠性。

1．小 Y 形密封圈

图 6-27 所示为小 Y 形密封圈的结构，其常作为液压缸中活塞和活塞杆的密封元件。其中图 6-27（a）所示为轴用密封圈，图 6-27（b）所示为孔用密封圈。这种小 Y 形密封圈的特点是截面宽度和高度的比值大，增加了底部支撑宽度，可以避免由摩擦力造成的密封圈翻转和扭曲。

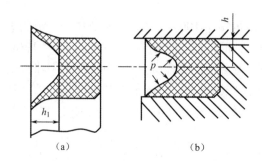

图 6-26　唇形密封圈的外形图及密封工作状况

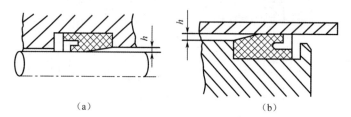

图 6-27　小 Y 形密封圈的结构

2．V 形密封圈

当系统运行压力大于 25MPa 时，一般选用图 6-28 所示的 V 形密封圈，V 形密封圈由多层涂胶织物压制而成，通常由压环、密封环和支撑环三个环叠在一起使用，以保证良好的密封性，当压力更大时，可以增加中间密封环的数量，这种密封圈在安装时要进行预压紧，所以摩擦力较大，可以应用在高压和超高压的场合。

唇形密封圈安装时应使其唇边开口面对油液，这样能在介质压力的作用下使两唇张开，分别贴紧在机件的表面，达到密封效果。

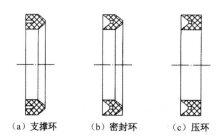

（a）支撑环　　　（b）密封环　　　（c）压环

图 6-28　V 形密封圈

6.3.4　组合式密封装置

组合式密封装置是指由两个及两个以上元件组成的密封装置，包括密封圈。图 6-29 所示为组合式密封装置。图 6-29（a）为 O 形密封圈与截面为矩形的聚四氟乙烯滑环组成的组合密封装置。滑环紧贴密封面，O 形密封圈为滑环提供弹性预压力，由于密封间隙靠滑环，而不是 O 形密封圈，因此摩擦力小且稳定，可以用于运行压力为 40MPa 的高压系统的密封。这种组合密封结构应用于往复运动密封时，速度可达 15m/s；应用于往复摆动与螺旋运动密封时，速度可达 5m/s。矩形滑环组合密封的缺点是抗侧倾能力稍差，且在高低压力交变的场合工作时容易漏油。图 6-29（b）为支持环和 O 形密封圈组成的轴用组合密封装置，由于支持环与被密封件之间为线密封，其工作原理类似唇边密封。支持环一般采用经特别处理的化合物，具有高耐磨性、低摩擦和不变形的特点，避免了橡胶密封低速时易产生"爬行"的问题，运行压力可达 80MPa。

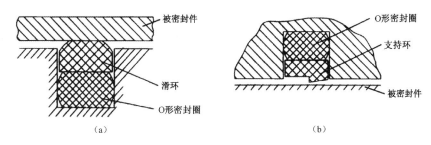

图 6-29　组合式密封装置

　　组合式密封装置由于采用了橡胶密封圈和滑环（支持环）的组合结构，因此具有二者的结构和材料优点，同时具有工作可靠、摩擦力低、使用寿命长的特点。

6.3.5　回转轴用密封装置

　　回转轴用密封装置形式很多，常用的有耐油橡胶制成的回转轴用密封圈，如图 6-30 所示，它的内部有直角形圆环铁骨架支撑，在密封圈的内边围着一条螺旋弹簧，用弹簧力可以把内边收紧在轴上，从而实现密封。这种密封圈主要用于液压泵、液压马达和回转式液压缸的伸出轴的密封，但其工作压力一般不超过 0.1MPa，在有润滑条件下工作时其最大线速度的允许范围为 4～8m/s。

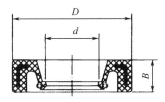

图 6-30　回转轴用密封圈

6.4　管路

　　管路包括输送管和连接用管接头（包括管道支架和管箍）。管路应根据使用场合的压力、流量、介质条件和现场条件（户内、户外、腐蚀、粉尘、振动等）来选择相关的输送管和管接头的材质、型号和规格。

6.4.1　输送管

　　液压与气动系统中常用的输送管有硬管和软管。硬管以钢管和紫铜管为主，常用于高温高压和固定不动的部件间连接。软管有各种塑料管、尼龙管和橡胶管等，其特点是经济、拆装方便、密封性好，但应避免在高温、高压和有辐射的场合使用。

由于输送管的种类很多，如钢管、紫铜管、尼龙管、塑料管、橡胶管等，须按照安装位置、工作环境和工作压力来正确选用。输送管的特点和适用场合如表 6-3 所示。

表 6-3 输送管的特点和适用场合

种　　类		特点和适用场合
硬管	钢管	能承受高压，价格低廉，耐油，抗腐蚀，刚性好，但装配时不能任意弯曲；常在装拆方便处作为压力管道。种类包括中、高压用无缝管，低压用焊接管等。直径应按流量要求选取
	紫铜管	易弯曲成各种形状，但承压能力一般不超过 10MPa，抗震能力较弱，易使油液氧化；通常在液压装置内不便之处用于配接使用
软管	尼龙管	乳白色半透明，加热后可以随意弯曲成型或扩口，冷却后能定形，承压能力因材质而异，承压能力为 2.5～8MPa
	塑料管	质轻耐油，价格低廉，装配方便，但承压能力低，长期使用会变质老化，只适用于运行压力低于 0.5MPa 的回油管、泄油管等场合
	橡胶管	高压管由耐油橡胶夹几层钢丝编织网制成，钢丝网层数越多，耐压越高，昂贵，用于中、高压系统中两个相对运动件之间的压力通道，低压管由耐油橡胶夹帆布制成，可作为回油管道

输送管的规格尺寸（管道内径和壁厚）可由式（6-16）计算，d、δ 算出后，通过查阅有关的标准进行输送管的选定。

$$d = 2\sqrt{\frac{q}{\pi \upsilon}} \qquad (6\text{-}16)$$

式中，d 为输送管内径；q 为管内流量；v 为管中油液的流速，吸油管取 0.5～1.5m/s，高压管取 2.5～5m/s，压力高的取大值，压力低的取小值，如压力在 6MPa 以上的取 5m/s，压力在 3～6MPa 之间的取 4m/s，压力在 3MPa 以下的取 2.5～3m/s；管道较长的取小值，管道较短的取大值；油液黏度大时取小值，回油管取 1.5～2.5m/s，短管及局部收缩处取 5～7m/s。

油管壁厚的计算公式为

$$\delta = \frac{pdn}{2\sigma_b} \qquad (6\text{-}17)$$

式中，δ 为油管壁厚；p 为管内工作压力；n 为安全系数，对钢管来说，$p<7$MPa 时 $n=8$，7MPa$\leqslant p \leqslant 17.5$MPa 时 $n=6$，$p>17.5$MPa 时 $n=4$；σ_b 为管道材料的抗拉强度。

输送管的管径不宜选得过大，以免液压装置的结构庞大；但也不能选得过小，以免管内液体流速加大，系统压力损失增加或产生振动和噪声，影响正常工作。

在保证强度的情况下，管壁可尽量选得薄些。薄壁易于弯曲，规格较多，易于装接，采用薄壁管可减少管接头数目，有助于解决系统泄漏问题。

6.4.2 管接头

管接头是输送管连接、固定所必需的辅件，分为硬管接头和软管接头两类。硬管接头有螺纹连接及薄壁管扩口式卡套连接，对于通径较大的输送管，其接头可采用法兰连接。

管接头是管与管、管与件（液压与气动元件）之间的可拆式连接件，它必须具有装拆方便、连接牢固、密封可靠、外形尺寸小、通流能力大、压降小、工艺性好等特点。

管接头的种类很多，其规格品种可查阅有关手册。液压系统中输送管与管接头有多种常见连接方式，如图 6-31 所示。管路旋入端用的连接螺纹采用米制锥螺纹（ZM）和细牙螺纹（M）两种形式。

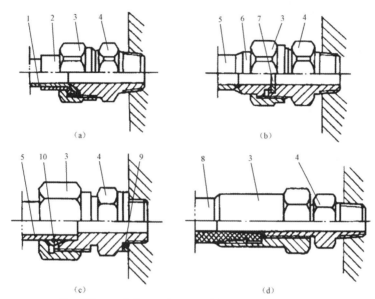

1—扩口薄管；2—管套；3—螺母；4—接头体；5—钢管；6—接管；

7—密封垫；8—橡胶胶管；9—组合密封垫；10—夹套。

图 6-31　输送管与管接头连接方式

米制锥螺纹依靠自身的锥体旋紧和采用聚四氟乙烯等形式进行密封，广泛用于中、低压液压系统；细牙螺纹密封性好，常用于高压系统，但要采用组合垫圈或 O 形密封圈进行端面密封，也可用紫铜垫圈密封。

图 6-31（a）为扩口式薄壁管接头，适用于铜管或薄壁钢管的连接，也可用来连接尼龙管和塑料管，一般应用于压力不高的机床液压系统。

图 6-31（b）为焊接式钢管接头，用来连接管壁较厚的钢管，用于压力较高的液压系统中。

图 6-31（c）为夹套式管接头，当旋紧管接头的螺母时，利用夹套两端的锥面使夹套产生弹性变形来夹紧油管。这种管接头装拆方便，适用于高压系统的钢管连接，但制造工艺要求高，对输送管要求严格。

图 6-31（d）为高压软管接头，多用于中、低压系统的橡胶软管的连接。

6.4.3　管道系统的选择

液压与气动系统中管道的管径大小是根据流体的最大流量和允许的最大压力损失决定的，因此首先应确定管道的输送长度、弯道数量、管件形式等，并按最大流量估算各部分的压力损失，根据满足的流量和预留量计算和选择管径。

 **思考题**

1. 液压动力源由哪几部分组成？
2. 容积式液压泵有哪几种？
3. 外啮合式齿轮泵的泄漏途径有哪几个？
4. 什么是单作用式叶片泵？什么是双作用式叶片泵？
5. 柱塞式液压泵有哪几种形式？
6. 如何选择液压泵？
7. 蓄能器的功能有哪些？
8. 油箱的功能有哪些？
9. 滤油器的功能是什么？一般安装在什么位置？
10. 气源由哪些元件组成？
11. 气动三联件指的是什么？一般采用哪种安装次序？

第3篇
液压与气动基本回路

  液压与气动基本回路是由液压与气动系统基础元件构成的具有特定功能的基本独立回路，是构成液压与气动系统工作回路的最小单元，包括方向控制回路、压力控制回路和流量控制回路。

  方向控制回路是指在液压与气动系统中对执行元件的运动方向或管道中的流体方向和状态，如正向到反向、运动到停止、停止到运动等进行控制的回路。

  压力控制回路是指在液压与气动系统中对执行元件产生的输出力或管道中的流体作用力大小等状态进行控制的回路。

  流量控制回路是指在液压与气动系统中对执行元件运动速度或管道中的流体容积大小，如速度快慢或流量大小等状态进行控制的回路。

第 7 章　方向控制回路

要点概述

　　液压与气动系统的方向控制回路是由方向控制基础元件及相关基础控制元件等构成的最小功能单元，是实现对执行元件的运动方向进行换向或动作的启停控制的基本回路。它包括换向回路和锁紧回路等。本章主要通过对换向回路、锁紧回路、往复控制回路、定位控制回路等模块的实际应用，使读者在性能、原理、选型、安装、调试等方面对方向基础元件和方向控制回路进行掌握。

本章教学目标：掌握液压与气动方向控制功能模块的结构原理，能合理对各功能模块进行连接与调试，能准确描述各功能模块所用基础元件的作用、原理和使用要点，理解各基础控制元件的符号画法并能在系统回路中划分出相应的功能模块，同时具有举一反三设计液压与气动功能模块的能力				
	重　点	**难　点**	**教学方法**	**教学时间**
7.1 节	液压各换向回路的模块结构形式和工作原理，熟悉模块所用各基础元件的作用、原理、符号画法	液压各换向回路模块的连接与调试，能够在系统图中找出并划分相应模块，分析其在系统中的工作过程	项目实践	1.2 课时
7.2 节	气动各换向回路的模块结构形式和工作原理，熟悉模块所用各基础元件的作用、原理、符号画法	气动各换向回路模块的连接与调试，并能举一反三设计功能相近的气动换向回路模块，能够在系统图中找出并划分相应模块，分析其在系统中的工作过程	项目实践	1.2 课时
7.3 节	液压各锁紧回路的模块结构形式和工作原理，熟悉模块所用各基础元件的作用、原理、符号画法	液压各锁紧回路模块的连接与调试，能够在系统图中找出并划分相应模块，分析其在系统中的工作过程	项目实践	1.2 课时
7.4 节	气动各锁紧回路的模块结构形式和工作原理，熟悉模块所用各基础元件的作用、原理、符号画法	气动各锁紧回路模块的连接与调试，并能举一反三设计功能相近的气动回路锁紧模块，能够在系统图中找出并划分相应模块，分析其在系统中的工作过程	项目实践	1.2 课时
7.5 节	液压各往复控制回路的模块结构形式和工作原理，熟悉模块所用各基础元件的作用、原理、符号画法	液压各往复控制回路模块的连接与调试，能够在系统图中找出并划分相应模块，分析其在系统中的工作过程	项目实践	1.2 课时
7.6 节	气动各往复控制回路的模块结构形式和工作原理，熟悉模块所用各基础元件的作用、原理、符号画法	气动各往复控制回路模块的连接与调试，并能举一反三设计功能相近的气动往复控制回路模块，能够在系统图中找出并划分相应模块，分析其在系统中的工作过程	项目实践	1.2 课时
7.7 节	液压缸各定位控制回路的模块结构形式和工作原理，熟悉模块所用各基础元件的作用、原理、符号画法	液压缸各定位控制回路模块的连接与调试，能够在系统图中找出并划分相应模块，分析其在系统中的工作过程	项目实践	1.2 课时

	重　点	难　点	教学方法	教学时间
7.8 节	气动各定位控制回路的模块结构形式和工作原理，熟悉模块所用各基础元件的作用、原理、符号画法	气动各定位控制回路模块的连接与调试，并能举一反三设计功能相近的气动定位控制回路模块，能够在系统图中找出并划分相应模块，分析其在系统中的工作过程	项目实践	1.2 课时
合计课时				9.6 课时

1．知识目标

① 理解方向控制回路中相关模块的作用原理、结构组成、工作过程，同时应对组成基本回路模块中的相关基础元件的功能、特点、表示符号、控制要求、参数整定方法等有明确的认识和掌握。

② 能够按照基本要求，用方向控制模块和相关基础元件设计液压与气动执行元件的换向控制回路。

③ 了解并掌握继电器/接触器及 PLC 对方向控制元件及方向控制模块实现控制的设计方法。

2．能力目标

① 能够根据实际要求设计简单的液压与气动执行元件的换向回路，并按照流量要求进行相关元件的选型，掌握一般液压与气动基本换向回路的设计方法。

② 能够根据液压与气动方向控制模块和电气控制回路进行设备的连接、调试、运行。

③ 能在较复杂的液压与气动回路中，找出并划分相关的方向控制模块和方向控制基础元件，同时理解其在回路中的作用、原理、特点。

3．操作要求

① 完成设备连接并检查和确认其正确性。

② 根据连接好的设备，分析作用原理、操作过程、相关参数整定方法以及回路故障的处置方案，通过模拟操作与处置过程，达到对模块和相关基础元件的熟练应用。

③ 在设备的准备、储备、存放过程中，应注意设备的防尘和防潮。

④ 在设备的安装、连接、调试过程中，应注意管路的整洁、设备的安装方式和方向、设备参数的配套预设值设置方法和要求。

⑤ 液压与气动设备的电磁阀、比例阀等和电气控制系统接线时，应注意电磁阀的互锁问题、比例阀的配套性、系统的安全接地问题等。

7.1　液压换向回路

液压换向回路主要指用二位阀和三位阀实现对液压系统执行元件（缸、马达）的运动方向进行往复控制的回路。

7.1.1 （任务一）用二位二通换向阀实现液压系统控制

1. 任务引入

二位二通换向阀中，二位表示阀芯工作在两种状态下，二通的意思是换向阀有两个接口（一进一出），因此二位中一位是接口接通，一位是接口断开，通过位置的变换来切换换向阀的通与断，主要起断开与接通管路作用的是一个截止阀。一般可以采用手动、电磁或行程控制的形式直接控制单作用液压缸，也可作为通道的旁路控制或实现液压泵的卸荷控制。

图 7-1 所示为二位二通换向阀液压系统控制回路，用三个电磁换向阀分别完成不同的功能。油液通过滤油器 1 进入电机驱动的液压泵 2，液压泵输出的油液经单向阀 3 后，其压力值由压力表 4 显示，油液可以通过节流阀 5 和二位二通换向阀 6 组成的旁路调速环节控制单作用液压缸 7 对重物 W 的抬升速度；油液的输出压力可以通过由溢流阀 8 和溢流阀 9 及二位二通换向阀 10 组成的并联压力控制环节进行调节，从而控制单作用液压缸 7 的输出压力；液压泵可以通过二位二通换向阀 11 卸荷。

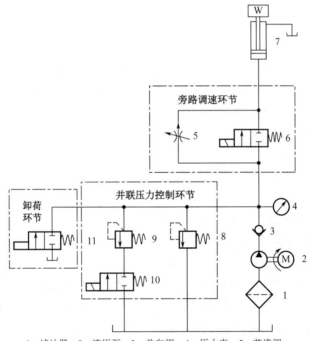

1—滤油器；2—液压泵；3—单向阀；4—压力表；5—节流阀；

6、10、11—二位二通换向阀；7—单作用液压缸；8、9—溢流阀。

图 7-1 二位二通换向阀液压系统控制回路

2. 任务分析

图 7-1 所示的二位二通换向阀液压系统控制回路中，包含了旁路调速环节、并联压力控制环节和卸荷环节三种基本功能模块。任何液压系统都是由不同功能的模块组合而成的，在对液压系统的回路进行分析时，应首先按模块进行功能划分，并通过不同模块的操作过程，实现液压系统的功能。

3. 任务实施

1）卸荷控制

图 7-1 所示的卸荷环节中，当二位二通换向阀 11 处在左位工作时，油路接通，液压泵输出口的油液直接回到油箱中，形成液压泵的有流量运转而无压力输出的零压力循环状态，这也是液压泵的不做功节能运行状态；当二位二通换向阀 11 处在右位工作时，油路断开，液压泵不能被卸荷，液压源有压力输出。有压力输出时液压缸顶起重物，无压力输出时液压缸在重物 W 的重力作用下返回，利用压力的有无直接控制液压缸的升降状态。

2）压力控制

图 7-1 所示的并联压力控制环节中，利用两个溢流阀的不同的溢流调节压力，实现不同的压力稳定。当二位二通换向阀 10 处在左位工作时，油路接通，系统压力由溢流阀 9 稳定；当二位二通换向阀 10 处在右位工作时，油路断开，系统压力由溢流阀 8 稳定。由于溢流阀 9 的溢流稳压值低于溢流阀 8，因此两个溢流阀并联，溢流稳压值低的溢流阀起调节作用，而溢流稳压值高的溢流阀被关闭。

3）速度控制

图 7-1 所示的旁路调速环节中，当二位二通换向阀 6 处在右位工作时，油路断开，单作用液压缸的运动速度由节流阀 5 调节；当二位二通换向阀 6 处在左位工作时，油路接通，节流阀 5 被短路，由于节流阀 5 具有一定阻力，因此节流阀 5 中没有油液流过。

7.1.2 （任务二）用二位三通换向阀实现液压缸的换向控制

1. 任务引入

二位三通即在二位二通的基础上增加了一通，也就是一路接口，一般增加一个回流口，主要用于控制单作用液压缸的往复运动（油路接通与断开或液压缸伸出与缩回）或控制双作用液压缸的往复运动（差动快速伸出）。图 7-2 所示为二位三通换向阀直接控制回路，图 7-3 所示为二位三通换向阀差动控制回路。

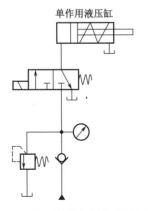

图 7-2　二位三通换向阀直接控制回路

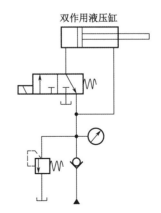

图 7-3　二位三通换向阀差动控制回路

2. 任务分析

图 7-2 和图 7-3 所示的二位三通换向阀控制回路中，实际上包含了稳压控制和换向控

制两种功能的回路，液压源经单向阀后其压力的高低取决于溢流阀的稳压环节，压力表只是操作现场的直观显示，通过不同模块的操作过程，可以实现系统的不同功能。

3. 任务实施

通过不同液压执行元件进行操作，实现不同的运行控制。

1）直接控制

如图 7-2 所示，当二位三通换向阀左位工作时，油液直接通过二位三通换向阀的左位进入单作用液压缸的无杆腔，使液压缸的活塞杆伸出；当二位三通换向阀处于右位（原位）工作时，油液被阻断，单作用液压缸在弹簧力的作用下复位返回，此时单作用液压缸的无杆腔中油通过换向阀的右位回流进入油箱。

2）差动控制

如图 7-3 所示，当二位三通换向阀右位（原位）工作时，油液直接通过二位三通换向阀的右位进入双作用液压缸的无杆腔，同时与有杆腔连通，由于液压缸无杆腔与有杆腔的作用面积不同，因此活塞将向受力面积小的有杆腔方向运行，使得活塞杆伸出，同时有杆腔中的油液直接流出后进入到无杆腔中，增加了进入无杆腔中的流量，从而使液压缸的活塞杆快速伸出；当二位三通换向阀处于左位工作时，油液直接作用于有杆腔，此时无杆腔中的油液通过左位直接回流进入油箱，活塞杆处于缩回状态。

7.1.3 （任务三）用二位四通换向阀实现液压缸的换向控制

1. 任务引入

二位四通换向阀主要用于实现双作用液压缸以及液压马达的往复运动控制。图 7-4 所示为二位四通换向阀的换向回路，其换向阀为单控电磁换向阀，具有失电复位的特点，因此可以通过电气控制的形式，实现液压缸的换向。

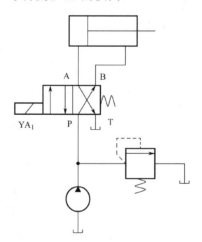

图 7-4　二位四通换向阀的换向回路

2. 任务分析

如图 7-4 所示，该回路由二位四通换向阀电磁铁 YA_1 的得电与失电实现液压缸活塞杆的伸出或缩回。

3．任务实施

换向阀的电磁铁 YA_1 可以用接触器或 PLC 进行通电或断电控制，当 YA_1 得电时，换向阀处于左位工作，液压缸无杆腔进油，液压缸有杆腔的油液流回油箱，活塞向右移动；当 YA_1 失电时，换向阀处于右位（原位）工作，液压缸有杆腔进油，液压缸无杆腔的油液流回油箱，活塞向左移动。

7.1.4 　（任务四）用液动换向阀实现液压缸的换向控制

1．任务引入

在液压系统中，为了节约能源常用双泵供油的形式，使用两个大小不同的泵，大泵用于快进，小泵用于保压，大流量的输出也常用液动换向阀进行控制，图 7-5 所示为采用先导阀控制液动换向阀的换向回路。

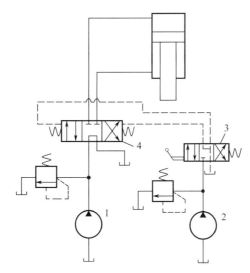

图 7-5　采用先导阀控制液动换向阀的换向回路

2．任务分析

在图 7-5 中，回路用辅助泵 2 提供低压油液，通过三位四通先导阀 3 来控制三位四通液动换向阀 4 的阀芯移动，实现主油路的换向，当三位四通先导阀 3 处在右位工作时，油液进入三位四通液动换向阀 4 的左侧控制油口，右侧控制油口的油液经三位四通先导阀 3 回油箱，使三位四通液动换向阀 4 左位工作，油液进入液压缸的无杆腔，活塞下移。当三位四通先导阀 3 切换至左位工作时，油液进入三位四通液动换向阀 4 的右侧控制油口，此时左侧控制油口的油液经三位四通先导阀 3 回油箱，使三位四通液动换向阀右位工作，油液进入液压缸有杆腔，活塞向上退回。当三位四通先导阀 3 中位工作时，三位四通液动换向阀 4 左右两侧的油液与油箱连通，在弹簧力的作用下，其阀芯回到中位，此时主泵 1 处于卸荷的节能运行状态，液压缸处于锁紧状态。

在液动换向阀的换向回路或电液动换向阀的换向回路中，油液除了用辅助泵供给，在一般的系统中也可以把控制油路直接接入主油路。但是，当主阀采用 M 形或 H 形中位机能时，必须在回路中设置背压阀，保证油液有一定的压力，以控制换向阀阀芯的移动。

3. 任务实施

按图 7-5 构成回路，三位四通先导阀 3 右位工作，液压缸向下加压；三位四通先导阀 3 左位工作，液压缸提升；三位四通先导阀 3 中位工作，液压缸保压，主泵 1 卸荷。辅助泵 2 只向三位四通液动换向阀 4 提供换向工作压力。

7.2 气动换向回路

气动换向回路是指可以改变气缸、气马达等气动执行元件运动方向的基本回路。

7.2.1 （任务一）单作用气缸换向控制

1. 任务引入

单作用气缸是指返回时利用弹簧复位或在外力（负载）作用下复位的气缸，图 7-6 所示为单作用气缸换向控制回路。

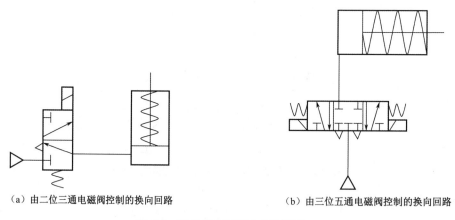

（a）由二位三通电磁阀控制的换向回路   （b）由三位五通电磁阀控制的换向回路

图 7-6 单作用气缸换向控制回路

2. 任务分析

图 7-6（a）所示为由二位三通电磁阀控制的换向回路，电磁阀得电时，活塞杆伸出；电磁阀失电时，活塞杆在弹簧力作用下缩回。

图 7-6（b）所示为由三位五通电磁阀控制的换向回路，电磁阀失电后具有自动对中功能，可使气缸停在任意位置，但定位精度不高，定位时间不长。

3. 任务实施

按图 7-6 构成回路，图 7-6（a）中，电磁阀得电，气缸活塞杆伸出；电磁阀失电，气缸活塞杆在弹簧作用下自动缩回。图 7-6（b）中，三位阀左电磁铁得电，气缸活塞杆伸出；三位阀右电磁铁得电，气缸活塞杆缩回；三位阀中位工作，两电磁铁失电，气缸处于锁紧状态。双控阀的两个电磁铁应互锁，不允许同时得电。

7.2.2 （任务二）双作用气缸换向控制

1. 任务引入

要实现双作用气缸的换向控制，必须对气缸活塞的两边交替施加压缩气体，才能使气缸实现双向运动，图 7-7 所示为双作用气缸换向回路的三种形式，不同的形式应用的对象不同。

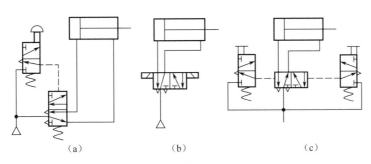

（a）　　　　　　（b）　　　　　　（c）

图 7-7　双作用气缸换向回路的三种形式

2. 任务分析

图 7-7（a）为小通径的手动换向阀控制二位五通气控换向阀的气缸换向回路，属于先导阀的控制形式，适用于大气量（直径）气缸；图 7-7（b）为二位五通双控电磁阀直接控制的气缸换向回路，双电磁铁必须互锁，不允许同时得电，适用于小型气缸；图 7-7（c）为两个小通径的手动阀控制二位五通气控换向阀的气缸换向回路，该回路为手动先导阀操作方式，无论是左侧手动阀还是右侧手动阀，只要被压下后接通一次，二位气控换向阀就能立即动作并保持气缸应有的工作状态，直到另一侧被压下后二位气控换向阀才动作使气缸换向，所以二位阀具有记忆功能。

3. 任务实施

按图 7-7 构成三个不同回路，图 7-7（a）中，手动阀压下，气缸活塞杆伸出，手动阀抬起，气缸活塞杆缩回。图 7-7（b）中，右侧电磁铁得电，气缸活塞杆伸出；左侧电磁铁得电，气缸活塞杆缩回。图 7-7（c）中，右侧手动阀压下一次，气缸活塞杆伸出；左侧手动阀压下一次，气缸活塞杆缩回。双控阀的两个电磁铁应互锁，不允许同时得电。

二位四通换向阀有一个回油口 T，二位五通换向阀有两个回油口 T_1 和 T_2，二位五通换向阀和二位四通换向阀在实现功能上没有太大的区别，都是作为液压缸或气缸等双作用执行元件进行换向控制。在液压系统中主要应用二位四通换向阀进行换向，但在气动系统中应用较多的是二位五通换向阀，这是由于其阀体的 T_1 口和 T_2 口可直接安装消声器（消声排气节流阀）后排空。二位五通换向阀的电控形式包括二位五通单控（单线圈）电磁换向阀和二位五通双控（双线圈）电磁换向阀，电压等级一般采用 DC24V、AC220V 等，是气动系统的常用形式，单控阀和双控阀的主要区别是前者自动复位，后者具有记忆功能。

7.3 　液压锁紧回路

为了使工作部件能在任意位置上停留，以及防止工作部件停止工作时，在受力的情况下发生移动，即使液压系统中的执行元件在定位后能够保持不动，其控制回路中必须采用锁紧功能。可采用换向阀中位机能实现锁紧，也可以利用单向阀或顺序阀的功能实现锁紧，还可以采用制动器等实现锁紧控制。

7.3.1 　（任务一）用换向阀中位机能实现液压缸锁紧

1. 任务引入

三位换向阀的中位机能有不同的控制功能，采用 O 形或 M 形机能的三位换向阀，当阀芯处于中位时，液压缸的进、出口都被封闭，可以将活塞锁紧，这种锁紧回路由于受到滑阀泄漏的影响，锁紧效果较差。图 7-8 所示为采用 O 形中位机能三位换向阀的锁紧回路。

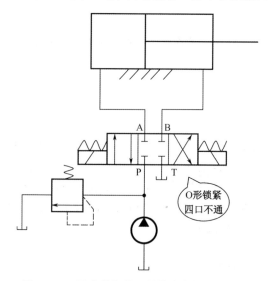

图 7-8　O 形中位机能三位换向阀的锁紧回路

2. 任务分析

如图 7-8 所示，当电磁线圈失电后，在对中复位弹簧的作用下，三位换向阀处于中位工作，P、T、A、B 这四个油口均不通，液压缸中的油液被锁住，形成活塞不动的锁紧状态。

3. 任务实施

按图 7-8 构成回路，图中三位换向阀的左侧电磁铁得电时，液压缸活塞杆伸出；右侧电磁铁得电时，液压缸活塞杆缩回；两侧电磁铁同时失电时，液压缸活塞可被锁紧在任意位置。双控阀的两个电磁铁应互锁，不允许同时得电。

7.3.2 （任务二）用单向阀实现液压缸锁紧

1．任务引入

单向阀分成两类，一类是普通单向阀（简称单向阀），它只允许油液向一个方向通过；另一类是液控单向阀，它具有普通单向阀的功能，并且只要在控制口通以一定压力的油液，油液反向也能通过。普通单向阀和液控单向阀主要用于油路需要单向导通控制的场合，也用于各种锁紧回路。

2．任务分析

图 7-9 所示为采用液控单向阀的锁紧回路，当 A 阀入口有压力时，其压力同时使 B 阀打开；当 B 阀入口有压力时，其压力同时使 A 阀打开，此时双阀处于导通状态；当入口无压力时，双阀关断，只有阀 A 和 B 同时打开时，才能使液压缸的活塞运行，否则回路关断。图 7-10 所示为采用普通单向阀的锁紧回路，当普通单向阀的入口侧压力低于出口侧压力时，普通单向阀处于不导通的锁紧状态。

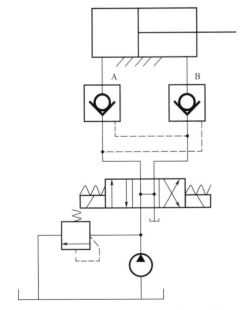

图 7-9　采用液控单向阀的锁紧回路

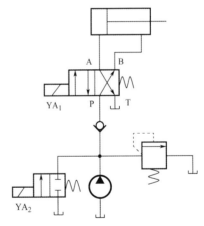

图 7-10　采用普通单向阀的锁紧回路

3．任务实施

按图 7-9 和图 7-10 分别构成回路，并分别进行操作。

1）液控单向阀的锁紧回路

如图 7-9 所示，在液压缸的进、回油路中都串联液控单向阀（又称液控双向锁），当压力端的液控单向阀可通过时，压力端的压力必须通过控制端打开无压端的液控单向阀，才能形成液压缸的运动回路，当入口无压力时，两个液控单向阀被自动关断，形成断路，此时活塞可以在行程的任何位置锁紧。锁紧精度只受液压元件的内泄漏影响，因此，锁紧精度可以通过选择泄漏量较小的液压元件来提高。利用中位机能控制液控单向阀的锁紧回路时，其液控换向阀的中位机能应选用 H 形或 Y 形，使液控单向阀的控制端端油液卸压，从而使液控单向阀立即关闭，活塞停止运动。

采用 O 形或 M 形机能的三位换向阀，当三位换向阀处于中位时，由于液控单向阀的控制腔油液被关断而不能使其压力立即下降，直至三位换向阀的内泄漏使控制腔卸压后，液控单向阀才能关闭，延长了液控单向阀的关闭时间，影响其锁紧精度。

2）普通单向阀的锁紧回路

如图 7-10 所示，当 YA_1 得电时，换向阀处于左位工作，液压缸活塞右行；当 YA_1 失电时，换向阀处于右位工作，液压缸活塞左行；如果液压泵停止工作或 YA_2 得电卸荷，由于油液不能逆流，则液压缸活塞杆在外力作用下可以继续左行，这是由于 A 口已和 T 口连通；但液压缸活塞杆不能向右运行，这是由于 B 口被锁死，停留在液压缸有杆腔中的油液容积一定，不能压缩。当 YA_1 得电时，YA_2 也得电卸荷，此时锁紧方向与上述相反。因此该系统只能限定液压缸活塞的单方向锁紧运行，另一方向应有一定的浮动量，由于真空作用，浮动量有限。

7.3.3 （任务三）用液控顺序阀实现液压缸锁紧

1. 任务引入

顺序阀的作用相当于开关阀，即入口压力大于其设定压力时，阀口打开，否则阀口关闭，因此当入口压力低于设定压力时，顺序阀处于锁紧状态，图 7-11 所示为液控顺序阀的压力机单向锁紧回路，可以保证压力机的有杆腔中总留有少量油液，防止活塞向下硬性冲击。

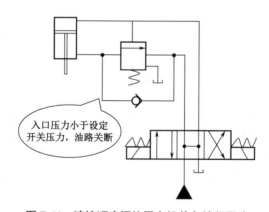

图 7-11 液控顺序阀的压力机单向锁紧回路

2. 任务分析

如图 7-11 所示，利用液控顺序阀的压力开关作用，液压缸在向下压制的过程中，如果上腔不进油或上腔压力低时，由于液控顺序阀的入口压力小于设定的开关压力，油路被液控顺序阀关断，液压缸的活塞被锁紧而不能运行。如果液压缸的双作用进出口各设置一个顺序阀锁紧回路，则可实现上下双向锁紧限位。

3．任务实施

按图 7-11 构成回路，右侧电磁铁得电时，液压缸活塞杆伸出，向下加压运行；左侧电磁铁得电时，液压缸活塞杆缩回，提升运行；两侧电磁铁同时失电时，液压缸被锁紧在任意位置。双控阀的两个电磁铁应互锁，不允许同时得电。

7.3.4　（任务四）液压马达锁紧（制动）

1．任务引入

对于液压执行元件而言，锁紧就是制动，制动回路必须使执行元件平稳地由运动状态转换成静止状态，要求对油路中出现的异常高压和负压做出迅速反应，制动时间尽可能短，冲击尽可能小。图 7-12 所示为液压马达制动回路，由于液压马达旋转过程中的转动惯量形成惯性冲击，因此冲击压力过大时的背压应具有恒压释放功能，以防止对液压元件造成损坏。

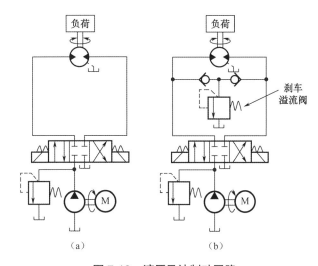

图 7-12　液压马达制动回路

2．任务分析

执行元件为液压马达时，切断其进、出油口后理应停止转动，图 7-12（a）所示为液压马达换向制动回路图，由于惯性，液压马达出口与换向阀之间的背压很大，易造成管路或阀件的损坏，因此液压马达设有一泄油口接通油箱，当液压马达在惯性负载力矩的作用下变成泵工况时，其出口油液经泄油口流回油箱，液压马达出现滑转。为限制背压的大幅度升高，在液压马达两端增加一个刹车溢流阀来限制背压的最高压力，如图 7-12（b）所示，其为具有过压保护作用的液压马达换向制动回路图。

当液压马达在旋转过程中突然回到图 7-12（b）所示的中位机能状态时，由于惯性，液压马达的某一侧产生较高的背压，背压会通过与液压马达并联的两个背对背单向阀中的一个单向阀，将压力传送到刹车溢流阀，当压力高于刹车溢流阀的设定压力时，溢流阀开始溢流工作，从而限制了背压的最高压力。

3. 任务实施

按图7-12构成制动回路，图中右侧电磁铁得电时，液压马达会顺时针或逆时针旋转；左侧电磁铁得电时，液压马达会向相反方向旋转；双侧电磁铁同时失电时，液压马达可被锁紧在任意位置。双控阀的两个电磁铁应互锁，不允许同时得电。图 7-12（a）中的马达不能由正转瞬时转为反转或由反转瞬时转为正转，应有中位机能的过渡，防止损害液压元件，图7-12（b）中由于有背压限压溢流回路，因此能保证系统的工作安全性。

7.3.5 （任务五）用制动器实现液压马达锁紧

1. 任务引入

对于液压马达而言，在切断液压马达进、出油口的同时，还须通过制动器来实现马达可靠地停转，图 7-13 所示为液压马达机械制动回路。

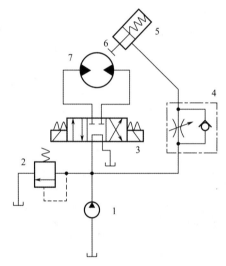

图 7-13 液压马达机械制动回路

2. 任务分析

在图 7-13 所示的液压马达机械制动回路中，液压泵 1 工作时，溢流阀 2 保证其工作压力稳定，当三位四通电磁换向阀 3 处于左位或右位工作时，油液会通过单向节流阀 4 进入单作用制动液压缸 5 的有杆腔，活塞杆抬升制动块 6 脱离与液压马达 7 的接触，形成松闸运行状态；当三位四通电磁换向阀 3 的两侧电磁铁同时失电，形成中位机能工作时，液压泵被卸荷，此时单作用制动液压缸 5 有杆腔中的油液会通过单向节流阀 4 快速回排进入油箱，使得单作用制动液压缸 5 的活塞杆带动制动块 6 与液压马达 7 形成压紧的制动状态。因此，机械制动大都采用断电制动的形式。

3. 任务实施

按图7-13构成制动回路，图中右侧电磁铁得电时，液压马达会顺时针或逆时针旋转；

左侧电磁铁得电时，液压马达会向相反方向旋转；两侧电磁铁同时失电即中位机能时，液压马达可被锁紧在任意位置，锁紧依靠中位机能和机械制动的双重形式。双控阀的两个电磁铁应互锁，不允许同时得电，但可以同时失电。

7.4　气动锁紧回路

气动锁紧回路是指可以使气缸、气马达等气动执行元件在运动过程中停止并锁紧后定位的基本回路。气动锁紧回路与液压锁紧回路的结构原理是相同的，由于压力液体是不可压缩的，而压力气体具有可压缩性，因此气动锁紧回路的定位性能相对较差，一般主要应用于气缸的锁紧定位。

7.4.1　（任务一）用三位五通换向阀实现气缸锁紧

1．任务引入

为了使气缸停留在某一位置，最简单的方法就是用三位 O 形中位机能电磁阀，其中位机能的各通路口都处于不通状态，图 7-14 为三位五通电磁阀直接控制的气缸换向锁紧回路，其具有中位锁紧的作用。

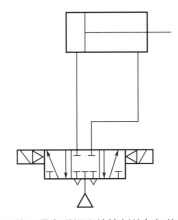

图 7-14　三位五通电磁阀直接控制的气缸换向锁紧回路

2．任务分析

如图 7-14 所示，该回路具有中位机能的锁定功能，由于缸体活塞杆的负载惯性和气体的可压缩性，其定位精度不高。三位五通电磁阀和三位四通电磁阀的基本功能是相同的，只是泄放口的数量不同，三位四通电磁阀是把左位和右位的泄放口合二为一，而三位五通电磁阀则是分开泄放的，利用三位四通电磁阀泄放口实现节流调整时，其活塞杆伸出和活塞杆缩回的速度是相同的，要想使速度不同，必须在其阀的 A 口和 B 口增加单向节流阀。使用三位五通电磁阀时，只需左右泄放口各配一个排气节流阀即可实现活塞杆双向速度不同。

3．任务实施

按图 7-14 构成气缸换向锁紧回路，图中三位五通电磁阀的左右两侧电磁铁同时失电时，其阀处于中位锁紧状态，反复使左右两侧电磁铁分别得电并失电，会使活塞杆停留在不同位置。双控阀的两个电磁铁应互锁，不允许同时得电。

7.4.2 （任务二）用二位换向阀实现气缸锁紧

1．任务引入

气缸的任意位置锁紧，除可用三位阀实现，还可用二位阀与气动双向锁构成，如图 7-15 所示，其为两个二位三通电磁阀控制的气缸换向锁紧回路，可实现气缸的任意位置锁紧。

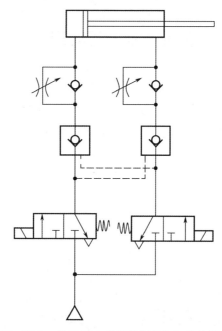

图 7-15　两个二位三通电磁阀控制的气缸换向锁紧回路

2．任务分析

如图 7-15 所示，分别用两个二位三通电磁阀通过气控双向锁以单向节流出口调速的形式控制气缸的换向和锁紧，二位阀实现气缸锁紧，其回路中必须设置两个气控单向阀的双控形式，才能构成气控双向锁来实现失压后的气缸锁定功能。

3．任务实施

按图 7-15 构成气缸换向锁紧回路，两个二位三通电磁阀分别得电，可以分别控制气缸活塞杆的伸出和缩回，当左右两个电磁阀电磁铁同时失电，其气控双向锁由于入口失压使两气控单向阀同时处于锁紧状态，反复使左右两端电磁阀分别得电和失电，会使活塞杆停留在不同位置。两二位三通电磁阀电磁铁应互锁，不允许同时得电。

7.5　液压往复控制回路

液压与气动执行元件的动作基本上都采用往复动作的形式，即液压缸或气缸的活塞杆总是伸出与缩回，液压摆动马达或气摆动马达的旋转方向总是交替往复旋转。

7.5.1　（任务一）用行程换向阀实现液压缸往复控制

1．任务引入

对于液压缸的往复控制，首先要实现液压缸行程的到位检测，液压缸活塞杆伸出行程到位后才能实现回程，图 7-16 为用行程阀控制的往复控制回路。

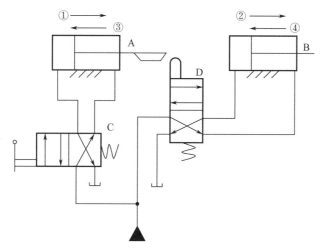

图 7-16　用行程阀控制的往复控制回路

2．任务分析

如图 7-16 所示，以两液压缸 A 和 B 的活塞均退至左端点为起始位置。当手动换向阀 C 在左位工作时，A 缸的活塞向右运动实现动作①；当 A 缸活塞杆上的挡块压下行程阀 D 后，行程阀 D 在上位工作，此时缸 B 的活塞开始向右运动，实现动作②；当手动换向阀 C 复位即右位工作时，A 缸活塞先退回，实现动作③；当 A 缸活塞杆挡块离开行程阀 D 后，行程阀 D 复位，其阀下位工作，此时 B 缸的活塞退回，实现动作④。这种用行程阀控制的顺序动作回路动作可靠，虽然较难改变动作顺序，但在液压系统中应用较多。

3．任务实施

按图 7-16 构成控制回路，操作手动换向阀 C 时，必须等动作②结束后，才可使手动换向阀复位并实现动作③和④。

7.5.2 （任务二）用行程开关实现液压缸往复控制

1. 任务引入

液压缸的往复控制回路除了手动控制形式，还有自动控制形式，这种形式应用更多，其液压缸行程的到位检测除了用行程阀实现，还可用行程开关进行检测，并利用 PLC 实现全自动的控制形式。图 7-17 所示就是采用行程开关和电磁换向阀的往复控制回路，试按照图示的控制顺序采用 PLC 的控制形式进行系统设计。

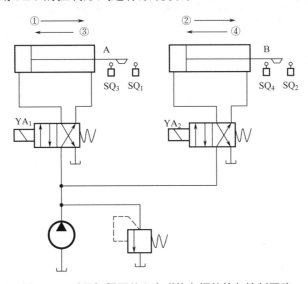

图 7-17 采用行程开关和电磁换向阀的往复控制回路

2. 任务分析

如图 7-17 所示，系统应满足如下控制要求。首先按下启动按钮，电磁铁 YA_1 得电，A 缸的活塞向右运动，实现动作①；当 A 缸活塞杆上的挡块压下行程开关 SQ_1 后，电磁铁 YA_2 得电，B 缸的活塞也向右运动，实现动作②；当 B 缸活塞上的挡块压下行程开关 SQ_2 后，电磁铁 YA_1 失电，A 缸活塞返回，实现动作③；当 A 缸活塞杆上的挡块压下行程开关 SQ_3 后，电磁铁 YA_2 失电，B 缸活塞也返回，实现动作④，直到压下行程开关 SQ_4 后，整个工作循环结束并进入下一个工作循环。

在液压与气动系统中，如果系统的控制完全采用液压或气动的形式，虽然回路相对工作可靠，制作成本相对较低，但其回路结构复杂，控制过程不能方便调整，因此目前的工业系统大都采用机、电、气、液综合控制系统，目前的液压或气动控制元件大都选用相应的电磁阀控制形式，电磁阀线圈可以用 PLC 直接控制。因此，可以根据图 7-17 所示的采用行程开关和电磁换向阀的往复控制回路，先将 PLC 的 I/O 接线图和顺序功能图设计好，再将 PLC 与计算机进行通信连接，进行设备接线、梯形图的编制和调试。

3. 任务实施

1）设计 PLC 接线图并选型

根据系统液压主回路和控制要求，电气控制回路应采用 PLC 控制形式，PLC 选用型号为西门子 S7-200-CPU224-AC/DC/RLY，图 7-18 所示为 PLC 外部接线图。

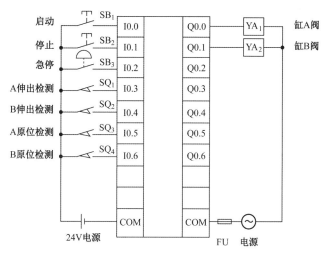

图 7-18　PLC 外部接线图

这里主要讨论液压部分的控制结构，省略液压泵的主回路图和相应接触器、热继电器等控制回路图。

2）PLC 的顺序功能图

图 7-19 所示为 PLC 顺序功能图。按照顺序功能图可以进行梯形图的编制。

3）编程调试

按实际控制要求和图 7-19 进行编程和调试，也可以通过加入 PLC 中的定时器功能实现各步动作之间（时间设定控制形式）的停顿和协调。

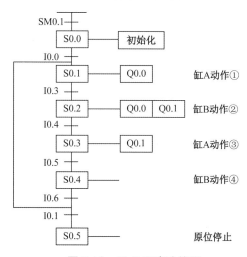

图 7-19　PLC 顺序功能图

7.5.3 （任务三）用压力继电器实现液压缸往复控制

1. 任务引入

对于液压缸系统而言，其行程到位的检测，在某些场合可通过压力继电器实现，这是由于液压缸对负载进行加压，其压力达到一定值时液压缸才能运行到位，负载才能被顶压到位。图 7-20 所示为用压力继电器和电磁换向阀的往复控制回路，通过对液压缸工作过程中压力值的高低变化检测实现对液压系统的控制。

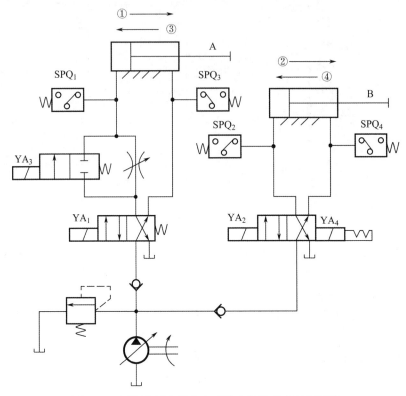

图 7-20　用压力继电器和电磁换向阀的往复控制回路

2．任务分析

图 7-17 所示为采用行程开关和电磁换向阀的往复控制回路，在保持其功能不变的条件下，将行程开关 SQ_1、SQ_2、SQ_3、SQ_4 用压力继电器 SPQ_1、SPQ_2、SPQ_3、SPQ_4 来代替，利用液压缸在前进过程中如果与负载接触后其作用腔的压力会升高的特性，用液压缸对负载合适的作用压力值实现对其工作状态的检测；利用液压缸在后退过程中压力较低的特点，设定一个满足后退到位的压力值。因此液压缸前进到位的压力值与对负载做功的状态有关，液压缸后退到位的压力值与其实际退回的状态有关。

为了保证压力继电器的可靠工作，一般做功时的压力检测值应在实际工作需要的最高压力值的基础上增加 0.3～0.5MPa，但要比溢流阀提供的工作压力低 0.3～0.5MPa。压力继电器的设定压力都是可调的。为了保证 A、B 两缸的工作压力稳定性和压力继电器互不干扰，用两个单向阀进行系统隔离。对 A 缸的运行速度进行控制调整，增加工进的节流调速控制和后退时的快退控制，即电磁铁 YA_3 得电时实现快退，电磁铁 YA_3 失电时实现节流工进。将控制 B 缸的原二位四通单控电磁换向阀换成双控电磁换向阀。将原单向定量泵换成单向变量泵，便于对液压动力源输出压力的调整。如图 7-20 所示，其实际上是图 7-17 所示回路的变形形式（将行程检测替换为压力检测）。

3．任务实施

按图 7-20 构成用压力继电器和电磁换向阀的往复控制回路，可利用继电器或 PLC 控制形式。通过控制 YA_1 换向—YA_3 快进—工进等实现动作①；通过 SPQ_1—YA_2 换向等实现动作②；通过 SPQ_2—YA_1 失电换向—YA_3 快退等实现动作③；通过 SPQ_3—YA_4（可手动操作）换向等实现动作④；SPQ_4 动作标志本次工作循环结束并进入下一个工作循环。

7.5.4　（任务四）用顺序阀实现液压缸往复控制

1．任务引入

对于两个或多个液压缸的前后顺序控制系统，可以利用顺序阀的压力开关作用，对设置不同开启压力的顺序阀实现按压力高低顺序工作的过程，从而使其控制的液压缸按先后顺序工作。例如，图 7-17 所示的采用行程开关和电磁换向阀的往复控制液压回路可进一步简化成图 7-21 所示的用顺序阀实现顺序控制的回路。

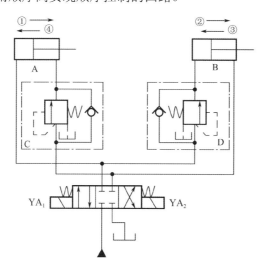

图 7-21　用顺序阀实现顺序控制的回路

2．任务分析

对于图 7-21 所示回路而言，在 A、B 缸的并联回路中，分别串联了单向顺序阀控制环节 C 和 D，并由一个三位四通电磁换向阀进行控制。

当三位四通电磁换向阀左位工作时，A 缸活塞向右运动，A 缸运行到工位后其回路压力会逐渐升高，升高到右边的顺序阀的调定压力时，D 单向顺序阀环节开启，B 缸活塞开始向右运动。当三位四通电磁换向阀右位工作时，B 缸活塞向左退回，B 缸活塞退行到位后其回路压力同样会逐渐升高，升高到左边的顺序阀的调定压力时，C 单向顺序阀环节开启，A 缸活塞开始向左运动。当三位四通电磁换向阀处于中位机能时，A 缸和 B 缸可在任意位置被锁定。

3．任务实施

按图 7-21 构成回路，YA_1 得电后 A 缸先动，执行动作①，到位后回路压力升高使 D

开启，B 缸动，执行动作②，延后一定时间后 YA$_2$ 得电，B 缸退回，执行动作③，到位后回路压力升高使 C 开启，A 缸退回，执行动作④。当 YA$_1$ 和 YA$_2$ 失电时，A 缸和 B 缸被锁紧并可能停留在任何位置。双控阀的两个电磁铁应互锁，不允许同时得电。

7.5.5 （任务五）用双向变量泵实现液压缸换向控制

1．任务引入

运动部件的换向一般可采用各种换向阀来实现。在容积调速的闭式回路中，也可以利用双向变量泵控制油液流的方向来实现液压缸（或液压马达）的换向。图 7-22 所示为双向变量泵换向回路。

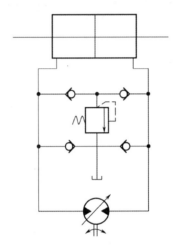

图 7-22　双向变量泵换向回路

2．任务分析

如图 7-22 所示，该回路主要利用双向变量泵的换向来实现液压缸的换向，为了防止液压泵的输入压力过高或惯性原因造成回路系统压力升高，在液压缸的输入输出回路之间增加了双向限压溢流回路，使过高的系统压力被释放和限定。

双向变量泵换向回路比一般换向阀换向平稳，多用于大功率的液压系统中，如龙门刨床、拉床等。

3．任务实施

按图 7-22 构成双向变量泵换向回路，通过控制和改变双向变量泵的运行方向，实现液压缸的换向运行。

7.6　气动往复控制回路

气动往复控制回路是指气缸或气马达等气动执行元件的自动换向控制回路或自动往复控制回路，其结构原理与液压系统往复控制回路相同。

7.6.1　（任务一）行程检测的往复动作回路

1．任务引入

气缸往复动作回路的控制方式与液压缸基本相同，只是气动回路的惯性作用比液压回路要小，而负载的惯性取决于所加负载的大小，在同样负载惯性作用下，气体有压缩性而液体不具有压缩性，因此气动系统的负载惯性比液压系统的负载惯性产生的作用大。

2．任务分析

图 7-23 所示为用行程阀实现气缸行程检测的往复动作回路。当按压二位三通手动阀 A 时，A 阀上位工作，控制气缸的二位四通气动主阀左位工作，气缸活塞杆伸出，当活塞杆伸出后滑块压下二位三通行程阀 B，B 阀上位工作，控制气缸的二位四通气动主阀右位工作，气缸活塞杆缩回，气缸完成一个活塞杆伸出到位后自动缩回。

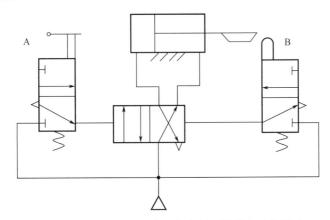

图 7-23　用行程阀实现气缸行程检测的往复动作回路

3．任务实施

按图 7-23 构成用行程阀实现气缸行程检测的往复动作回路，通过控制二位三通手动阀 A，实现液压缸的往复控制。由于主阀是气动双控阀，A 阀只要被压下，系统就会自动运行后续的动作，不存在对 A 阀继续进行节奏控制的问题。

7.6.2　（任务二）时间控制的往复动作回路

1．任务引入

与电磁阀控制的气动回路类似，气控阀控制的气动换向系统为了实现系统的可靠运行，也可以用延时的控制形式，实现气缸的定时往复控制，图 7-24 所示为时间控制的往复动作回路。

2．任务分析

在图 7-23 的基础上，在主阀的右端控制气路侧增加一个储气罐 C 和一个调速阀 D（单向节流阀），形成如图 7-24 所示的时间控制的往复动作回路。当右端有压缩气体时，压缩气体通过调速阀 D 的单向节流阀对储气罐 C 充气增压，其充气时间可通过调节单向节流阀来调整，当延时充压达到一定压力后主阀才能动作，气缸因而可实现延时返回；当气缸返回时，滑块与行程阀 B 脱离，阀 B 在复位弹簧作用下恢复到下位导通，此时储气罐 C 中的压缩气体通过调速阀 D 的单向节流阀向 B 阀排气，直至压力与大气压力相同，为下一个工作循环做准备。

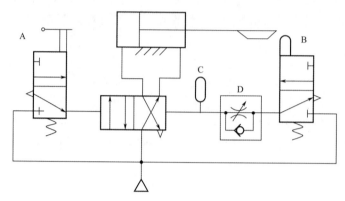

图 7-24　时间控制的往复动作回路

3．任务实施

按图 7-24 构成时间控制的往复动作回路。手动阀 A 只要被压下，系统就会自动运行后续的动作。

7.7　液压缸定位控制回路

液压缸定位控制回路是指能够使液压系统中的液压缸可靠运行到预定位置并自动停止运动的控制回路。由于液压缸的压力和负载的大小具有成正比关系的特性以及运行物体的惯性原因，因此液压缸的活塞杆伸出与缩回位置的定位，只靠传感器进行精确检测后采用液压锁紧定位是不精确的，还要靠机械式的限位块或选用多工位的液压缸进行精确定位。

7.7.1　（任务一）用双液压缸实现三工位定位

1．任务引入

对于一个普通的液压缸而言，定位除采用限位挡铁的形式外，其动作位置只有两个，即活塞杆全部伸出或全部缩回。当需要多定位输出时，可将多个液压缸串联，采用单动或联动的方式，就能实现多个定位输出。图 7-25 所示为双液压缸的三工位定位回路，通过液压缸的串联形式和特定的控制过程，能够实现三个位置的输出。

2．任务分析

如图 7-25 所示，该回路由两个背对背安装的液压缸组成三工位精确定位系统，主要利用两个液压缸的活塞杆靠缸筒自身限位，在全部伸出或全部缩回状态下的不同组合，形成三个不同高度的工位。可以通过增加液压缸的串联数量，增加工位数量，增加一个液压缸就能增加一个工位。该形式的定位方式适合气缸多工位定位。当缸①活塞在上位，缸②活塞在下位时，下工位Ⅰ定位，此时 YA_1 得电，YA_2 失电，两个二位四通单控电磁阀一个左位工作，另一个右位工作；当缸①活塞在上位，缸②活塞在上位时，中工位Ⅱ定位，此时 YA_1 得电，YA_2 得电，两个二位四通单控电磁阀均左位工作；当缸①活塞在下位，缸②活塞在上位时，上工位Ⅲ定位，此时 YA_1 失电，YA_2 得电，两个二位四通单控电磁阀一个右位工作，另一个左位工作。

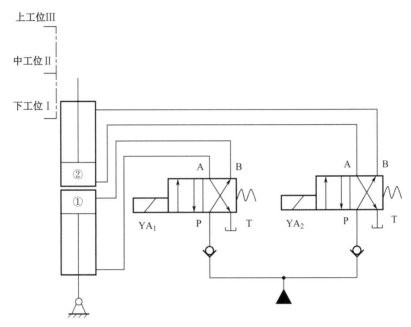

图 7-25　双液压缸的三工位定位回路

3．任务实施

按图 7-25 构成双液压缸的三工位定位回路。通过对 YA_1 和 YA_2 的组合控制，可以使液压系统有三个工位输出。

7.7.2　（任务二）用单液压缸实现四工位定位

1．任务引入

对于多个液压缸串联的多工位输出系统，可以通过单液压缸活塞两端不同位置双油路孔接通时的压力平衡形式实现定位。图 7-26 所示为单液压缸的四工位定位回路，通过接通不同位置的双油路孔，液压缸中的活塞按照压力平衡原理，自动运行至压力平衡点，此位置就是要求的定位工位。

2．任务分析

在图 7-26 所示的单液压缸四工位定位回路中，利用对液压缸定位点处活塞两侧的缸壁开排液平衡孔和液流产生的压差使活塞移动，当活塞运动到定位点时，由于排液孔位于活塞两侧，此时活塞两侧压力平衡，实现该点定位。为了保证活塞两侧压力的平衡，应考虑有杆腔与无杆腔造成的定位偏移，或选用双活塞杆液压缸。图中液压缸有四个定位点 I、II、III、IV，分别对应活塞位置 a、b、c、d，排液孔分别为 a_1、a_2、b_1、b_2、c_1、c_2、d_1、d_2。当定位于工位 I 时，活塞在 a 点，由 a_1、a_2 孔同时排液，此时只有 YA_1 得电；当定位于工位 II 时，活塞在 b 点，由 b_1、b_2 孔同时排液，此时只有 YA_2 得电；当定位于工位 III 时，活塞在 c 点，由 c_1、c_2 孔同时排液，此时只有 YA_3 得电；当定位于工位 IV 时，活塞在 d 点，由 d_1、d_2 孔同时排液，此时 YA_1、YA_2、YA_3 失电。

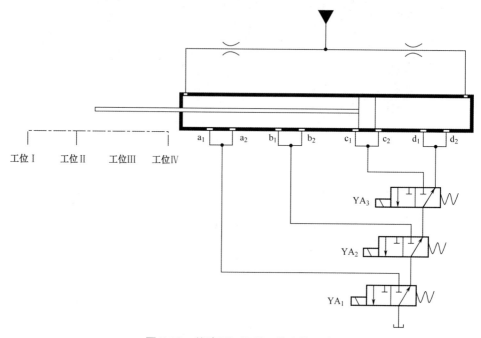

图 7-26　单液压缸的四工位定位回路

3. 任务实施

按图 7-26 构成单液压缸的四工位定位回路。通过对 YA_1、YA_2、YA_3 的单独控制，可以使液压系统有不同的工位输出。YA_1、YA_2、YA_3 之间应互锁，每次只能有一个电磁阀得电，否则系统将不能正常工作。

7.7.3　（任务三）用单液压缸实现多工位定位

1. 任务引入

单液压缸的多工位定位回路除可采用双油路孔的中间定位形式，还可采用单油路孔的定位形式，图 7-27 所示为单液压缸的多工位定位回路，其采用的是单油路孔的定位形式，油路孔接通电磁阀的连接控制形式有所不同。

2. 任务分析

如图 7-27 所示，利用对液压缸定位点处的缸壁开排液平衡孔，液流产生的压差使活塞移动,当活塞运动到定位点并将排液孔堵塞时,活塞两侧压力平衡,从而实现该点定位。图中液压缸有五个定位点 I、II、III、IV、V,分别对应排液孔位置 a、b、c、d、e,控制排液孔的二位二通电磁换向阀分别为 YA_1、YA_2、YA_3、YA_4、YA_5,由排液孔流出的油液经单向阀和背压阀流入油箱,背压阀可以由溢流阀或顺序阀构成,YA_6 得电,油液可以通过二位三通电磁换向阀左位和单向阀以及节流阀分别进入液压缸的活塞两侧。当定位于工位 I 时,控制 a 孔通道的二位二通电磁换向阀 YA_1 得电,活塞左侧压力下降,活塞左移,当活塞将 a 孔堵塞时,活塞两侧的压力平衡,此时活塞才能静止不动。当活塞定位在需要的工位 I 时,二位三通电磁换向阀 YA_6 失电,使液压缸处于工位 I 的锁紧状态。

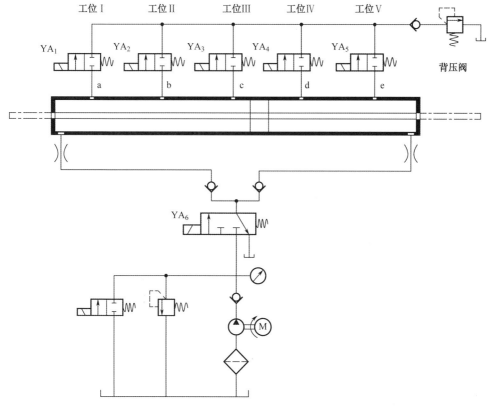

图 7-27　单液压缸的多工位定位回路

3. 任务实施

按图 7-27 构成单液压缸的多工位定位回路。通过对二位二通电磁换向阀 $YA_1 \sim YA_5$ 的单独控制,可以使液压系统有多个工位输出。各电磁阀应互锁,每次只能有一个电磁阀得电。

7.8　气缸定位控制回路

气缸的定位控制回路与液压缸的定位控制回路的原理是相同的,不过气缸的压力气体具有可压缩性,因此其运行压力与负载阻力的大小有关。要注意换向过程中的负载阻力变化和用单向节流阀实现双向速度的参数调节过程。

7.8.1 （任务一）用锁紧气缸实现定位的动作回路

1. 任务引入

在气动系统中，由于外界负载较大且有波动或气缸竖直安装使用的同时对气缸的定位精度与重复精度要求较高，应选用制动气缸进行限位和锁紧。图 7-28 所示为用锁紧气缸实现定位的动作回路。

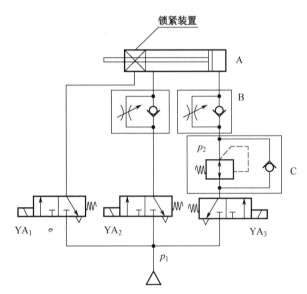

图 7-28　用锁紧气缸实现定位的动作回路

2. 任务分析

带有制动装置的气缸称为制动气缸，也称锁紧气缸。一般制动气缸为卡套锥面式制动装置，它由制动闸瓦、制动活塞和弹簧等构成。制动装置一般安装在普通气缸的前端，除卡套锥面式锁紧气缸，还有弹簧式锁紧气缸和偏心式锁紧气缸等多种形式；制动装置按锁紧装置所在的位置不同分为行程末端锁紧型和任意位置锁紧型。锁紧气缸在工作中的制动装置有两个工作状态，即放松状态和制动夹紧状态。当锁紧气缸由运动状态进入制动状态时，制动装置的制动气源为无压状态，其压缩弹簧迅速使制动活塞复位并压紧制动闸瓦，制动闸瓦紧抱活塞杆使之停止运动；当锁紧气缸由制动状态进入运动状态时，制动装置的制动气源为有压状态，制动气源压力使制动活塞受压移动脱离对制动闸瓦的作用，此时制动机构处于放松状态，锁紧气缸活塞杆可以自由运动。锁紧气缸的工作过程属于通气运行、断气制动过程。

如图 7-28 所示，二位三通单控电磁阀 YA_1 用于控制锁紧气缸 A 的锁紧装置，当 YA_1 得电时，其左位工作，锁紧装置受压缩气源作用处于放松状态；当 YA_1 失电时，其右位工作（原位），锁紧装置不受压缩气源的作用而处于锁紧状态。当二位三通单控电磁阀 YA_2 得电时，其左位工作，用于控制锁紧气缸 A 的活塞杆缩回；当 YA_2 失电时，其右位工作

（原位），锁紧气缸 A 的有杆腔处于排气状态；锁紧气缸 A 的双作用口各加一个调速阀 B（单向节流阀）实现出口节流。当二位三通单控电磁阀 YA_3 得电时，其右位工作，用于控制锁紧气缸 A 的活塞杆伸出；当 YA_3 失电时，其左位工作（原位），锁紧气缸 A 的无杆腔处于排气状态；为了防止在锁紧状态的平衡打破后出现活塞杆快速伸出现象，在出口设置了单向减压阀 C，从而实现活塞杆伸出的作用压力 p_2 小于活塞杆缩回的作用压力 p_1。

3. 任务实施

按图 7-28 构成用锁紧气缸实现定位的动作回路。YA_2 和 YA_3 应采用互锁控制，只能允许其中一个电磁阀得电；YA_2 和 YA_1 与 YA_3 和 YA_1 应采用联动控制，这是由于无论 YA_2 或 YA_3 哪个工作，YA_1 都要工作，否则气缸 A 处于锁紧状态。

7.8.2 （任务二）用多位气缸实现定位的动作回路

1. 任务引入

多位气缸的结构还可以采用两个行程不等的单杆双作用气缸 A 和 B 串联成一体，构成多位输出形式。图 7-29 所示为用多位气缸实现定位的动作回路，通过不同的控制过程，可以实现气动系统输出三个不同的位置。

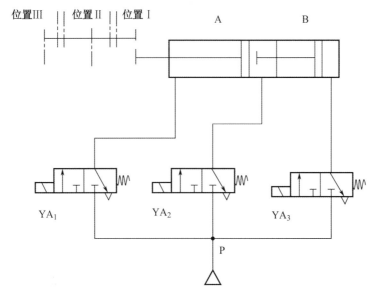

图 7-29　用多位气缸实现定位的动作回路

2. 任务分析

在图 7-29 所示的用多位气缸定位的动作回路中，两个行程不等的单杆双作用气缸 A 和 B 串联成一体，组成了单出杆双行程的多位气缸。当 YA_1 得电时，多位气缸处于活塞杆缩回状态，气缸活塞杆处于位置 I（原位）。当 YA_3 得电时，B 推动 A 使气缸活塞杆处于位置 II。当 YA_2 得电时，气缸活塞杆处于位置 III。YA_2 和 YA_3 可以同时工作，因此其在位置 I 和位置 II 区间可以输出双倍作用力，在位置 II 和位置 III 区间输出单倍作用力。

3. 任务实施

按图 7-29 构成用多位气缸实现定位的动作回路，YA$_1$ 和 YA$_2$ 及 YA$_3$ 应采用互锁控制，YA$_1$ 不能和 YA$_2$ 及 YA$_3$ 中任何一个电磁阀同时工作。通过对 YA$_1$、YA$_2$、YA$_3$ 的不同操作，可以实现多个位置的输出定位。

7.8.3 （任务三）用外部挡铁实现定位的动作回路

1. 任务引入

在气动系统中，应用较多的是挡铁定位，这也是较可靠和较精确的定位方法。图 7-30 所示为用外部挡铁实现气缸定位的动作回路，其挡铁的定位范围可以在气缸行程的任何位置。

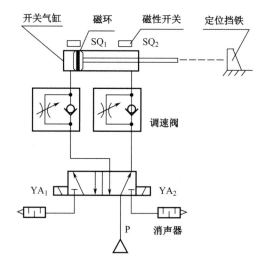

图 7-30　用外部挡铁实现气缸定位的动作回路

2. 任务分析

在图 7-30 所示的动作回路中，挡铁的定位方式为对活塞杆的硬性阻挡，因此定位挡铁的固定必须具有牢靠性，必须能承受气缸的推力。

对于开关气缸而言，其行程检测采用磁性开关 SQ$_1$ 和 SQ$_2$ 来检测嵌在气缸活塞中间的磁环所在位置，YA$_1$ 和 YA$_2$ 是二位五通换向阀的左右电磁线圈，其两个排空口直接接入两个消声器，气缸采用两个调速阀实现出口节流调速。也可以用排气节流阀代替消音器，则调速阀可省略。

3. 任务实施

按图 7-30 构成用外部挡铁实现气缸定位的动作回路，YA$_1$ 和 YA$_2$ 应采用互锁控制，通过移动定位挡铁，可以实现任意位置的限位。

 思考题

1．液压与气动基本回路指的是什么？按所完成功能的不同，液压与气动基本回路通常分为哪几类？

2．在锁紧回路中，三位换向阀的中位机能应该选择什么形式？为什么？

3．往复控制回路有哪几种形式？

4．差动控制指的是什么？画出使用二位三通换向阀实现差动连接的回路图。

5．单液压缸多工位的定位工作原理是什么？

6．为什么说外部挡铁可以实现气缸行程内任意点的定位？

第8章 压力控制回路

要点概述

压力控制回路是对液压与气动系统或其某一部分的压力进行控制的回路。这种回路包括调压、卸荷、保压、减压、增压、平衡等多种回路。压力控制回路是由溢流阀、减压阀、顺序阀等液压与气动基础控制元件构成的，其共同点是利用作用在阀芯上的流体压力和弹簧力相平衡的原理来实现压力平衡与调整，从而达到压力稳定。本章主要通过对液压与气动调压回路、液压与气动减压回路、液压与气动增压回路、液压卸荷回路、液压保压回路、液压平衡回路、液压与气动缓冲回路等模块的实际应用，使读者在性能、原理、选型、安装、调试等方面掌握压力基础控制元件和基本压力控制回路的运用。

	重 点	难 点	教学方法	教学时间
本章教学目标：掌握液压与气动压力控制功能模块的结构原理，能合理对各功能模块进行连接与调试，能准确描述组成各功能模块所用基础控制元件的作用、原理和使用要点，理解各基础控制元件的符号画法并能在系统回路中划分出相应的功能模块，同时具有举一反三设计液压与气动相应功能模块的能力				
8.1 节	液压各调压回路的模块结构形式和工作原理，熟悉模块所用各基础元件的作用、原理、符号画法	液压各调压回路模块的连接与调试，能够在系统图中找出并划分相应模块，分析其在系统中的工作过程	项目实践	1.2 课时
8.2 节	气动各调压回路的模块结构形式和工作原理，熟悉模块所用各基础元件的作用、原理、符号画法	气动各调压回路模块的连接与调试，能够在系统图中找出并划分相应模块，分析其在系统中的工作过程，并能举一反三设计原理相近的功能模块	项目实践	1.2 课时
8.3 节	液压各减压回路的模块结构形式和工作原理，熟悉模块所用各基础元件的作用、原理、符号画法	液压各减压回路模块的连接与调试，能够在系统图中找出并划分相应模块，分析其在系统中的工作过程	项目实践	1.2 课时
8.4 节	气动各减压回路的模块结构形式和工作原理，熟悉模块所用各基础元件的作用、原理、符号画法	气动各减压回路模块的连接与调试，能够在系统图中找出并划分相应模块，分析其在系统中的工作过程，并能举一反三设计原理相近的功能模块	项目实践	1.2 课时
8.5 节	液压各增压回路的模块结构形式和工作原理，熟悉模块所用各基础元件的作用、原理、符号画法	液压各增压回路模块的连接与调试，能够在系统图中找出并划分相应模块，分析其在系统中的工作过程	项目实践	1.2 课时
8.6 节	气动各增压回路的模块结构形式和工作原理，熟悉模块所用各基础元件的作用、原理、符号画法	气动各增压回路模块的连接与调试，能够在系统图中找出并划分相应模块，分析其在系统中的工作过程，并能举一反三设计原理相近的功能模块	项目实践	1.2 课时

续表

	重 点	难 点	教学方法	教学时间
8.7 节	液压各卸荷回路的模块结构形式和工作原理,熟悉模块所用各基础元件的作用、原理、符号画法	液压各卸荷回路模块的连接与调试,能够在系统图中找出并划分相应模块,分析其在系统中的工作过程	项目实践	1.2 课时
8.8 节	液压各保压回路的模块结构形式和工作原理,熟悉模块所用各基础元件的作用、原理、符号画法	液压各保压回路模块的连接与调试,能够在系统图中找出并划分相应模块,分析其在系统中的工作过程	项目实践	1.2 课时
8.9 节	液压各平衡回路的模块结构形式和工作原理,熟悉模块所用各基础元件的作用、原理、符号画法	液压各平衡回路模块的连接与调试,能够在系统图中找出并划分相应模块,分析其在系统中的工作过程	项目实践	1.2 课时
8.10 节	液压各缓冲回路的模块结构形式和工作原理,熟悉模块所用各基础元件的作用、原理、符号画法	液压各缓冲回路模块的连接与调试,能够在系统图中找出并划分相应模块,分析其在系统中的工作过程	项目实践	1.2 课时
8.11 节	气动各缓冲回路的模块结构形式和工作原理,熟悉模块所用各基础元件的作用、原理、符号画法	气动各缓冲回路模块的连接与调试,能够在系统图中找出并划分相应模块,分析其在系统中的工作过程,并能举一反三设计原理相近的气动模块	项目实践	1.2 课时
8.12 节	单杆和双杆液压缸活塞推力和速度的计算	根据实际回路的要求确定相关计算参数	讲授	0.75 课时
8.13 节	气动压力控制回路与液压控制回路的差异	气动一次压力控制回路和二次压力控制回路的压力确定	讲授	0.5 课时
合计课时				14.45 课时

本章的学习以模块为任务,采用项目实践教学方法,使读者达到知识目标和能力目标的要求。

1. 知识目标

① 理解压力控制回路中相关模块的作用原理、结构组成、工作过程,对组成基本回路模块的相关基础元件的功能、特点、表示符号、控制要求、参数整定方法等有明确的认识和掌握。

② 能够按照基本要求用压力控制模块和相关基础元件设计液压与气动执行元件的基本压力控制回路。

③ 了解并掌握 PLC 对比例压力控制元件及比例压力控制模块实现控制的设计方法。

2. 能力目标

① 能够根据实际要求设计简单的液压与气动执行元件的压力控制回路,并按照流量要求进行相关元件的选型,掌握一般液压与气动系统压力控制回路的设计方法。

② 能够根据液压与气动压力控制模块和控制回路进行设备的连接、调试、运行。

③ 能在较复杂的液压与气动回路中,找出并划分相关的压力控制模块和压力控制基础元件,同时理解其在回路中的作用、原理、特点。

3．操作要求

① 按照模块原理完成设备连接并检查和确认其正确性。

② 按连接好的设备，分析作用原理和操作过程及相关参数设置方法以及回路故障的处置方案，通过模拟操作与处置过程，达到对模块和相关基础元件的熟练应用。

③ 在设备的准备、储备、存放过程中，应注意设备的防尘和防潮。

④ 在设备的安装、连接、调试过程中，应注意管路的整洁、设备的安装方式和方向、设备参数的配套预设值设置方法和要求。

⑤ 液压与气动设备的电磁阀、比例阀等和电气控制系统接线时，应注意电磁阀的互锁问题、比例阀的配套性、系统的安全接地问题等。

8.1 液压调压回路

液压调压回路的作用是按照液压系统的实际要求，将系统相关各压力调节为各个分支回路工作所需要的不同等级压力。液压调压回路是控制主系统或分支系统的最高工作压力使其不超过某一预先调定数值的压力控制回路，主要指用溢流阀实现的调压回路。

8.1.1 （任务一）用溢流阀实现单级调压

1．任务引入

在液压系统中将一个溢流阀连接在相关的回路中，利用溢流阀的稳压特性，其回路的工作压力值能稳定在溢流阀调定压力值范围内。图 8-1 所示为用溢流阀实现的单级调压回路。

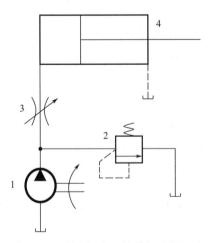

图 8-1　用溢流阀实现的单级调压回路

2．任务分析

单级调压回路是指用一个溢流阀实现最简单的一个等级的压力控制回路。在图 8-1

所示的单级调压回路中，通过液压泵 1 和溢流阀 2 的并联连接，即可组成最简单的单级调压回路，通过调节溢流阀的压力，可以改变泵的输出压力。当溢流阀的调定压力确定后，液压泵在溢流阀的调定压力下工作，从而实现对液压系统的调压和稳压控制。如果将液压泵 1 替换为变量泵，这时溢流阀将作为安全阀来使用，液压泵的工作压力低于溢流阀的调定压力，这种状况下溢流阀不处在长期溢流调节的工作状态，只有当液压泵的工作压力上升，达到溢流阀的调定压力，即系统出现故障时，溢流阀才有溢流工作状态，并将液压泵的工作压力限制在溢流阀的调定压力值以下，使液压系统不至于因压力过载而受到破坏，实现了对液压系统的安全保护。

3. 任务实施

按图 8-1 构成用溢流阀实现的单级调压回路，通过调整溢流阀的调定压力值，可以实现液压缸在不同的工作压力下输出不同的负载推力。

8.1.2　（任务二）用先导式溢流阀实现多级调压

1. 任务引入

在液压系统中，随着工作过程的时段不同，对液压缸的输出力大小的要求会有所改变，因此要求系统的压力在不同时刻有所改变。图 8-2 所示为二级调压回路，图 8-3 所示为三级调压回路。

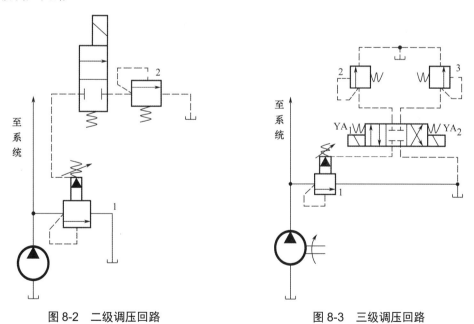

图 8-2　二级调压回路　　　　　图 8-3　三级调压回路

2. 任务分析

图 8-2 和图 8-3 中的回路都利用直动式溢流阀的输出稳压端控制先导式溢流阀的压力调整端，使先导式溢流阀的输出稳定压力受直动式溢流阀的输出压力控制，因此通过换向阀的控制，在不同的时刻，在先导式溢流阀的远程压力控制端接入不同压力的设定值，就

能改变先导式溢流阀的输出稳压值。

3. 任务实施

按图 8-2 和图 8-3 所示构成二级调压回路和三级调压回路，并按以下顺序进行压力回路的调试。

1) 二级调压回路

如图 8-2 所示，由先导式溢流阀 1 和直动式溢流阀 2 分时调整两个不同等级的压力值，从而实现分时控制两种不同的系统压力值。当二位二通电磁阀处于图示的原位时，系统压力由阀 1 调定，当电磁铁得电，上位工作时，系统压力由阀 2 调定。在此二级调压回路中，要求阀 2 的调定压力一定要小于阀 1 的调定压力，否则不能实现二级压力的调整。当系统压力由阀 2 调定在较低状态时，阀 2 处于工作状态，并有油液通过，由于此时系统工作压力低于阀 1 的调定压力，因而阀 1 口关闭，但主阀开启，液压泵的溢流流量经主阀回油箱。

2) 三级调压回路

图 8-3 所示为三级调压回路，系统的三级压力分别由先导式溢流阀 1、直动式溢流阀 2 和溢流阀 3 调定，当电磁铁 YA_1、YA_2 失电时，较高的系统压力由先导式主溢流阀调定。当 YA_1 得电时，系统压力由阀 2 调定。当 YA_2 得电时，系统压力由阀 3 调定。当阀 2 或阀 3 工作时，其调定的系统压力低于由阀 1 调定的系统压力，因而阀 2 和阀 3 工作时，阀 1 的先导阀口关闭，主阀开启，液压泵的溢流流量经主阀回油箱。在此三级调压回路中，要求阀 2 和阀 3 的调定压力必须低于阀 1 的调定压力，阀 2 和阀 3 的调定压力之间没有约束条件。当阀 2 或阀 3 工作时，阀 2 或阀 3 相当于阀 1 上的另一个先导阀。

8.1.3 （任务三）用两个溢流阀实现双向调压

1. 任务引入

当执行元件的正反行程需要不同的供油压力时，可以将设置低压力值的溢流阀与设置高压力值的溢流阀并联，从而使设置高压力值的溢流阀失去稳压能力。因此，在液压系统的多个溢流阀的并联回路中，只有一个设置最低压力的溢流阀在工作，而其他的溢流阀永远达不到设定的压力，其阀口关闭。可以利用不同时刻接入更低压力设置值的溢流阀，实现不同时刻的压力输出。

2. 任务分析

图 8-4 所示为双向调压回路，当换向阀左位工作时，活塞杆伸出做功，工作压力为泵出口压力，可以由溢流阀 1 调定为较高压力，液压缸有杆腔油液通过换向阀回到油箱，这时溢流阀 2 被短路从而不工作。当换向阀右位工作时，液压缸以空行程返回，需要的压力较低，泵出口压力可由溢流阀 2 调定为较低压力，此时溢流阀 1 的调节压力高于溢流阀 2 的工作压力而停止工作。当液压缸退到终点后，泵也可以在相对功率损耗小的低压力下回油，具有节能效果。

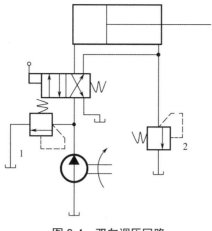

图 8-4　双向调压回路

3．任务实施

按图 8-4 构成双向调压回路，通过调整溢流阀的设定稳压值，可以实现液压缸在不同的工作压力下输出不同的负载推力。

8.1.4　（任务四）用比例溢流阀实现无级调压

1．任务引入

在液压系统中，压力的调整大都由通过事先设定参数的方法得到，但在一些液压闭环控制回路中，液压系统要求压力输出值具有随机性，因此其输出的压力值应当是无级调压的形式。图 8-5 所示为先导式比例溢流阀控制系统压力的结构原理图，由 PLC 输出不同的信号值，先导式比例溢流阀就有相应不同的输出压力。

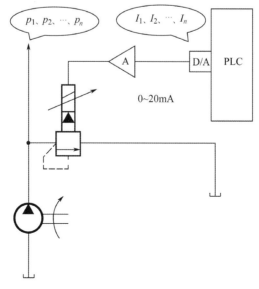

图 8-5　先导式比例溢流阀控制系统压力的结构原理图

2．任务分析

在液压系统中，为了得到随系统工作状态不同而不同的压力值，可采用先导式比例溢流阀，即直动式比例溢流阀控制普通压力阀，从而实现主阀（压力阀）控制输出不同的系统压力值。在图 8-5 所示的先导式比例溢流阀控制系统中，由 PLC 控制的数字量形式经 D/A 转换得到 I_1、I_2、$\cdots$、I_n 等在 0～20mA 之间不同数值的控制电流值，以驱动比例阀驱动器 A，从而使先导式比例溢流阀可以设定并调节和稳定不同的压力值 p_1、 p_2、$\cdots$、p_n。这种压力调节方式属于无级调压回路。

3．任务实施

按图 8-5 构成调压回路，通过 PLC 输出的不同信号值，可以得到液压系统不同的工作压力输出值，并配置一个系统压力表，以便观察输出压力的变化。

8.2 气动调压回路

气动调压回路包括气源压力控制回路（系统一次压力控制回路）和执行元件的压力控制回路（分支系统压力控制回路，也称系统二次压力控制回路），系统二次压力控制回路并非单一的压力控制回路，它与系统的各支路执行元件的工作压力有关，可能包含多个压力的输出。

8.2.1 （任务一）气源压力控制回路

1．任务引入

气动系统一般采用中心供气方式，即多个气动系统共用一个气源供气；而液压系统一般采用独立的液压源供压力油。因此中心气源系统应属于独立的压力控制系统，为分支系统供气的压力源应当是在系统压力下的二次供压（减压）系统。图 8-6 所示为气源压力控制回路，也称系统一次压力控制回路，是系统的最高压力源。

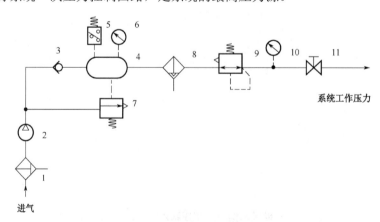

图 8-6 气源压力控制回路

2．任务分析

在图 8-6 所示的气源压力控制回路中，1 是过滤器；2 是空压机；3 是防止压缩气体逆流的单向阀；4 是储气罐；5 是储气罐检测压力的压力继电器，压力继电器控制空压机的工作状态，即使空压机达到设定压力上限停止、下限工作，可以保持储气罐有足够的压力输出；6 是储气罐的显示压力表；7 是储气罐的溢流阀（又称安全阀），保持储气罐的压力上限不超标，超标时安全阀将向外排空，保持罐内压力在安全值以内；8 是油水分离器，进一步去除杂质；9 是减压阀，可将储气罐的压力进一步降低至系统的工作压力值；10 是系统的显示压力表；11 是手动截止阀。

3．任务实施

按图 8-6 所示回路选择结构相近的气源压力控制回路，通过对安全阀（溢流阀）、压力继电器、减压阀等参数的调整，观测相应储气罐压力变化和输出压力表的变化，并认真分析气源的结构原理。

8.2.2　（任务二）双压控制回路

1．任务引入

对于小型的低压气动系统，可以在中心气源的基础上，直接通过减压阀实现供气。图 8-7 所示为双压控制回路，利用减压阀的减压输出，可以实现两种压力的供气。

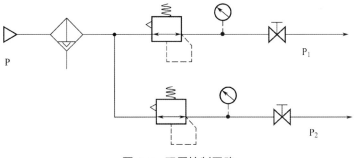

图 8-7　双压控制回路

2．任务分析

图 8-7 所示的双压控制回路实际上是在图 8-6 所示的气源压力控制回路的后面，并联了一路减压阀的压力输出，用两个不同压力的减压阀输出，得到两路不同的输出压力。在流量满足的条件下，利用减压阀可以并联输出多路压力。

3．任务实施

按图 8-7 构成双压控制回路，通过对两个减压阀参数的调整，可以观测相应输出压力表的变化。

8.2.3 （任务三）气源压力延时输出控制回路

1. 任务引入

对于长距离管路输出的压力源，由于其稳定压力的输出时间与管路长度形成的容积有关，因此管路越长，需要延长的时间越长。图 8-8 所示为气源压力延时输出控制回路，可以延时输出稳定的压力。

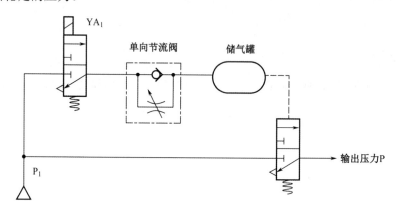

图 8-8　气源压力延时输出控制回路

2. 任务分析

如图 8-8 所示，当 YA_1 得电时，其在上位工作，压力油液经单向节流阀向储气罐充压，当储气罐的压力经延时上升至二位三通气动阀的动作压力时，二位三通气动阀的上位导通，压力油液可经气动阀上位向外输出。

3. 任务实施

按图 8-8 构成气源压力延时输出控制回路，通过对储气罐入口节流的调整，实现输出压力的延时时间的调整，可以外接输出压力表观测相应压力延时输出时间的变化。

8.3　液压减压回路

液压减压回路是指由定值减压阀构成的实现压力降低（减压）与输出稳定（稳压）的回路。一般减压阀最低调定压力大于 0.5 MPa，最高调定压力至少比主油路系统的供油压力低 0.5 MPa，否则输出压力会不稳定。

8.3.1 （任务一）用减压阀实现单级减压

1. 任务引入

在液压系统中，当执行元件需要的工作压力低于系统压力时，可以通过减压阀输出减压压力，为其执行元件提供工作压力。图 8-9 所示为减压阀的单级减压回路，可以将系统压力降低到需要的工作压力。

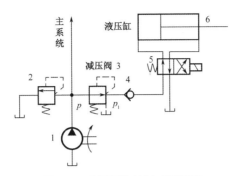

图 8-9 减压阀的单级减压回路

2. 任务分析

一般由泵等压力源输出的压力为高压，而局部回路或支路要求的工作压力为较低压力时，就要通过减压回路实现压力降低与稳定，如机床液压系统中的定位、夹紧、回路分度以及液压元件的控制油路等，它们往往要求比主油路的压力低。一般由减压阀构成的减压回路较为简单，在需要低的支路前直接串接减压阀即可达到减压与稳压的目的。减压回路虽能方便地获得局部支路稳定的相对低压，但压力油经减压阀口时会产生压力损失而浪费能源。

在图 8-9 中，泵 1 压力经溢流阀 2 稳压到压力 p 后输出给主系统，经减压阀 3 减压后的压力 p_1 经单向阀 4 和二位四通单控电磁换向阀 5 控制液压缸 6 的活塞杆的伸出与缩回。

3. 任务实施

按图 8-9 构成减压阀的单级减压回路，通过对减压阀设定值的调整，实现对输出压力 p_1 的调整，可以外接输出压力表观测相应输出压力的变化。减压阀的输出流量要满足液压缸容积变化速度的要求，否则压力会不稳定。

8.3.2 （任务二）用减压阀实现多级减压

1. 任务引入

在液压系统中，随着工作过程的不同，执行元件工作压力要进行多次改变，图 8-10 所示的二级减压回路和如图 8-11 所示的三级减压回路都为多级减压回路。

2. 任务分析

多级减压回路最简单的方式就是分时接入不同设置参数的溢流阀实现对先导式减压阀的压力控制，即用溢流阀的压力控制先导式减压阀的压力，使系统有多个压力输出（见图 8-10），或直接用多个减压阀实现多个不同压力的输出（见图 8-11）。

3. 任务实施

按图 8-10 和图 8-11 分别构成二级减压回路和三级减压回路，并按以下顺序进行压力回路的测试。

1）二级减压回路

如图 8-10 所示，利用先导式减压阀 1 的远控口通过控制二位二通单控电磁阀选择接入远控溢流阀 2，可由阀 1 和阀 2 各得到一个调定的减压值。这种减压阀调压方式与溢流阀调压方式相似。阀 2 的调定减压值一定要低于阀 1 的调定减压值，阀 1 和阀 2 的调定减压值一定要低于系统溢流阀稳压值。

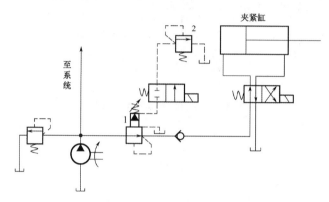

图 8-10　二级减压回路

当减压回路中的执行元件需要调速时，调速元件应放在减压阀的后面，以避免减压阀泄漏（由减压阀泄油口流回油箱）对执行元件的速度产生影响。

2）三级减压回路

如图 8-11 所示，三个液压缸的工作压力各不相同，为了使各个液压缸工作在适合的压力下，在同一个液压源供油系统中，设置了三个减压阀实现的减压支路，三个支路中的减压阀调定压力 p_1、p_2、p_3 可以各不相同，但三个减压阀调定压力必须小于系统溢流阀的调定压力 p。

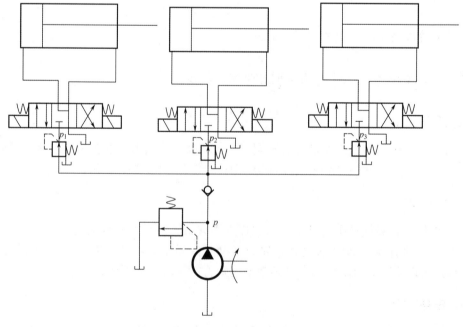

图 8-11　三级减压回路

8.3.3 （任务三）用一个减压阀实现单向减压

1．任务引入

在液压系统中，经常要求执行元件正反行程的工作压力不同，此时要用减压阀与单向阀的并联实现单向减压，如图 8-12 所示，该回路为由减压阀与单向阀并联实现的单向减压回路。

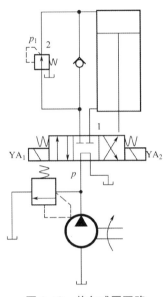

图 8-12 单向减压回路

2．任务分析

如图 8-12 所示，当三位四通电磁换向阀 1 的 YA_1 得电时，阀 1 左位工作，油液压力 p 经减压阀 2 减压至 p_1 后进入液压缸的无杆腔，液压缸在压力 p_1 作用下向下做功运行；当 YA_2 得电时，阀 1 右位工作，油液压力 p 直接进入液压缸的有杆腔，而无杆腔中的油液经单向阀和阀 1 直接流入油箱，液压缸在压力 p 作用下快速抬起；当 YA_1、YA_2 失电时，液压缸处于锁紧状态。在该回路中，减压阀 2 只在阀 1 左位工作时起作用，阀 1 右位工作时为全压工作，属于单向减压形式。

3．任务实施

按图 8-12 构成单向减压回路，通过 YA_1 和 YA_2 分别得电和同时失电来观测液压缸的工作状态，并可以外接压力表观测相应输出压力的变化。YA_1 和 YA_2 应互锁。

8.3.4 （任务四）用两个减压阀实现双向减压

1．任务引入

在液压系统中，当执行元件的正反行程的工作压力不同，同时其压力又都低于系统压力时，可采用减压阀和单向减压阀配合的方式，实现双向减压，如图 8-13 所示。

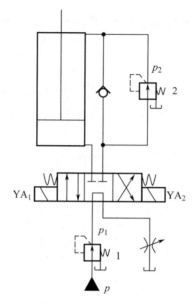

图 8-13　双向减压回路

2．任务分析

在图 8-13 所示的双向减压回路中，由两个减压阀 1、2 分别对液压缸的无杆腔入口和有杆腔入口进行减压，当 YA_1 得电时，三位四通电磁换向阀左位工作，油液压力 p 经减压阀 1 减压至 p_1 后进入液压缸的无杆腔，有杆腔中的油液经单向阀和三位四通电磁换向阀直接流入油箱，液压缸在压力 p_1 作用下向上做功运行；当 YA_2 得电时，三位四通电磁换向阀右位工作，油液压力 p 经减压阀 1 减压至 p_1 后经减压阀 2 减压至 p_2，进入液压缸的有杆腔，液压缸在压力 p_2 作用下向下运行；当电磁铁 YA_1、YA_2 失电时，液压缸处于锁紧状态。在该回路中，减压阀 2 的调定压力 p_2 小于减压阀 1 的调定压力 p_1，同时两个减压阀调定压力必须小于溢流阀的调定压力 p。

3．任务实施

按图 8-13 构成双向减压回路，通过 YA_1 和 YA_2 分别得电和同时失电来观测液压缸的工作状态，并可外接压力表观测相应输出压力的变化过程。YA_1 和 YA_2 应互锁。

8.3.5 （任务五）用先导式比例减压阀实现无级减压

1．任务引入

在液压系统中，液压动力源通过溢流阀可以提供稳定的系统压力 p，但为了在分支回路中得到随系统工作状态变化而不同的压力值，一般都采用对先导式比例减压阀的输入信号控制，来实现其在分支回路中输出不同的工作压力值。图 8-14 所示为先导式比例减压阀控制分支系统工作压力的结构原理图。

2．任务分析

在图 8-14 中，由 PLC 控制的数字量经 D/A 转换得到 I_1、I_2、$\cdots$、I_n 等在 0～20mA 之

内不同数值的控制电流值，以驱动比例阀驱动器 A，从而使先导式比例减压阀可以输出不同的压力值 p_1、p_2、…、p_n。这种减压调节方式类似于无级减压回路。

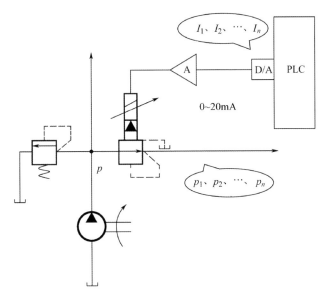

图 8-14 先导式比例减压阀控制分支系统工作压力的结构原理图

3. 任务实施

按图 8-14 构成回路，通过设置 PLC 输出不同的控制电流值，先导式比例减压阀的输出工作压力将相应变化，并可以通过外接压力表观测相应输出工作压力的变化。

8.4 气动减压回路

气动减压回路是指在系统压力作用下，系统执行元件在工作时，由于工作过程中负载的变化和响应不同速度的要求，需要有多种输出压力与之配合，而这些压力都是通过减压阀实现的低于系统压力的二次压力。

8.4.1 （任务一）多级减压控制

1. 任务引入

在气动系统中，当需要执行元件有多个工作压力时，可采用多个直动减压阀分时接入先导式减压阀的压力控制端，即可实现对先导式减压阀分时输出不同压力的控制。如图 8-15 所示，该回路为由直动式减压阀、换向阀、先导式减压阀构成的多级减压控制回路。

2. 任务分析

如图 8-15 所示，1 为先导式气动减压阀；2、3、4 为气动直动式减压阀；YA_1、YA_2、YA_3、YA_4 为二位三通单控电磁阀的电磁铁。YA_1、YA_2、YA_3 所属电磁阀可以控制阀 1 的

输出压力为 p_1、p_2、p_3，当 YA_1、YA_2、YA_3 处于原位状态时，阀 1 输出事先调定的弹簧压力。

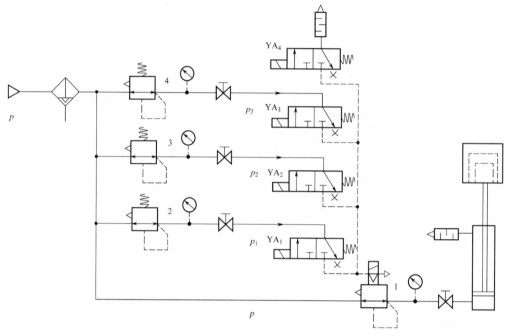

图 8-15 多级减压控制回路

3. 任务实施

按图 8-15 构成多级减压控制回路，分时使 YA_1、YA_2、YA_3 得电，则先导式减压阀 1 的输出工作压力将相应变化，并可以通过外接压力表观测相应输出工作压力的变化。在压力切换前，YA_4 应先得电，用以排出先导阀中的残存压力。YA_1、YA_2、YA_3 要实现互锁，不能同时工作。

8.4.2　（任务二）用减压阀实现高低压输出控制

1. 任务引入

在气动系统中，多压力分时输出回路可采用多个减压阀的并联输出形式实现，如图 8-16 所示的用减压阀实现的高低压输出控制回路。

2. 任务分析

在图 8-16 中，用两个气动减压阀并联输出不同的压力，并用三位三通电磁阀实现高低压力的分时输出控制，用此方法可以实现多压力的输出控制。

3. 任务实施

按图 8-16 构成回路，分时使 YA_1、YA_2 得电，则 p_1 和 p_2 将得到输出，并可以通过外接压力表观测相应输出压力的变化。YA_1 和 YA_2 要实现互锁，不能同时工作。

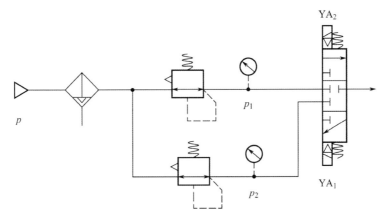

图 8-16　用减压阀实现高低压输出控制回路

8.5　液压增压回路

当液压系统或系统的某一分支油路需要压力较高但流量不大的液压源时，如果采用高压泵会很不经济，或者根本没有必要增设高压力的液压泵，此时可用增压缸或称增压器组成增压回路为其提供高压低流量的油液，这样不仅易于选择液压泵，而且系统工作可靠、噪声小。

8.5.1　（任务一）用单作用增压缸实现增压

1．任务引入

在液压系统中，当液压缸需要有较大的输出保持力时，如成型模压系统，此时液压缸没有多少进给量，但需要有较大的压力用以保证产品的定型时间，即需要的是小流量高压力的液压源动力系统。采用图 8-17 所示的单作用增压回路，可以提供高的输出压力。

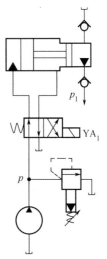

2．任务分析

在图 8-17 中，当系统在图示原位工作时，压力为 p 的油液进入增压缸的大活塞腔，此时油液在小活塞腔通过下单向阀后即可得到所需的较高压力 p_1；当二位四通电磁换向阀右位工作时，增压缸返回，辅助油箱中的油液经上单向阀补入小活塞腔。该回路为间歇单程增压回路，即单作用增压回路。

3．任务实施

按图 8-17 构成单作用增压回路，当 YA_1 得电时，增压缸中小活塞腔向内吸油，当 YA_1 失电时，增压缸中小活塞腔向外压油。

图 8-17　单作用增压回路

系统只能间歇输出高压力。

8.5.2　（任务二）用双作用增压缸实现增压

1. 任务引入

由于单作用增压回路是间歇性的单程供油，适合无进给量或进给量非常小的高压系统。当为要求相对有进给量的高压力连续输出系统提供动力时，应选用图8-18所示的双作用增压回路。

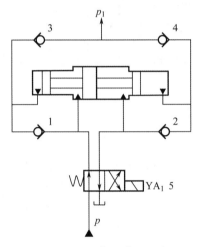

图 8-18　双作用增压回路

2. 任务分析

在图8-18中，图示为原位，液压泵输出的油液经换向阀5和单向阀1进入增压缸左端大、小活塞腔，右端大活塞腔的回油液通油箱，右端小活塞腔增压后的高压油液经单向阀4输出，此时单向阀2、3被关闭。当增压缸活塞移到右端时，换向阀5得电换向，增压缸活塞向左移动，左端小活塞腔输出的高压油液经单向阀3输出，这样，增压缸的活塞不断往复运动，两端便交替输出高压油液，从而实现双程连续增压。

3. 任务实施

按图8-18构成双作用增压回路，当 YA_1 得电或失电时，增压缸两端的小活塞腔交替向内吸油或向外压油。系统可以连续输出高压力。

8.6　气动增压回路

当系统中有执行元件需要输出力较大或瞬间输出力较大时，可采用特定的增压气缸或冲击气缸来实现。

8.6.1 （任务一）用冲击气缸实现压力冲击的控制

1. 任务引入

在有些冲击力要求较大的场合，如金属冲孔、铆接、锻压、下料等过程，应根据冲击力瞬间释放的特点，选择具有冲击释放效果的气缸和相应的气动控制回路来实现其冲击工作过程。图 8-19 所示为用冲击气缸实现压力冲击的控制回路。

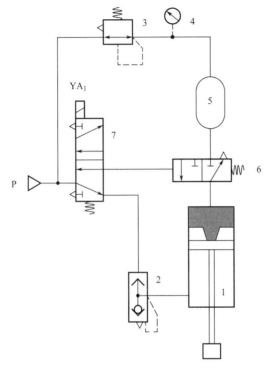

图 8-19 用冲击气缸实现压力冲击的控制回路

2. 任务分析

如图 8-19 所示，1 是冲击气缸；2 是快速排气阀；3 是减压阀；4 是压力表；5 是储气罐；6 是二位三通气控阀；YA_1 是二位五通单控电磁阀 7 的电磁铁。

在冲击气缸的无杆腔内设置有一个蓄能腔（图中的阴影部分），蓄能腔的锥形喷气口直接与活塞的中心相对，系统原位工作时，压缩空气经二位五通单控电磁阀 7 的下位通过阀 2 进入缸 1，使活塞上移将喷气口封闭，当 YA_1 得电时，冲击气缸有杆腔中气体经快速排气阀 2 直接排出，同时，压缩空气经二位五通单控电磁阀上位使阀 6 左位工作，则储气罐 5 中的压力经阀 6 的左位进入冲击气缸的蓄能腔，当蓄能腔中的压缩空气的压力与喷气口面积的乘积大于有杆腔的压力与活塞面积乘积时，活塞向下移动，直至活塞与排气口分离，其蓄能腔中的压缩气体便迅速扩散至整个活塞表面，使无杆腔与有杆腔两侧产生很大的压差，从而使活塞迅速产生冲击力。

3. 任务实施

按图 8-19 构成用冲击气缸实现压力冲击的控制回路，当 YA_1 得电时，冲击气缸将产生向下的冲击力；当 YA$_1$ 失电时，蓄能器将快速充压。

8.6.2 （任务二）用串联气缸增加压力输出

1. 任务引入

当气缸的直径较小或系统的压力较低，但还需要气缸有较大输出力时，可采用气缸串联的形式来增加气缸活塞杆的输出力，以满足大输出力的要求。图 8-20 所示为用串联气缸实现增加压力的输出控制回路。

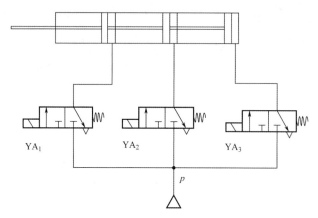

图 8-20　用串联气缸实现增加压力的输出控制回路

2. 任务分析

在图 8-20 所示的用串联气缸实现增加压力的输出控制回路中，执行元件是由三个气缸串联组成的一个单出杆气缸，当 YA$_1$、YA$_2$、YA$_3$ 中有一个得电时，气缸的输出力为 F；当 YA$_1$、YA$_2$、YA$_3$ 中有两个得电时，气缸的输出力为 $2F$；当 YA$_1$、YA$_2$、YA$_3$ 同时得电时，气缸的输出力为 $3F$。

3. 任务实施

按图 8-20 构成用串联气缸实现增加压力的输出控制回路，利用 YA$_1$、YA$_2$、YA$_3$ 的组合接通形式，实现气缸的单倍力 F、双倍力 $2F$、三倍力 $3F$ 的输出。

8.6.3 （任务三）用气液增压器的增压回路

1. 任务引入

当气缸要求较大压力输出，而系统的压力又不满足时，可采用气液缸与气液增压缸的配合结构，实现气液缸较高压力的输出。图 8-21 所示为用气液增压器实现的增压回路，可以实现相对高压力输出。

2. 任务分析

如图 8-21 所示，1 为气液增压缸，一端为大活塞气缸，另一端为小活塞液压缸，大活塞与小活塞中间通过活塞杆连接后可实现同步运行，相对小压力大活塞气缸推动小活塞前进，小活塞端则有相对高压力油液输出，推动气液缸向上举起重物运行；2 为气液缸，气液缸的一端接油口，另一端接气口，返回时需要气压作用；3 为重物；4 为消声节流排气阀，直接与换向阀的排气口连接，可以实现双向的排气节流；5 为二位五通双控电磁阀。

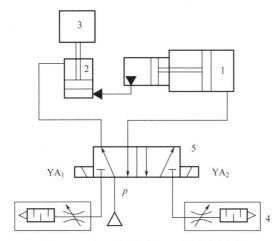

图 8-21　用气液增压器实现的增压回路

3．任务实施

按图 8-21 构成用气液增压器实现的增压回路，YA_1 得电属于返回过程，YA_2 得电属于加压举起过程。YA_1 和 YA_2 要实现互锁，不能同时得电。

8.7　液压卸荷回路

在液压系统中，当短时间内需要的系统压力很小或不需要系统压力，且不允许液压泵停运时，泵保持运行状态，但出口应维持较小压力或零压力，此时使泵的大部分流量或全部流量直接回流油箱的回路，称卸荷回路，属于节能待机运行状态，这是由于泵功率等于压力和流量的乘积，压力较小或为零时系统功率较小或为零。卸荷回路只适用于液压回路，气动回路不需要卸荷。

8.7.1　（任务一）用换向阀实现液压泵卸荷

1．任务引入

液压系统在工作过程中，可以利用换向阀直接将泵压接零实现卸荷。卸荷的方式具有多样性，但卸荷的结果是唯一的。

2．任务分析

图 8-22 所示为采用 M 形中位机能的卸荷回路，即三位阀处于中位时，泵压为零。图 8-23 所示为采用二位二通阀实现的卸荷回路，即当二位二通阀接通时，泵压为零。

3．任务实施

按图 8-22 构成采用 M 形中位机能的卸荷回路，按图 8-23 构成采用二位二通阀实现的卸荷回路，并按以下顺序实现回路的操作过程。

1）用三位阀中位机能的卸荷回路

当三位阀工作于 M、H、K 形中位机能时，泵可通过阀直接卸荷，图 8-22 所示的采用 M 形中位机能的卸荷回路切换时压力冲击小，但当系统回路中有压力阀存在时，必须设置单向阀的驱动控制回路，以使系统能保持 0.3MPa 左右的压力来操纵和控制液压阀的控制油路，适用于低压、小流量液压系统。图 7-5、图 7-9、图 7-11、图 7-13 等所示回路都是利用换向阀的中位机能实现液压泵卸荷的。

2）二通阀的卸荷回路

如图 8-23 所示，采用此方法时卸荷回路必须使二位二通换向阀的流量与泵的额定输出流量相匹配。这种方法的卸荷效果好，易于实现自动控制，一般适用于液压泵的流量小于 6.3L/min 的场合。图 7-1、图 7-10 所示回路都是利用二位二通阀实现液压泵卸荷的。

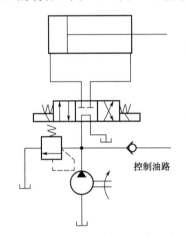

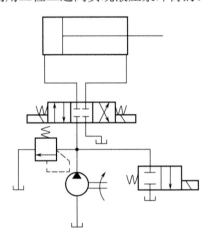

控制油路

图 8-22　采用 M 形中位机能的卸荷回路　　　　图 8-23　采用二位二通阀实现的卸荷回路

8.7.2　（任务二）用溢流阀实现液压泵卸荷

1．任务引入

当采用先导式溢流阀进行调压控制时，如果其压力控制端直接回流，即压力控制端压力为零，则先导式溢流阀输出零压力，相当于卸荷。图 8-24 所示为先导式溢流阀的卸荷控制回路。

2．任务分析

如图 8-24 所示，该回路为先导式溢流阀的远程控制口直接与二位二通电磁阀连通形成的卸荷控制回路，当处于图示原位时，远程控制口关断，泵的出口压力即为先导式溢流阀的调定压力；当二位二通电磁阀得电吸合时，先导式溢流阀的远程控制口直接与油箱连通，先导式溢流阀的输出压力为零，溢流口全部打开形成零压力回流的卸荷状态。这种卸荷回路卸荷压力小，切换时冲击也小。

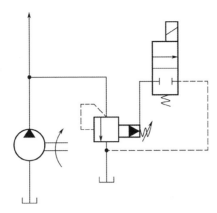

图 8-24　先导式溢流阀的卸荷控制回路

3．任务实施

按图8-24构成先导式溢流阀的卸荷控制回路，通过其二位二通电磁阀的接通与断开，可以实现泵的卸荷与压力输出，并可以通过外接压力表观察其输出压力的变化。

8.7.3　（任务三）用蓄能器实现液压泵卸荷

1．任务引入

当液压系统使用蓄能器时，其储能方式类似于气动系统，当储能结束时，应让泵卸荷，此时蓄能器可以为系统提供压力源。图 8-25 所示为蓄能器控制的卸荷回路。

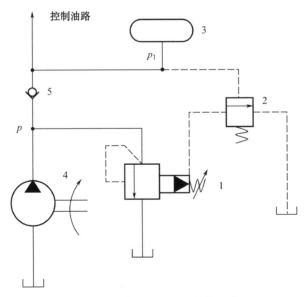

图 8-25　蓄能器控制的卸荷回路

2．任务分析

如图 8-25 所示，先导式溢流阀 1 的远程控制口直接受卸荷阀 2 控制，卸荷阀 2 的开启受到蓄能器 3 的压力控制，当蓄能器 3 的压力达到卸荷阀 2 的开启压力 p_1 时，卸荷阀 2 工作并使先导式溢流阀1的远程控制口与油箱连通，泵4形成卸荷节能运行状态；当蓄能器3的压力达不到卸荷阀2的开启压力时，先导式溢流阀1的远程控制口关断，泵的出口压力即为先导式溢流阀的调定压力。当泵4不卸荷时，其压力 p 经单向阀5向蓄能器3储能充压；当泵4卸荷时，由于单向阀5的作用，蓄能器3处于保压状态。这种卸荷回路可处于长期卸荷保压状态。

3. 任务实施

按图8-25构成蓄能器控制的卸荷回路，调整卸荷阀2的控制压力，当蓄能器压力大于卸荷阀2的控制压力时，卸荷阀导通，卸荷使泵压为零。卸荷阀2可以采用溢流阀或顺序阀。

8.8　液压保压回路

在液压系统中，经常要求相关执行机构在一定的行程位置上保持一定的压力并处于停止运行或缓慢运行状态，而保持的压力要求具有稳定性并采用保压回路实现。较简单的保压回路是密封性能较好的液控单向阀保压回路，但阀类元件的泄漏问题会使各种保压回路的保压时间缩短，因此必须选择可靠的保压回路。

8.8.1　（任务一）用蓄能器实现保压

1. 任务引入

在液压系统中，为了防止液压泵的频繁运转，同时防止卸荷与执行元件在保压过程中的阀泄漏引起欠压问题，常用配置蓄能器的方式实现系统压力的稳定。图8-26所示为用蓄能器实现的保压回路。

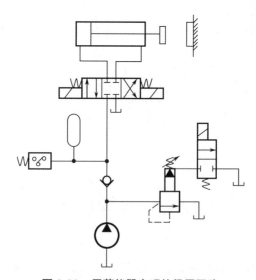

图 8-26　用蓄能器实现的保压回路

2．任务分析

如图 8-26 所示，当三位四通换向阀左位工作时，液压缸向前运动且压紧工件，泵压经单向阀向蓄能器充压，当进油路压力升高至压力继电器动作的调定值，二位二通单控电磁换向阀的电磁铁得电，泵卸荷，单向阀自动关闭，液压缸由蓄能器保压。缸压不足时，压力继电器复位，泵重新工作。保压时间的长短取决于蓄能器容量，调节压力继电器动作压力的最大值和最小值可使液压缸的压力工作区合理。

3．任务实施

按图 8-26 构成回路，通过调整压力继电器的参数设置，保证液压系统可靠工作，蓄能器容量的大小与泵卸荷的时间长短成正比。

8.8.2 　（任务二）用辅助泵实现保压

1．任务引入

液压系统中除了采用蓄能器，还可以采用增加高压小排量的辅助泵（长期运转泵）来实现在主泵卸荷时的保压，从而达到稳定系统压力的目的，图 8-27 所示为采用辅助液压泵的保压回路。

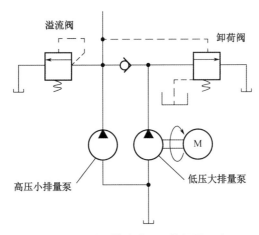

图 8-27　采用辅助液压泵的保压回路

2．任务分析

如图 8-27 所示，压力源由高压小排量泵和低压大排量泵组成，液压执行元件在换向工作过程中，主要由低压大排量泵提供工作支持，当液压执行元件处于保压状态时，系统压力升高，卸荷阀动作，低压大排量泵卸荷，高压小排量泵继续工作，由于单向阀的作用，两泵工作状态不受影响。当液压执行元件处于换向的运行阶段时，由于高压小排量泵流量小，满足不了执行元件的容积要求，系统压力降低，卸荷阀关闭，低压大排量泵由卸荷转为工作。因此辅助液压泵为高压小排量泵，辅助液压泵的保压回路是指保压过程中，辅助液压泵长期以较高的压力（保压所需压力）工作。小排量泵为连续工作方式，大排量泵为间歇工作方式。

3．任务实施

按图8-27构成采用辅助液压泵的保压回路，应注意卸荷阀由辅助液压泵的压力控制，双泵应有短暂的同时运行时段，还应注意泵的运行方式取决于系统的工作方式，同时溢流阀设置在辅助液压泵侧面。

8.8.3 （任务三）用单向阀实现保压

1．任务引入

液压系统的保压方式，还可以选择用液控单向阀和电接触式压力表的自动补油式保压回路，即利用电接触式压力表的检测，当系统出现欠压时，液压泵由卸荷状态转为供压状态，实现自动保压。图8-28所示为采用液控单向阀和电接触式压力表的自动补油式保压回路，当系统压力降低时可自动补压。

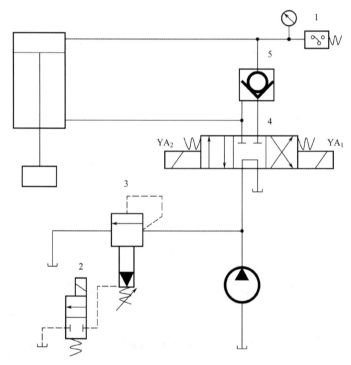

图8-28 采用液控单向阀和电接触式压力表的自动补油式保压回路

2．任务分析

在图8-28所示回路中，当YA_1得电，三位四通换向阀4右位工作，液压缸上腔压力上升至电接触式压力表1的上限值时，触点动作，当YA_1失电，三位四通换向阀处于中位工作时，二位二通单控电磁换向阀2的电磁铁得电，阀2上位工作，导致先导式溢流阀3远程控制口与油箱连通，零压力输出，液压泵卸荷，液压缸由液控单向阀5保压。当液压缸上腔压力下降到预定下限值时，电接触式压力表发出信号，YA_1得电，液压泵再次向系统供油，使压力上升。当压力达到上限值时，上触点又动作，YA_1再次失电。如此周而复始，反复工作，能使液压缸自动地补充压力油，并使其压力能长期保持在一定范围内。

3．任务实施

按图 8-28 构成回路，当 YA_1 得电时，系统补压并处于加压工作状态，当 YA_2 得电时，活塞杆抬起，系统进入加压前（备料）工作准备，当 YA_1 和 YA_2 都失电时，液压缸处于保压状态。该系统可用于胶合板、刨花板、中密度纤维板、细木工板和防火板等的模压设备。

8.8.4　（任务四）综合保压

1．任务引入

为了保证液压保压系统的可靠性，常采用两种及两种以上方法组成复合保压回路，即综合保压回路。图 8-29 所示为综合保压回路，它比单一的保压回路提高了可靠性。

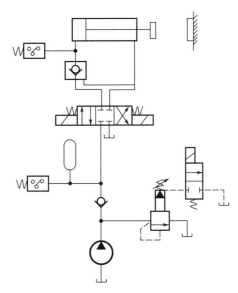

图 8-29　综合保压回路

2．任务分析

如图 8-29 所示，图中既有采用液控单向阀和电接触式压力表的自动补油式保压回路，又有用蓄能器实现的保压回路。

3．任务实施

按图 8-29 构成综合保压回路，一般由液压缸无杆腔处的压力继电器和蓄能器处的压力继电器共同控制液压泵的供压，由蓄能器处的压力继电器单独控制液压泵的卸荷。

8.9　液压平衡回路

液压平衡回路的作用在于防止垂直或倾斜放置的液压缸和与之相连的工作部件因自重下落。

8.9.1 （任务一）用顺序阀实现垂直安装液压缸的平衡控制

1. 任务引入

在液压回路中，由于活塞杆垂直向下或倾斜向下，当液压缸的活塞向下运行时，有杆腔中的油液如果没有节流阀或调速阀的速度限制，将向油箱回流，只存在沿程阻力和局部阻力，其压力接近零，在重物的重力作用下，会使活塞与液压缸之间产生溜缸现象，可以在回路中串联具有压力开关作用的顺序阀，实现活塞下行时的背压，从而防止活塞与端盖的硬性撞击，即用增加背压方式实现了与重物产生的冲击力的平衡。图 8-30 所示为采用顺序阀的平衡回路，可以避免溜缸冲击问题的发生。

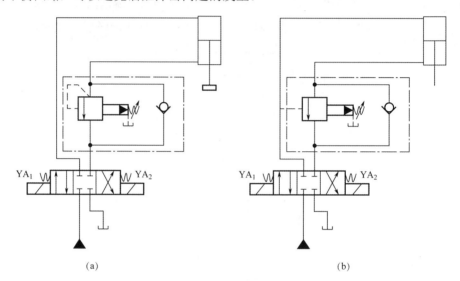

图 8-30　采用顺序阀的平衡回路

2. 任务分析

如图 8-30（a）所示，当 YA_1 得电，活塞下行时，回油路上串联了内控外泄先导式顺序阀，顺序阀的调定压力形成了活塞下行的背压，只要将背压调整到能支撑活塞和与之相连的工作部件自重，活塞就可以平稳地下落，一般顺序阀的设定压力若大于负荷重力形成的压力，则可避免溜缸。当换向阀处于中位时，活塞停止运动，不再继续下移。当 YA_2 得电，活塞上行时，与顺序阀并联的单向阀将短路，顺序阀关闭，因此回路为单向平衡。当液压缸活塞向下快速运动时，由于背压作用，功率损失大；当锁住活塞和与之相连的工作部件时，也会因单向顺序阀和换向阀等的内泄漏而使活塞缓慢下落，因此该回路形式只适用于工作部件质量不大、活塞锁住时定位要求不高的场合。

还可将图 8-30（a）改成图 8-30（b）所示的采用液控顺序阀的平衡回路，即用外控外泄先导式顺序阀替代内控外泄先导式顺序阀。当活塞下行时，控制油液打开液控顺序阀，背压消失，因而回路效率较高，顺序阀的外控端压力大于设定压力则接通，小于设定压力则关断；当活塞停止工作时，顺序阀关闭以防止活塞和工作部件因自重下降。这种平衡回路的优点是只有上腔进油时活塞才下行，比较安全可靠；缺点是活塞下行时平稳性较差，这是因为活塞下行时，液压缸上腔油压降低，液控顺序阀关闭，活塞停止下行，液压缸上腔油压升高，液控顺序阀打开使活塞继续下行，当行程较长时，会反复使液控顺序阀工作于启闭的过渡状态，也使活塞下降速度变化较大，因而影响下行工作的平稳性。这种回路适用于工作部件质量不算很大、停留时间较短的液压系统。

3．任务实施

按图 8-30 构成回路，通过调整顺序阀工作的开关压力，并反复使 YA_1 和 YA_2 得电，实现系统在下行停止时不溜缸，即为背压调整合理。YA_1 和 YA_2 要实现互锁，不能同时得电。

8.9.2　（任务二）用液控单向阀实现垂直安装液压缸的平衡控制

1．任务引入

在液压回路中，还可以用串联单向节流阀和液控单向阀的方式实现背压平衡回路。图 8-31 所示为采用液控单向阀的平衡回路，可以避免溜缸问题的发生。

2．任务分析

如图 8-31 所示，当 YA_1 得电，且无杆腔压力大于使液控单向阀逆向导通的压力时，液压缸的活塞节流平稳下行；当 YA_2 得电时，压力油使液控单向阀正向导通，同时与节流阀并联的单向阀导通并使节流阀短路而失效，活塞上行。当 YA_1 和 YA_2 失电时，液压泵在 H 形中位机能条件下卸荷，泵输出压力为零，此时液控单向阀关断，液压缸（有杆腔）中的油液被锁在其中，液压缸的活塞不能向下运行。

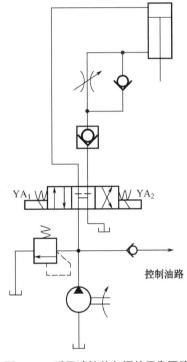

图 8-31　采用液控单向阀的平衡回路

3．任务实施

按图 8-31 构成采用液控单向阀的平衡回路，通过调整节流阀的流量，并反复使 YA_1 和 YA_2 得电，实现系统在下行停止时不溜缸，即为背压调整合理。YA_1 和 YA_2 要实现互锁，不能同时得电。

8.9.3　（任务三）用普通单向阀实现垂直安装液压缸的平衡控制

1．任务引入

在液压回路中，最简单的背压平衡回路就是串联节流阀和普通单向阀。图 8-32 所示为采用普通节流阀和单向阀的液压平台平衡回路，可以避免平台下沉的溜缸问题发生。

2．任务分析

如图 8-32 所示，当 YA_1 和 YA_2 失电时，液压平台节流上升；当 YA_1 和 YA_2 得电时，液压平台节流下降；当 YA_1 得电，YA_2 失电时，液压平台处于平衡保持状态。

3．任务实施

按图 8-32 构成回路，通过调整节流阀的流量，并反复使 YA_1 和 YA_2 得电，实现系统在下行停止时不溜缸，即为背压调整合理。

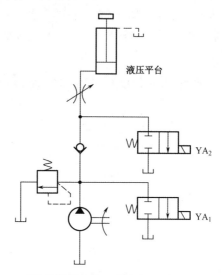

图 8-32　采用普通单向阀和单向阀的液压平台平衡回路

8.10　液压缓冲回路

当执行机构质量较大、运动速度较高时，如果突然需要换向或停止运行，由于惯性，回路会产生很大的冲击和振动，因此必须采用缓冲回路减小或消除冲击的影响。

8.10.1　（任务一）用缓冲液压缸实现缓冲

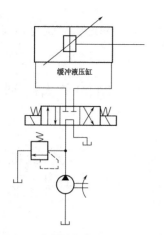

图 8-33　采用缓冲液压缸的缓冲回路

1．任务引入

在液压系统中，为了防止活塞与端盖的撞击，需要专门设计缓冲液压缸。图 8-33 所示为采用缓冲液压缸的缓冲回路，采用缓冲液压缸后不会出现活塞和端盖硬碰硬的撞击损害问题。

2．任务分析

如图 8-33 所示，该回路采用缓冲液压缸实现在换向过程中减小冲击和振动，其缓冲液压缸在活塞与前后端盖上增加了缓冲装置，通过调整缓冲装置的有关参数，可以达到较好缓冲效果，一般缓冲液压缸适合缓冲行程位置固定的场合，如果行程发生变化，则应对缓冲装置的参数进行进一步调整。

3．任务实施

按图 8-33 构成回路，通过调整缓冲装置的有关参数，在反复接通换向阀两侧电磁铁的情况下，利用手的触觉感受其缸体冲击的强度变化。两侧电磁铁应互锁，防止同时得电。

8.10.2　（任务二）用溢流阀实现缓冲

1．任务引入

在液压回路中，为了防止在换向或中位停止过程中产生过大的惯性压力，可在液压缸进出口的两端并联单向阀和溢流阀形成超压释放回路。图 8-34 所示为溢流阀缓冲回路，当惯性冲击压力过大时，压力可通过溢流回路释放。

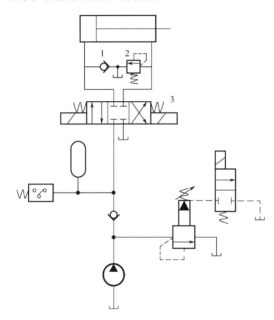

图 8-34　溢流阀缓冲回路

2．任务分析

如图 8-34 所示，当阀 3 由左位工作变为中位机能时，在中位锁紧状态下，由于惯性液压缸活塞继续向右运行，有杆腔压力升高，当压力达到溢流阀 2 的调定压力时，阀 2 导通，溢流阀的背压作用对液压缸活塞的惯性起到了缓冲和制动作用，此时，无杆腔因活塞右移呈负压状态，油箱中油液会通过单向阀 1 进入无杆腔。

3．任务实施

按图 8-34 构成溢流阀缓冲回路，通过调整溢流阀的溢流压力，并在反复接通阀 3 两侧电磁铁的情况下，利用手的触觉感受其缸体冲击的强度变化。阀 3 两侧电磁铁应互锁，防止同时得电。

8.11　气动缓冲回路

要获得气缸行程末端的缓冲，可以采用带缓冲的气缸，在行程长、速度快、惯性大的特别情况下，往往还需要采用缓冲回路来满足气缸运动速度的要求。

8.11.1　（任务一）利用行程阀实现气缸的末端缓冲回路

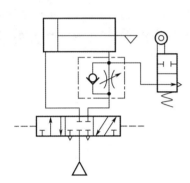

图 8-35　利用行程阀实现气缸的
末端缓冲回路

1．任务引入

在气动系统中，为了防止气缸运行过程的末端冲击，可采用提前关断释放回路，利用憋压的形式产生背压，相当于在端盖与活塞之间增加了一层气垫，使端盖和活塞不会产生硬性撞击。图 8-35 所示为利用行程阀实现气缸的末端缓冲回路。

2．任务分析

在图 8-35 所示的利用行程阀实现气缸的末端缓冲回路中，行程阀可根据需要调整缓冲开始位置，这种回路常用于惯性力大的场合。

3．任务实施

按图 8-35 构成利用行程阀实现气缸的末端缓冲回路，通过调整行程阀的位置，观察缓冲效果。

8.11.2　（任务二）用节流阀和顺序阀实现气缸的末端缓冲回路

1．任务引入

在气动系统中，还可以利用顺序阀的压力开关作用实现气缸的末端缓冲。图 8-36 为利用节流阀和顺序阀实现气缸的末端缓冲回路，活塞杆伸出实现快进—加压工作过程，活塞杆缩回实现快退—缓冲工作过程。

2．任务分析

如图 8-36 所示，该回路的特点是，当活塞返回到行程末端时，左腔压力已降至打不开顺序阀 2 的值，余气只能经节流阀 1 并通过三位五通气控换向阀排出，因此活塞得到缓冲，这种回路常用于行程长、速度快的场合。图 8-36 所示回路只能实现一个运动方向上的缓冲，若两侧均安装此回路，可达到双向缓冲的目的。

3. 任务实施

按图 8-36 构成利用节流阀和顺序阀实现气缸的末端缓冲回路，通过调整顺序阀 2 的开关压力和节流阀的流量，观察返程的缓冲效果。

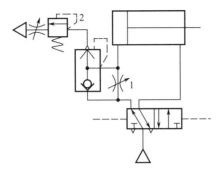

图 8-36　利用节流阀和顺序阀实现气缸的末端缓冲回路

8.12　液压缸活塞的推力及运动速度计算

液压缸活塞的推力与系统压力或分支系统的压力有关，因此压力控制回路决定了液压缸的推力大小。

8.12.1　单出杆双作用液压缸的推力及速度计算

如图 8-37 所示，泵输入液压缸的流量为 q，压力为 p，当无杆腔进油时活塞运动速度为 v_1，推力为 F_1，则有

$$v_1 = \frac{q}{A_1} = \frac{4q}{\pi D^2}(\text{m/s}) \tag{8-1}$$

$$F_1 = pA_1 = p\frac{\pi D^2}{4}(\text{N}) \tag{8-2}$$

如图 8-38 所示，当有杆腔进油时活塞运动速度为 v_2，推力为 F_2，则有

$$v_2 = \frac{q}{A_2} = \frac{4q}{\pi(D^2 - d^2)}(\text{m/s}) \tag{8-3}$$

$$F_2 = pA_2 = p\frac{\pi(D^2 - d^2)}{4}(\text{N}) \tag{8-4}$$

比较式（8-1）～（8-4），可以看出：$v_1 > v_2$，$F_1 > F_2$，液压缸活塞往复运动时的速度比为

$$\frac{v_1}{v_2} = \frac{D^2 - d^2}{D^2} \tag{8-5}$$

由上述分析可知，若活塞通流截面积大，则活塞推力大、活塞运动速度慢；反之，若活塞通流截面积小，则活塞推力小、活塞运动速度快。

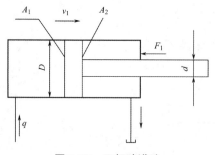

图 8-37　无杆腔进油

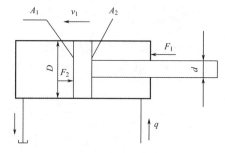

图 8-38　有杆腔进油

8.12.2　双出杆双作用液压缸活塞的推力及速度计算

图 8-39 所示为双作用、双出杆活塞式液压缸，其活塞两侧的受力面积相等，活塞运动速度 v 及推力 F 为

$$v = \frac{q}{A} = \frac{4q}{\pi(D^2 - d^2)}(\text{m/s}) \qquad (8\text{-}6)$$

$$F = pA = p\frac{\pi(D^2 - d^2)}{4}(\text{N}) \qquad (8\text{-}7)$$

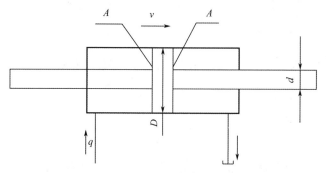

图 8-39　双作用、双出杆活塞式液压缸

在液压与气动系统中，活塞推力及活塞速度是两个重要参数，当系统压力及分支压力确定后，可以根据负载的推力要求，反算其活塞面积和直径，并根据应用环境的要求选择液压缸或气缸的型号。

8.13　气动压力回路的特点

由于气体与液体介质本身的特性与特点，压力气体的压缩性、经济性得到了较好的体现，气动元件的结构性、加工性、实用性及使用性得到了快速发展与应用。

1. 一次压力控制回路为系统安全压力回路

图 8-40 所示为一次压力控制回路。此回路用于控制系统的压力，使之不超过规定的压力值。常用溢流阀 1 或用电接点压力表 2 来控制空压机的转、停，使储气罐内压力保持在

规定范围内。采用溢流阀，结构简单，工作可靠，但气量浪费大；采用电接点压力表对电机及控制系统要求较高，常用于对小型空压机的控制。

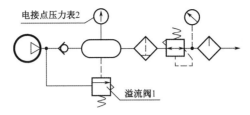

图 8-40　一次压力控制回路

2．二次压力控制回路为系统工作压力回路

图 8-41 所示为用溢流减压阀实现压力控制的回路。它是由气动三大件组成的，主要由溢流减压阀来实现压力控制。

图 8-42 所示为高低压力的控制回路，由减压阀和换向阀构成，对同一系统实现输出高低压力的控制。

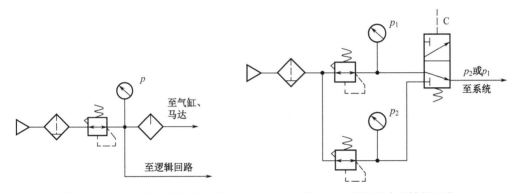

图 8-41　用溢流减压阀实现压力控制的回路　　　　图 8-42　高低压力的控制回路

3．用减压阀实现多种压力的输出回路

图 8-43 所示为用减压阀实现多种压力的输出回路。它由减压阀来实现对不同系统输出不同压力的控制。为保证气动系统使用的气体压力为稳定值，多用空气过滤器、减压阀、油雾器（气动三大件）组成二次压力控制回路，但要注意，供给逻辑元件的压缩空气不能加入润滑油。

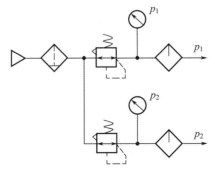

图 8-43　用减压阀实现多种压力的输出回路

4．气动压力回路与液压压力回路的差异

1）蓄能器

由于气体介质固有的可压缩特性，因此气动蓄能器就是中空的气罐，这与液压蓄能器的活塞式或气囊式的内部结构完全不同。

2）节能运行回路

液压系统是利用卸荷回路实现其泵的无载运行的，而气动系统的节能运行回路就是指其气泵的节能运行方式，由于气体的可压缩特性，通过适当增加储气罐容量，减少气泵拖动电机的启动次数，就能达到与液压卸荷回路同样的节能运行效果，当储气罐压力达到一定值时，利用储气罐上的压力继电器直接切断其气泵的拖动电机，用储气罐保证压缩气体的供应，也可采用变频调速方式控制气泵的拖动电机。

3）保压回路

液压系统一般用蓄能器或双泵供压方式保证压力液体介质的稳定压力，而气动系统的储气罐就不具有此特点，当气动系统的储气罐的容量和安全压力选定后，保压回路自然形成，不用单独设立保压回路。

4）平衡回路

液压系统的平衡回路完全适用于气动系统，但由于气体的可压缩特性，可以通过合理设置节流排气阀与顺序阀，实现气缸负重下行时的平稳运行。

5）缓冲回路

液压系统一般利用缓冲液压缸或增加溢流阀缓冲回路实现缓冲，而气动回路中可以采用缓冲气缸或行程阀或节流阀和顺序阀等实现气缸的末端缓冲。

 **思考题**

1．压力控制回路指的是什么？压力控制回路有哪几种？

2．如图 8-44 所示，试分别计算图 8-44（a）、图 8-44（b）中的大活塞杆上的推力和运动速度。

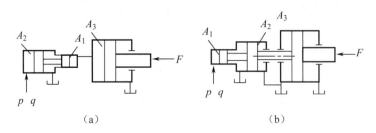

图 8-44

3．如图 8-45 所示，已知缸径 D、活塞杆直径 d、进油压力 p、进油流量 q，各缸上负载 F 相同，试求活塞 1 和活塞 2 的运动速度 v_1、v_2 和负载 F。

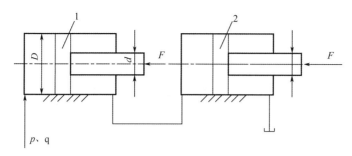

图 8-45

4．一夹紧回路如图 8-46 所示，若溢流阀调定压力为 5MPa，减压阀调定压力为 2.5MPa。

① 写出图中各元件的名称。

② 试分析活塞 1 空载运动时 A、B 两点压力各为多少？工件 2 夹紧活塞停止后，A、B 两点压力又各为多少？

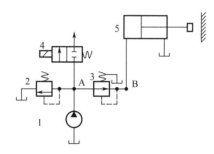

图 8-46

5．如图 8-47 所示，已知两液压缸活塞面积相同，液压缸无杆腔面积 $A_1 = 20 \times 10^{-4} \mathrm{m}^2$，负载 $F_1 = 8000\mathrm{N}$，$F_2 = 4000\mathrm{N}$，如溢流阀的调整压力为 4.5MPa，试分析减压阀压力调整值分别为 1MPa、2MPa、4MPa 时，两液压缸的动作情况。

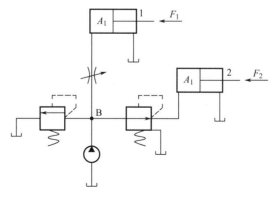

图 8-47

第 9 章　流量控制回路

要点概述

在液压与气动系统中，流量控制是指单位时间对执行元件中通流传动介质多少的控制，即控制传动介质在执行元件中的容积随时间变化而引起其运行速度的变化，因此流量控制回路应根据对执行元件的要求，选择合理的调速形式、多个速度的可靠转换结构，以及满足性能要求的高速运动回路。常用的速度控制回路有调速回路、快速运动回路、速度换接回路等。本章主要通过调速回路、快速运动回路、速度转换回路、同步回路等模块的实际应用，使读者达到在性能、原理、选型、安装、调试等方面对流量基础元件和基本流量控制回路的掌握。

本章教学目标：掌握液压与气动流量控制功能模块的结构原理，能合理对各功能模块进行连接与调试，能准确描述各功能模块所用基础元件的作用、原理和使用要点，理解各基础控制元件的符号画法并能在系统回路中划分出相应的功能模块，同时具有举一反三设计液压与气动相应功能模块的能力				
	重　点	**难　点**	**教学方法**	**教学时间**
9.1 节	液压各调速回路的模块结构形式和工作原理，熟悉模块所用各基础元件的作用、原理、符号画法	液压各调速回路模块的连接与调试，能够在系统图中找出并划分相应模块，分析其在系统中的工作过程	项目实践	1.2 课时
9.2 节	气动各调速回路的模块结构形式和工作原理，熟悉模块所用各基础元件的作用、原理、符号画法	气动各调速回路模块的连接与调试，能够在系统图中找出并划分相应模块，分析其工作过程，并能举一反三设计和其原理相近的功能模块	项目实践	1.2 课时
9.3 节	液压各快速运动回路的模块结构形式和工作原理，熟悉模块所用各基础元件的作用、原理、符号画法	液压各快速运动回路模块的连接与调试，能够在系统图中找出并划分相应快速运动模块，分析其在系统中的工作过程	项目实践	1.2 课时
9.4 节	气动各快速运动回路的模块结构形式和工作原理，熟悉模块所用各基础元件的作用、原理、符号画法	气动各快速运动回路模块的连接与调试，能够在系统图中找出并划分相应模块，分析其工作过程，并能举一反三设计和其原理相近的功能模块	项目实践	1.2 课时
9.5 节	液压各速度转换回路的模块结构形式和工作原理，熟悉模块所用各基础元件的作用、原理、符号画法	液压各速度转换回路模块的连接与调试，能够在系统图中找出并划分相应模块，分析其在系统中的工作过程	项目实践	1.2 课时
9.6 节	气动各速度转换回路的模块结构形式和工作原理，熟悉模块所用各基础元件的作用、原理、符号画法	气动各速度转换回路模块的连接与调试，能够在系统图中找出并划分相应模块，分析其在系统中的工作过程，并能举一反三设计和其原理相近的功能模块	项目实践	1.2 课时
9.7 节	液压各同步回路的模块结构形式和工作原理，熟悉模块所用各基础元件的作用、原理、符号画法	液压各同步回路模块的连接与调试，能够在系统图中找出并划分相应模块，分析其在系统中的工作过程	项目实践	1.2 课时

	重　点	难　点	教学方法	教学时间
9.8 节	气动各同步回路的模块结构形式和工作原理，熟悉所用各基础元件的作用、原理、符号画法	气动各同步回路模块的连接与调试，能够在系统图中找出并划分相应模块，分析其在系统中的工作过程，并能举一反三设计和其原理相近的功能模块	项目实践	1.2 课时
合计课时				9.6 课时

1．知识目标

① 理解流量控制回路中相关模块的作用原理、结构组成、工作过程，同时应对组成基本回路模块中的相关基础元件的功能、特点、表示符号、控制要求、参数整定方法等有明确的认识和掌握。

② 能够按照基本要求用流量控制模块和相关基础元件设计液压与气动执行元件的基本流量控制回路。

③ 了解 PLC 对比例流量控制元件及比例流量控制模块实现控制的设计方法。

2．能力目标

① 能够根据实际要求设计简单的液压与气动执行元件的流量控制回路，并按照流量控制要求进行相关元件的选型，掌握一般液压与气动系统流量控制回路的设计方法。

② 能够根据液压与气动比例流量控制模块和电气控制回路进行设备的连接、调试、运行。

③ 能在较复杂的液压与气动回路中，找出并划分相关的流量控制模块和流量控制基础元件，同时理解其在回路中的作用、原理、特点。

3．操作要求

① 完成设备连接并检查和确认其正确性。

② 按连接好的设备，分析作用原理和操作过程及相关参数设置方法以及回路故障的处置方案，通过模拟操作与处置过程，达到对模块和相关基础元件的熟练应用。

③ 在设备的准备、储备、存放过程中，应注意设备的防尘和防潮。

④ 在设备的安装、连接、调试过程中，应注意管路的整洁、设备的安装方式和方向、设备参数的配套预设值方法和要求。

⑤ 液压与气动设备的电磁阀、比例阀等和电气控制系统接线时，应注意电磁阀的互锁问题，比例阀的配套性，系统的安全接地问题等。

9.1　液压调速回路

液压调速回路是针对执行元件中介质在单位时间内的流量进行调节的控制环节，可以通过通流截面积的控制、泵流量的控制或两者综合的方式达到对执行元件的速度控制。

从液压马达的工作原理可知，液压马达的转速 n_M 等于输入流量 q 与液压马达排量 V_m 的比值，即 $n_M = q/V_m$；液压缸的运动速度 v 等于输入流量 q 与液压缸通流截面积 A 的比值，即 $v = q/A$。因此调节 n_M 可通过改变 q 或改变 V_m 来实现；调节 v 可通过改变 A 或改变 q 来实现。在液压系统中，可以通过采用流量阀或变量泵改变 q；可通过采用变量液压马达改变 V_m。

9.1.1 （任务一）用节流阀实现的调速

1. 任务引入

节流调速回路是指用定量泵供油，通过调节流量阀的通流截面积大小来改变进入执行元件的流量，从而实现其运动速度的调节，即采用节流阀或调速阀的速度调节回路。节流调速回路包括进油节流调速回路、回油节流调速回路、旁路节流调速回路、双向节流调速回路等，还可以用调速阀代替节流阀实现更精确的调速。

2. 任务分析

节流阀是通过改变流体介质通道的通流截面积大小实现调速过程的，节流阀在回路中放置的位置不同，其调速的作用和性能也不同，因此实现调速的形式决定着调速结果。

在进油节流调速回路（进口调速）中，由于回路出口没有背压，液压缸等执行元件产生前冲及爬行问题，不能承受反向负载。

在回油节流调速回路（出口调速）中，液压缸调速稳定，并能承受反向负载。

在旁油节流调速回路（旁路调速）中，回路流量增加，节流损失很大，具备进油节流调速回路的缺点。

在双向节流调速回路（单向调速）中，利用单向节流阀调速，可实现出口节流调速，具有回油节流调速回路的优点。

在节流调速回路中，如果采用调速阀调速，可具备节流阀所有的优点，同时比节流阀调速更精确。

3. 任务实施

按以下顺序构成相应的节流调速回路，按照其结构原理分析其模块的工作过程和相应的参数设定方法，并经反复调节达到对其调速回路熟练应用的目的。

1）进油路节流调速回路

进油路节流调速回路是将节流阀装在执行机构的进油口位置，如图 9-1 所示。在该回路中，泵的供油压力 p_p 由溢流阀调定，调节节流阀的通流截面积，就可改变进入液压缸的流量 q_1，即可调节液压缸的速度 v，而泵多余的流量 Δq 则经溢流阀回流至油箱，因此该回路必须通过溢流阀的溢流作用调节液压缸变化的流速，才能达到调速的目的。

（1）速度负载特性

如图 9-1（a）所示，液压缸稳定工作时活塞受力平衡方程式为

$$p_1 A_1 = p_2 A_2 + F \tag{9-1}$$

式中，p_1、p_2 为液压缸进、出油腔的压力，当出油腔直接回油时，$p_2=0$；A_1、A_2 为液压缸进、出油腔端活塞的受力面积，无杆腔受力面积大于有杆腔受力面积；F 为负载压力。

图 9-1（b）所示为液压缸的速度负载特性曲线，其表明液压缸速度随负载变化的规律，曲线越陡，说明负载变化对速度的影响越大，即速度刚度越低。当节流阀通流截面积不变时，轻载区域比重载区域的速度刚度高；在相同负载下工作时，节流阀通流截面积小（A_{T3}）的比节流阀通流截面积大（$A_{T2}<A_{T1}$）的速度刚度高，即速度低时速度刚度高。A 一定时，F 增大，速度 v 减小。

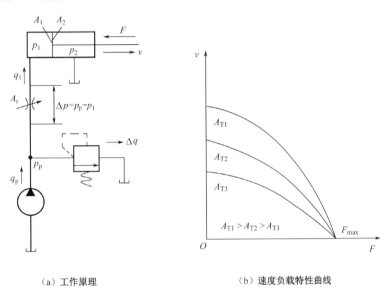

（a）工作原理　　　　　　　　　　　（b）速度负载特性曲线

图 9-1　进油路节流调速回路

（2）特点

进油路节流调速回路在工作中，液压泵输出流量和供油压力不变。而选择液压泵的流量必须按执行元件的最高速度和最重负载情况下所需压力考虑，因此泵输出功率较大。但液压缸的速度和负载常常是变化的。当系统需要以轻载低速工作时，系统大部分的流量通过溢流阀的溢流作用回到油箱，相当大的功率损失消耗在节流损失和溢流损失上，功率损失转换为热能，使油箱油温升高，有效功率很小。

当节流阀安装在执行元件的进油路上，回油路无背压，相当于负载消失，工作部件会产生前冲现象，不能承受反向负载。这种回路多用于轻载、低速、负载变化不大和对速度稳定性要求不高的小功率液压系统，如车床、镗床、钻床、组合机床等机床的进给运动回路和辅助运动回路。

2）回油路节流调速回路

图 9-2 所示为回油路节流调速回路，该回路将节流阀安装在液压缸的回油路上以实现调速过程。

（1）速度负载特性

回油路节流调速回路的调节过程与进油路节流调速回路相似。不同之处是回油路节流调速回路有背压，$p_2\neq0$，且节流阀两端压差 $\Delta p=p_2$，而液压缸的工作压力 $p_1=p_p$。

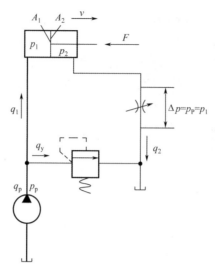

图 9-2 回油路节流调速回路

进油路节流调速和回油路节流调速的形式相似，功率特性相同，但由于背压的出现，回油路节流调速回路具有一定承受反向负载的能力，不会出现前冲及爬行问题。

（2）特点

虽然进油路节流调速回路和回油路节流调速回路原理相似，但回油路节流调速回路形成的背压对其系统的运行形成一定的阻力，因此其执行元件液压缸具有承受一定的相反负载能力；背压的形成使得回油路节流调速回路在低速时不会产生爬行，高速时不易发生颤振，运行平稳性好；由于进油路节流调速回路和回油路节流调速回路的节流阀位置不同，节流产生的油液温升、加载的对象不同，前者进入液压缸使其发热，后者的油液温升直接加在油箱上，使整体油液温度升高。因此无论是进油路节流调速回路还是回油路节流调速回路，其结构相对简单，但效率较低，只宜用在负载变化不大、低速、小功率场合。实际应用中普遍采用回油路节流调速回路，当采用进油路节流调速时，视具体情况可在回油路上加一背压阀以提高运动平稳性。

3）旁油路节流调速回路

图 9-3（a）所示为采用节流阀的旁油路节流调速回路。将节流阀安放在和执行元件并联的旁油路上，构成旁油路节流调速回路。用节流阀调节泵溢回油箱的流量 q_T，从而控制进入缸的流量 q_1。调节节流阀口开度 A_T，即可实现调速。

（1）速度负载特性

图 9-3（b）所示为液压缸的速度负载特性曲线，该曲线表明液压缸速度随负载变化的规律。曲线越陡，说明负载变化对速度的影响越大，即速度刚度越低。节流阀通流截面积越大，负载能力越小，速度刚性越差。

（2）特点

一般旁油路节流调速回路工作时，其节流阀形成的节流压力低于泵压 p_p（原溢流阀设定压力），溢流阀不工作，因此溢流过程由节流阀执行，溢流阀则作为安全阀，常态时关闭，过载时打开，其调定压力为回路最大工作压力的 1.1～1.2 倍。在此回路中液压泵的供油压力为节流阀的节流压力，它与液压缸的工作压力相等，压力大小取决于负载大小，而不是恒定压力。

旁路节流调速只有节流损失，而无溢流损失，因而功率损失比前两种调速回路小，效率相对高。这种调速回路一般用于功率较大且对速度稳定性要求不高的场合。

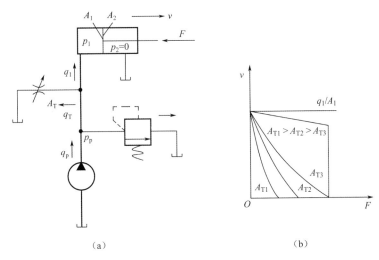

图 9-3　旁油路节流调速回路

4）双向节流调速回路

双向节流调速回路是指在液压双作用执行元件系统中，利用进油口或回油口节流调速回路控制其双向运动的调速回路。

（1）双侧设置的出口双向节流调速回路或进口双向节流调速回路

图 9-4 所示为出口双向节流调速回路，当 YA_1 得电时，阀 1 的节流阀被单向阀短路而不起作用，油液直接进入无杆腔，有杆腔油液在出口经阀 2 节流后回油箱，此时与节流阀并联的单向阀由于反向不起作用；当 YA_2 得电时，阀 2 的节流阀被单向阀短路而不起作用，油液直接进入有杆腔，无杆腔油液在出口经阀 1 节流后回油箱，此时与节流阀并联的单向阀由于反向不起作用。该回路借助单向节流阀的特性在执行元件的油液出口进行双向调速，也可采用油液进口进行双向调速，如图 9-5 所示。当 YA_1 和 YA_2 失电时，回路处于锁紧状态，液压缸可停留在任意位置，YA_1 和 YA_2 应互锁，不允许同时得电。

（2）单侧设置的双向节流调速回路

图 9-6 所示为单侧设置的双向节流调速回路。当 YA_1 得电时，由于单向阀作用，油液被阀 2 节流后进入无杆腔，有杆腔油液在出口经换向阀直接回油箱，此时进口节流；当 YA_2 得电时，油液直接进入有杆腔，无杆腔油液在出口经阀 1 节流后通过换向阀回油箱，此时出口节流；当 YA_1 和 YA_2 失电时，回路处于锁紧状态。双向节流调速回路还可设置在有杆腔。

（3）整流式的双向节流调速回路

图 9-7 所示为整流式的双向节流调速回路。当 YA_1 得电时，油液经单向阀 1 和节流阀 A_T 节流后经单向阀 3 进入无杆腔，有杆腔油液在出口经换向阀直接回油箱，此时进口节流；当 YA_2 得电时，油液直接进入有杆腔，无杆腔油液在出口经单向阀 2 和节流阀 A_T 节流后经单向阀 4 以及换向阀直接回油箱，此时出口节流；当 YA_1 和 YA_2 失电时，回路处于锁紧状态。整流式双向节流调速回路还可设置在有杆腔。

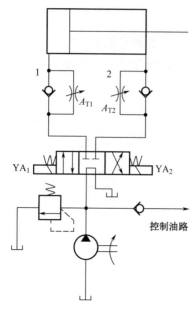

图 9-4　出口双向节流调速回路

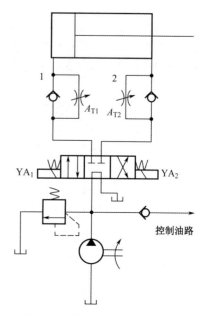

图 9-5　进口双向节流调速回路

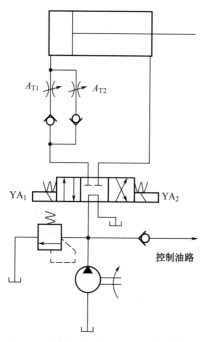

图 9-6　单侧设置的双向节流调速回路

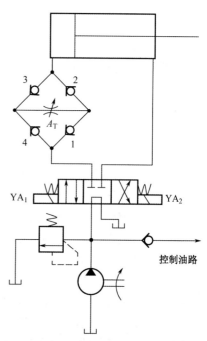

图 9-7　整流式的双向节流调速回路

5）采用调速阀的节流调速回路

前面介绍的几种节流阀调速回路的速度稳定性均随负载的变化而变化，对于一些负载变化较大，对速度稳定性要求较高的液压系统，可采用调速阀代替节流阀来改善其速度-负载特性。调速阀的节流调速回路在低速稳定性、回路刚度、调速范围等方面，要比采用节流阀的节流调速回路性能优异，所以在机床液压系统中获得广泛的应用。由于调速阀包括减压和节流环节，因而也包括溢流环节，其调速稳定性虽高于节流阀调速回路，但功率损失也远远大于节流阀调速回路。

9.1.2　（任务二）用变量机构实现的调速

1. 任务引入

容积调速回路是指通过调节变量泵或变量马达的排量来进行调速的回路，即利用泵的流量调节实现对液压执行元件的调速控制或直接选用变量马达进行调速，简称泵或马达调速回路。在液压系统中可以通过对变量泵或变量马达的控制实现对液压执行元件的运行、停止、调速、换向等的控制。

2. 任务分析

由于容积调速回路是通过改变回路中液压泵或液压马达的排量来实现调速的，因此没有溢流损失和节流损失，但回路工作压力随负载变化，同时回路具有功率损失小、效率高、油温升低的特点，适用于高速、大功率系统。

容积调速回路按油路循环方式不同分为开式回路和闭式回路两种。开式回路是指油液经油箱循环的回路，即泵从油箱吸油，执行机构的回油直接回到油箱，油箱容积大，油液能得到较充分冷却，但空气和粉尘异物等易进入回路。闭式回路是指油液可以不经油箱而循环的回路，即液压泵将油液输出给执行机构的进油腔，同时从执行机构的回油腔吸油的自循环封闭回路。闭式回路结构紧凑，设补油泵或补油箱提供少油量补充，但冷却条件差。为了补偿工作中油液的泄漏，一般补油泵的流量为主泵流量的 10%～15%，压力调节范围为（3～10）×10^{5}Pa。

3. 任务实施

按以下顺序构成相应的容积调速回路，按照其结构原理分析其模块的工作过程和相应的参数设定方法，并经反复调节达到对其不同形式的容积调速回路熟练应用的目的。

1）变量泵和液压缸组成的容积调速回路

图 9-8 所示为变量泵和液压缸组成的容积调速回路，液压缸 5 的活塞杆伸出运动速度 v 由变量泵 1 调节，2 为溢流阀，起安全阀的作用，4 为单控电磁换向阀，6 为溢流阀，起背压阀的作用。当 YA_1 得电时，液压缸 5 返回。

2）变量泵和定量马达组成的容积调速回路

图 9-9 所示为变量泵和定量马达组成的容积调速回路，采用变量泵 3 来调节液压马达 5 的转速，溢流阀 4 起安全阀的作用，用以防止过载，低压辅助泵 1 用以补油，其补油压力由低压溢流阀 6 来调节。由 3、4、5 组成闭式容积调速回路。

3）变量泵和变量马达组成的容积调速回路

图 9-10 所示为变量泵和变量马达组成的容积调速回路，图中由双向变量泵 1 和双向变量马达 2 等组成闭式容积调速回路。单向定量泵 3 通过单向阀 4、6 或 5、7 组成的整流回路随时向调速回路进行双向补油。溢流阀 8 作为双向调速系统安全阀使用，溢流阀 9 为辅助泵 3 的输出稳压阀。由于变量泵和变量马达的排量均可改变，因此该调速回路既可通过变量泵调速又可通过变量马达调速，调速范围宽。

4）定量泵和变量马达组成的容积调速回路

图 9-11 所示为定量泵和变量马达组成的容积调速回路，图中由单向定量泵 3 和单向变量马达 5 及起安全阀作用的溢流阀 4 等组成闭式容积调速回路，调节单向变量马达 5 即可

实现调速。单向定量泵1通过逆止倒流作用使单向阀2可随时向调速回路进行补油，溢流阀6作为辅助泵1的输出稳压阀。

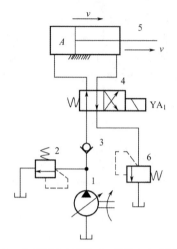

图9-8　变量泵和液压缸组成的容积调速回路

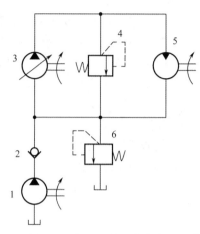

图9-9　变量泵和定量马达组成的容积调速回路

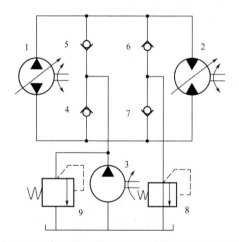

图9-10　变量泵和变量马达组成的容积调速回路

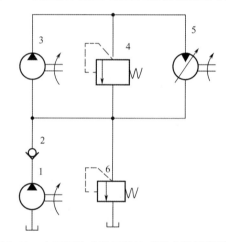

图9-11　定量泵和变量马达组成的容积调速回路

在容积调速回路中，液压泵的流量控制范围要和相应液压执行元件的容积调速范围相匹配，同时辅助泵的补油方式也要合理，起安全阀作用的溢流阀过载保护值为满足可靠工作条件下的最大安全值和系统最大安全压力下的最小压力值。

9.1.3　（任务三）用节流阀和变量机构共同实现的调速

1. 任务引入

用节流阀和变量机构共同实现调速的回路是指利用泵和流量阀对液压执行元件进行调速的回路。一般用限压变量泵供油，用节流阀或调速阀等流量阀调节进入系统执行元件的流量，并使变量泵的流量与节流阀的调节流量相适应来实现调速。图9-12所示为限压式变量泵与调速阀组成的容积节流调速回路，所谓限压式变量泵就是恒功率泵，其压力与流量都可以调节。

2．任务分析

在图 9-12 所示的限压式变量泵与调速阀组成的容积节流调速回路中，图 9-12（a）为其原理图，图 9-12（b）为其调速特性图。

在图示原位，当缸 4 的活塞快速向右运动时，泵 1 按快速运动要求调节其输出最大流量 q_{max}、压力 p_C，液压缸在负载条件下的流量和压力关系与泵的曲线相同，符合 ABC 曲线，这是由于此时泵出口压力 p_p 等于缸的入口压力 p_1。当二位二通单控换向阀 3 左位工作时，泵输出的油液经调速阀 2 进入缸 4 的无杆腔，其回油经背压阀 5 回油箱。调节调速阀 2 的流量 q_1 就可调节活塞的运动速度 v，此时液压缸在负载条件下的流量与压力关系符合 ABC 曲线并按 BC 段由 B 点 q_{max} 下移至 q_1，即流量减小则压力升高，泵的流量与压力曲线应符合 $AB'C'$ 曲线，BC 与 $B'C'$ 平行，流量相同时泵出口压力 p_p 大于缸的入口压力 p_1，由于变量泵出口没有设溢流稳压阀，其流量与压力会成反比，同时系统无溢流损失、效率高、调速范围大，目前已广泛应用于负载变化不大的中、小功率组合机床的液压系统中。

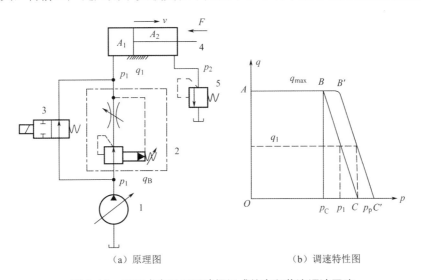

（a）原理图 （b）调速特性图

图 9-12 限压式变量泵调速阀组成的容积节流调速回路

为了保证调速阀的正常工作压差，泵的压力应比负载压力 p_1 大至少 5×10^5 Pa。

3．任务实施

按图 9-12 构成回路，通过对回路中各相关元件的调整，观察液压缸的运行状况。

9.1.4 调速回路的选用和比较

调速回路的选用主要从以下几方面考虑。

1．按负载大小选择

负载小，且工作中负载变化也小的系统可采用节流阀节流调速回路；在工作中负载变化较大且要求低速稳定性好的系统，宜采用调速阀的节流调速回路或容积节流调速回路；负载大、运动速度高、油的温升要求小的系统，宜采用容积调速回路。要根据执行机构的负载性质、运动速度、速度稳定性等要求对调速形式进行选择。

一般功率为 3kW 以下的液压系统宜采用节流调速回路；功率为 3～5kW 的液压系统宜采用容积节流调速回路；功率为 5kW 以上的液压系统宜采用容积调速回路。

2．工作环境选择

闭式回路的容积调速方式适合在温度相对较高的环境下工作，且整个液压装置体积小、质量轻。开式回路的容积调速方式适合在多种环境下工作，可以通过油箱的升温与降温等温度调节过程满足环境的要求。

3．回路的复杂性与经济性要求

节流调速回路的结构简单、成本低、功率损失大、效率也低；容积调速回路因变量泵、变量马达的结构较复杂，成本高、效率高、功率损失小；容积节流调速回路的成本、功率损失、效率介于两者之间。

4．调速工作制式要求

在液压与气动系统中，调速过程运行时间越长，调速过程中节流或溢流造成的损失就越大，应考虑调速过程中的散热问题，如果调速时间短，则自然散热就可以满足可靠工作要求，因此在选择调速方式时应统筹兼顾，综合考虑。

9.2 气动调速回路

气动调速回路主要指由节流阀、单向节流阀、节流排气阀等构成的气缸速度调节回路。

9.2.1 （任务一）用单向节流阀实现的调速

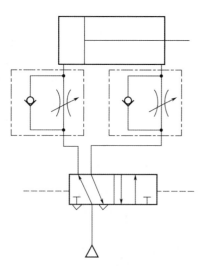

图 9-13 双向节流调速回路

1．任务引入

气动系统的调速回路大部分采用单向节流调速的形式，并选择出口调速形式，以保证调速质量。图 9-13 所示为双向节流调速回路，可实现双向不同速度的设置。

2．任务分析

在气缸的进、排气口设置单向节流阀组成双向节流调速回路。如图 9-13 所示，该回路为采用单向阀与节流阀并联的方式或采用一体型单向节流阀构成的双向节流调速回路，双向速度可不同且都采用无抖动（气缸爬行）的出口调速。如果只采用节流阀，则双向速度相同，且只需一个节流阀即可。

3．任务实施

按图 9-13 构成双向节流调速回路，可利用手动阀控制二位五通气动阀的换向，通过对单向节流阀的调整，观测其气缸运行速度的变化。

9.2.2　（任务二）用排气节流阀实现的调速

1. 任务引入

在二位五通换向阀的两个互不相通的排气口上连接消声排气节流阀组成出口节流的双向节流调速回路。图9-14所示为采用消声排气节流阀的双向节流调速回路，其效果与单向节流阀的双向节流调速回路效果相同。

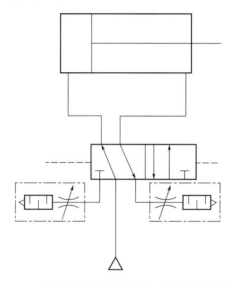

图 9-14　采用消声排气节流阀的双向节流调速回路

2. 任务分析

在图9-14所示的采用消声排气节流阀的双向节流调速回路中，把两个消声排气节流阀连接在二位五通换向阀的排气口，必须强调消声排气节流阀连接的是有两个独立排气口的二位五通换向阀，如果是排气口相通的二位四通换向阀就不行，当双向速度相同时才能用二位四通换向阀连接。

3. 任务实施

按图9-14构成回路，可利用手动阀控制二位五通气动阀的换向，通过对消声排气节流阀的调整，观测其气缸运行速度的变化。

9.3　液压快速运动回路

为了提高生产效率，机床工作部件常常要求实现空行程（或空载）的快速运动。这时要求液压系统流量较大、压力较低。这和一般工作运行时需要的流量较小和压力较高的情况正好相反。快速运动回路工作时，应尽量减小液压泵输出的流量，或者在加大液压泵的输出流量情况下，在非工作时段不引起过多的能量消耗。快速运动回路又称增速回路，其功能在于使执行元件获得必要的高速，以提高系统的工作效率或充分利用功率。

9.3.1 （任务一）用液压缸差动连接实现快速运动

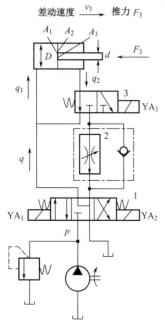

图 9-15　差动连接快速运动回路

1. 任务引入

在液压回路中，可以利用双作用单出杆液压缸的差动特性，实现液压缸的快进过程。图 9-15 所示为差动连接快速运动回路，该回路可以实现系统工作开始时的快进过程。

2. 任务分析

如图 9-15 所示，当缸的两腔同时通以油液时，由于作用在活塞两端面上的推力不等，产生推力差。在此推力差的作用下，活塞向右运动，这时，从液压缸有杆腔排出的油液也进入液压缸的无杆腔，活塞快速运动。这种连接方式为差动连接。

当阀 1 的 YA_1 得电，其左位工作，阀 3 的 YA_3 失电，其右位工作时，回路为差动连接，这时两端液压缸同时通以油液，利用活塞两端直径差形成的受力面积差所产生压差进行工作。

设差动连接时泵的供油量为 q，无杆腔的进油量为 q_1，有杆腔的排油量为 q_2，活塞运动速度为 v_3，推力为 F_3，A_1 为无杆腔的通流截面积，A_2 为有杆腔的通流截面积，A_3 为无杆腔通流截面积和有杆腔通流截面积的差值（活塞杆的通流截面积）。则有

$$q = q_1 - q_2 = A_1 v_3 - A_2 v_3 = A_3 v_3 = v_3 \frac{\pi d^2}{4} \tag{9-2}$$

$$v_3 = \frac{4q}{\pi d^2} (\text{m/s}) \tag{9-3}$$

$$F_3 = pA_3 = p \frac{\pi d^2}{4} (\text{N}) \tag{9-4}$$

当阀 1 的 YA_1 得电，其左位工作，阀 3 的 YA_3 得电，其右位工作时，无杆腔节流推进时的速度为 v_1，推力为 F_1，则有

$$v_1 = \frac{q}{A_1} = \frac{4q}{\pi D^2} (\text{m/s}) \tag{9-5}$$

$$F_1 = pA_1 = p \frac{\pi D^2}{4} (\text{N}) \tag{9-6}$$

当阀 1 的 YA_2 得电，其左位工作，阀 3 的 YA_3 得电，其右位工作时，有杆腔进油时活塞运动速度为 v_2，推力为 F_2，则有

$$v_2 = \frac{q}{A_2} = \frac{4q}{\pi(D^2 - d^2)}(\text{m/s}) \tag{9-7}$$

$$F_2 = pA_2 = p\frac{\pi(D^2 - d^2)}{4}(\text{N}) \tag{9-8}$$

比较式（9-5）～（9-8），可以看出：$v_1 > v_2$，$F_1 > F_2$，液压缸活塞往复运动时的速度比为

$$\frac{v_1}{v_2} = \frac{D^2 - d^2}{D^2} \tag{9-9}$$

由上述分析可知，若活塞通流截面积大，则活塞推力大、活塞运动速度慢；反之，若活塞通流截面积小，则活塞推力小、活塞运动速度快。

同样大小的液压缸在差动连接时，活塞速度大于无差动连接时的速度，因而差动连接时可以获得快速运动。当要求差动液压缸的往返速度相同即 $v_2 = v_3$ 时，活塞直径满足的关系式为

$$D = \sqrt{2}d \tag{9-10}$$

采用差动连接的快速回路方法简单，较经济，但快、慢速度的换接不够平稳，常应用于需要快进、工进、快退运动的组合机床液压系统中。但差动油路的换向阀和油管通道应按差动时的流量选择，不然流动液阻过大，会使液压泵的部分油液从溢流阀流回油箱，回路速度减慢，甚至不起差动作用。

3. 任务实施

按图 9-15 构成差动连接快速运动回路，可通过对 YA$_1$、YA$_2$、YA$_3$ 的控制，实现液压系统的快进、工进、快退的工作过程。YA$_1$ 和 YA$_2$ 应互锁，不允许同时得电。

9.3.2 （任务二）用蓄能器实现的快速运动

1. 任务引入

在液压系统中，快速运行的前提是油液快速进入到液压缸中，由于快速增加的压力介质很快充到液压缸活塞的一端体积，活塞就被快速挤压到另一端，从而形成快速移动效果。图 9-16 所示为采用蓄能器的快速运动回路，该回路利用蓄能器和液压泵同时向液压缸快速充液。

2. 任务分析

在图 9-16 所示的采用蓄能器的快速运动回路中，当换向阀 5 处于中位时，液压缸停止运动，蓄能器 4 充液储能，当压力使顺序阀 2 打开时，泵卸荷，储能结束；当换向阀 5 在左位或右位工作时，液压缸在泵和蓄能器同时供油的高压力状态下快速运动。采用蓄能器的目的是利用换向阀 5 中位对液压缸锁紧时，小流量液压泵有充分时间对蓄能器充液储能，这也是液压缸间歇运动的节能运转形式。

3. 任务实施

按图 9-16 构成采用蓄能器的快速运动回路，当蓄能器和液压泵同时向液压缸加压充

液，或由蓄能器单独向液压缸加压充液时，观察液压缸移动速度的变化。

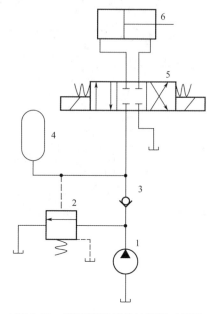

图 9-16　采用蓄能器的快速运动回路

9.3.3　（任务三）用增速缸实现快速运动

1. 任务引入

在液压系统中，快速移动过程还可以通过减小液压缸的容积实现（减少液压缸充液的时间，从而提高运行速度）。图 9-17 所示为采用增速缸的快速运动回路，这种回路利用液压缸自身的特点实现加速运动，不需要增大泵的流量。

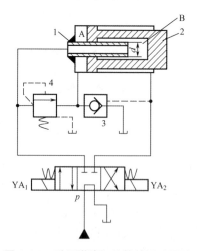

图 9-17　采用增速缸的快速运动回路

2. 任务分析

在图 9-17 所示的采用增速缸的快速运动回路中，当 YA_1 得电，换向阀左位工作时，油液由缸 1 进入 B 腔，因 B 腔有效容积小，活塞 2 快速向右移动（快进），当 B 腔压力升高到顺序阀 4 的导通压力时，油液经阀 4 同时向 A 腔供油，由于 A 腔容积较大，此时活塞 2 实现慢速向右移动（工进），油液直接经换向阀回油箱；当 YA$_2$ 得电，换向阀右位工作时，油液进入有杆腔，油液打开液控单向阀 3，使 A 腔直接与油箱接通，活塞 2 向左移动。该回路利用增速缸的单向加速与单向加力（减速）特性，可获得很大的速度梯度，常用于液压机系统。

3. 任务实施

按图 9-17 构成采用增速缸的快速运动回路，通过对 YA$_1$、YA$_2$ 的控制以及对顺序阀 4 导通压力的调整与设置，观测液压缸移动速度和输出压力的变化。

9.3.4 （任务四）用双泵供油实现快速运动

1. 任务引入

在液压系统中，最简单的快速运动回路就是采用双泵供油，这样可以使液压缸的容积得到快速填充，其移动速度会快速增加。图 9-18 所示为双泵供油快速运动回路，这种回路利用低压大流量泵和高压小流量泵并联为系统供油。

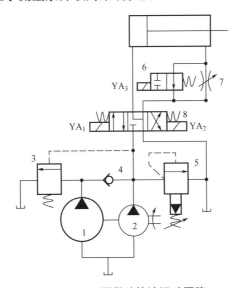

图 9-18　双泵供油快速运动回路

2. 任务分析

如图 9-18 所示，当需要液压缸活塞杆快速向右运动时，YA$_1$ 得电，三位四通阀 8 左位工作，高压小流量液压泵 2 输出的油液与低压大流量泵 1 经单向阀 4 输出的油液共同向系统液压缸供油。在快速工作进给过程中，当系统转入工进状态，其压力升高到一定值时，作为卸荷阀的液控顺序阀 3 被打开，液压泵 1 卸荷，泵 2 压力高于泵 1 压力，单向阀 4 关闭，由泵 2 单独向系统液压缸供油，此时的液压缸应处于工进状态。溢流阀 5 作为稳压阀控制泵 1 的供油压力，而阀 3 受液压缸入口压力的控制，使泵 1 在快速运动时供油，在工作进给时卸荷，因此阀 3 的调整压力应比快速运动时系统所需的压力要高，但比阀 5 的调整压力低。当阀 8 的 YA_2 得电时，液压缸活塞杆缩回。当阀 8 处于中位工作时，液压缸浮动。当阀 6 的 YA_3 得电时，节流阀 7 实现对液压缸的节流调速，当阀 6 的 YA_3 失电时，阀 7 被短路而不起作用。

双泵供油快速运动回路功率利用合理、效率高，并且速度换接较平稳，在快、慢速度相差较大的机床中应用很广泛，其缺点是需要用一个双联泵，油路系统也稍复杂，常用在执行元件快进和工进速度相差较大的组合机床、注塑机等设备的液压系统中。

3. 任务实施

按图 9-18 构成双泵供油快速运动回路，通过对 YA_1、YA_2、YA_3 的控制及顺序阀 3 和溢流阀 5 导通压力的调整与设置以及节流阀 7 的调节，观察液压缸移动速度和输出压力的变化。

9.4　气动快速运动回路

气动快速运动回路主要是为了缩短非加工过程时间、提高工作效率而设置的。

9.4.1　（任务一）用双作用气缸差动连接实现快速运动

1. 任务引入

气动回路中的双作用单出杆气缸与液压回路中的双作用单出杆液压缸结构和性能是基本相同的，因此气动系统的快速运行也可以采用气缸的差动连接形式实现。图 9-19 所示为用双作用气缸差动连接实现的快速前进回路，其气动形式与液压形式的差动运行原理是相同的。

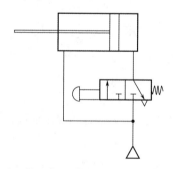

图 9-19　用双作用气缸差动连接实现的快速前进回路

2. 任务分析

在图 9-19 所示的用双作用气缸差动连接实现的快速前进回路中，按下二位三通气动手控阀，其阀左位工作，形成气缸的差动连接形式，此时有杆腔中的压缩气体通过阀的左位直接进入气缸的无杆腔，使无杆腔流量加大，活塞杆伸出运行加速，形成快速移动过程。

3．任务实施

按图9-19构成用双作用气缸差动连接实现的快速前进回路，观测其差动运行与非差动运行时移动速度的变化。

9.4.2　（任务二）用快速排气阀实现气缸的快速前进

1．任务引入

实现气缸的快速运行还可以快速排出一侧的气体，降低其压力，增加另一侧的压力，相当于减小了系统的阻力损失，使得气缸实现快速运行。图9-20所示为用快速排气阀实现气缸的快速前进回路，该回路可以实现气缸中气体最短距离排放。

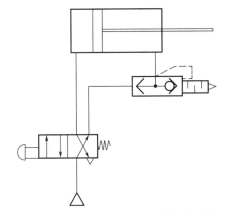

图 9-20　用快速排气阀实现气缸的快速前进回路

2．任务分析

在图 9-20 所示的用快速排气阀实现气缸的快速前进回路中，按下二位三通气动手控阀，其换向阀左位工作，有杆腔中的气体可以通过快速排气阀直接排空，而不经过换向阀的阀芯排气，从而利用快速排气阀缩短了排气路径，减小了气缸快进时的阻力，使气缸达到快进的目的。

3．任务实施

按图9-20构成用快速排气阀实现气缸的快速前进回路，观察正反方向运动时速度的变化，应注意快速排气阀正确的安装形式和安装方向。

9.5　液压速度转换回路

液压速度转换回路用来实现运动速度的变换，即在原来设计或调节好的几种运动速度中，从一种速度换成另一种速度。对这种回路的要求是速度换接要平稳，即不允许在速度变换的过程中有前冲（速度突然增加）现象。

9.5.1 （任务一）用换向阀实现速度转换

1. 任务引入

在液压系统中，除了工进速度要符合工艺进给要求外，其他非加工过程一般要求时间越短越好，这就要求在加工过程中，出现由非加工过程速度（如快速）向加工速度（工进）的转换，以提高工作效率，减少非加工过程时间。图 9-21 所示为用行程换向阀实现的速度转换回路，当回路到达工作位置后由快进转换为工进。

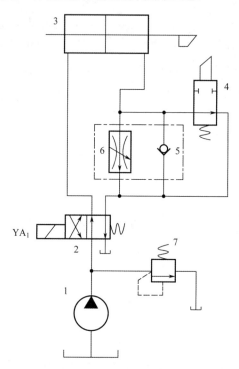

图 9-21　用行程阀实现的速度转换回路

2. 任务分析

如图 9-21 所示，图示为原位，液压缸 3 右腔的回油可经行程阀 4 的下位和换向阀 2 的右位流回油箱，使活塞快速向右运动。当快速运动到达所需位置时，活塞上挡块压下行程阀 4，使其由下位工作转为上位工作，通路关闭，此时液压缸 3 右腔的回油必须经过调速阀 6 和阀 2 的右位回流到油箱，活塞的运动由快进转换为工作进给运动（工进）。调速阀 6 与单向阀 5 组成单向调速回路。当换向阀 2 的 YA_1 带电时，活塞换向运动，油液经换向阀 2 和单向阀 5 进入液压缸 3 的右腔，使活塞快速向左退回。

在这种速度转换回路中，因为行程阀是由液压缸活塞的出杆行程控制的，所以换接时的位置精度高，运动速度的变换相对平稳。但缺点是行程阀的安装位置受一定限制（要由挡铁压下），造成管路连接复杂。最好将行程阀用电磁换向阀来代替，并用行程开关或接近开关等传感器检测活塞杆的伸出量，这样电磁阀的安装位置不受限制，挡铁只需要压下行程开关即可。这种回路一般在机床液压系统中应用较多。

3. 任务实施

按图 9-21 构成用行程阀实现的速度转换回路，通过操作 YA_1（得电或失电），观察液压缸 3 快进—工进（压下行程阀 4）—快退的速度变化。

9.5.2　（任务二）用调速阀实现速度转换

1. 任务引入

在速度转换回路中，最可靠的速度调整就是分时接入不同参数的节流阀或调速阀（精准）实现对其流量的控制。图 9-22 所示为两个调速阀并联的速度转换回路。图 9-23 所示为两个调速阀串联的速度转换回路。这两个回路都是利用调速阀的不同组合形式实现流量调整的。

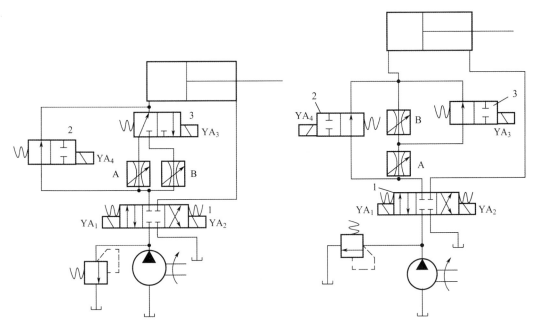

图 9-22　两个调速阀并联的速度转换回路　　　图 9-23　两个调速阀串联的速度转换回路

2. 任务分析

在速度转换回路中，调速阀的使用有并联和串联两种组合形式。调速阀并联时，主要通过换向阀的分时接入，实现不同参数的调速阀对回路流量的控制。调速阀串联时，通流截面积较小的调速阀起节流调速作用，一般利用分时短接通流截面积较小的调速阀，即可实现一个通道多个速度的控制。

3. 任务实施

分别构成图 9-22 和图 9-23 所示的速度转换回路，按以下顺序进行回路操作，通过对调速阀参数的反复设置和各电磁阀的通断电操作，观察液压缸速度的变化，并比较调速阀串联和并联组合的使用特点。

1）两个调速阀并联的速度转换回路

在图 9-22 所示的两个调速阀并联的速度转换回路中，可以实现两种工作进给速度的换接。三位四通电磁换向阀 1 在左位或右位工作时，缸进行快进或快退运动。当阀 1 的 YA_1 得电，阀 2 的 YA_4 得电，阀 3 的 YA_3 失电时，调速阀 A 工作，实现第一次工进；当阀 1 的 YA_1 得电，阀 2 的 YA_4 得电，阀 3 的 YA_3 得电时，调速阀 B 工作，实现第二次工进。用电磁换向阀的组合形式控制调速阀 A 或 B 的工作状态，实现第一次工进和第二次工进的换接。两个调速阀的节流口可以单独调节，两个速度互不影响，即第一种工作进给速度和第二种工作进给速度相互间没有限制。一个调速阀工作时另一个调速阀不工作，因而在速度换接开始的瞬间不能起减压作用，容易出现部件突然前冲的现象。当 YA_1 和 YA_2 失电，阀 1 处于中位时，液压缸被锁紧。可以利用多个调速阀的并联实现多个速度的工作选择，并用多个二位三通电磁换向阀控制其换接过程。

2）两个调速阀串联的速度转换回路

图 9-23 所示的两个调速阀串联的速度转换回路也可以实现两种工作进给速度的转换。当 YA_1 得电，阀 1 左位工作，YA_4 得电，阀 2 左位工作，YA_3 失电，阀 3 左位工作时，调速阀 B 短路而调速阀 A 工作，油液经调速阀 A 流入液压缸左腔，实现第一次工进；当 YA_3 得电，阀 3 右位工作时，调速阀 A 和 B 串联，油液经调速阀 A 后又经调速阀 B 才能进入液压缸左腔，由于调速阀 B 的开口调得比调速阀 A 小，此时调速阀 B 工作而调速阀 A 只起通道作用，不起节流调速作用，从而实现第二次工进，第二次工进速度必须比第一次工进速度低；此外，第二次工进时油液经过两个阀，能量损失较大。也可利用多个调速阀的串联实现多个速度的工作选择，并用多个二位二通电磁换向阀控制其换接过程，此时一定要将多个调速阀的节流口依次减小，才能实现多个速度的调整，速度等级越多，能量损失越大。

9.5.3 （任务三）用比例阀实现速度转换

1. 任务引入

在节流阀或调速阀的调速过程中，其速度的实现具有唯一性，不能做到无级调速的控制过程，而用比例调速阀则可实现无级调速的控制过程。图 9-24 所示为先导式比例调速阀无级调速回路，能够实现精准的速度控制。

2. 任务分析

如图 9-24 所示，液压缸 5 的运行状态由阀 4 控制，单向定量泵 1 的压力由溢流阀 3 进行稳定控制，液压缸 5 的运行速度由先导式比例调速阀 2 控制，以实现液压缸运行速度的无级调节。由 PLC 控制的数字量经 D/A 转换得到 I_1、I_2、…、I_n 等在 0～20mA 之内不同数值的控制电流值，以驱动比例阀驱动器 A，从而使先导式比例调速阀 2 可以设定并调节和稳定不同的流量值 q_1、q_2、…、q_n。这种流量调节方式类似于无级调速回路。

3. 任务实施

按图 9-24 构成回路，可以通过 PLC 或 0～20mA 电源控制比例阀驱动器 A，实现比例阀输出不同的流量体积。

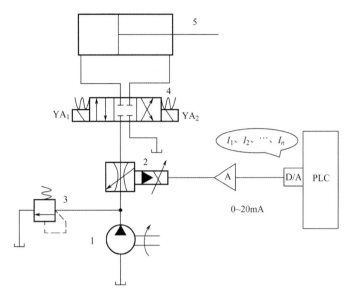

图 9-24　先导式比例调速阀无级调速回路

9.6　气动速度转换回路

气动速度转换回路一般是针对双作用气缸的两个速度或两个以上速度的转换回路。

9.6.1　（任务一）双作用气缸慢进快退的速度转换回路

1. 任务引入

气动速度转换回路与液压速度转换回路形式是相同的，都通过对不同参数节流阀或单向节流阀的分时接入，且都利用快速排气阀的气体释放特性实现活塞的快速移动过程。图 9-25 所示为双作用气缸慢进快退的速度转换回路，该回路就是由快速排气阀实现速度转换的。

2. 任务分析

一般慢进速度是指工进过程的速度，快进速度是指不做工的回程速度。如图 9-25 所示，1 是二位三通气动手控阀；2 是二位五通气控阀；3 是快速排气阀；4 是气缸；5 是调速阀，6 是行程阀。原位气缸处于回缩状态。当压下阀 1 时，阀 2 左位工作，气源 P 通过阀 2 的左位经阀 3 进入气缸 4 的无杆腔，使活塞右移，同时有杆腔中的压缩气体经阀 5 和阀 2 排空，工进速度由阀 5 的节流阀进行调节整定；当工进到位时，气缸 4 的活塞杆触动阀 6 的检测位，阀 6 动作，使阀 2 右位工作（原位），此时气源通过阀 2 的右位经阀 5 的单向阀进入气缸 4 的有杆腔，活塞左移，无杆腔中的气体经阀 3 直接排空，气缸快速后退。

3. 任务实施

按图 9-25 构成双作用气缸慢进快退的速度转换回路，用手动阀和行程阀控制气动主阀的换向，调整调速阀 5 实现工进速度调整，通过快速排气阀 3 的作用实现快退过程，应注意快速排气阀的正确安装。

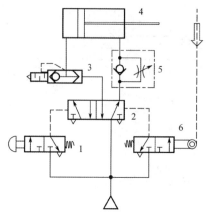

图 9-25　双作用气缸慢进快退的速度转换回路

9.6.2　（任务二）双作用气缸运动中途的速度转换回路

1. 任务引入

由于气动系统的单回路特点，即气动系统做功后的气体可直排大气，无回流过程，因此在气动速度转换回路中，可使气缸出口由二位二通单控电磁阀控制并通过节流排气阀直接排空气体。图 9-26 所示为双作用气缸运动中途的速度转换回路，可在气缸出口安装消声排气节流阀。

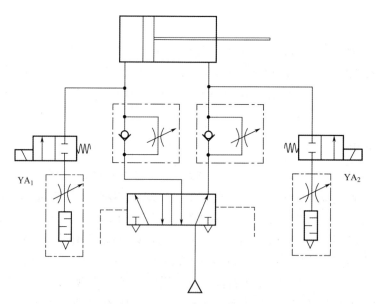

图 9-26　双作用气缸运动中途的速度转换回路

2. 任务分析

在图 9-26 中，在双作用气缸的两个进出气口，各增加一个二位二通单控电磁阀，并在其阀的排气口各连接一个消声排气节流阀。这样在气缸的前进与后退过程中，除主通路的单向节流阀调速实现双向调速外，在行进过程中，当 YA$_1$ 或 YA$_2$ 得电时，气缸在杆伸出或缩回的过程中可增加一个相对快进或快退的工作过程，以提高工作效率。

3．任务实施

按图 9-26 构成双作用气缸运动中途的速度转换回路，通过对 YA$_1$、YA$_2$ 电磁阀的控制，可以实现双向双速的调节。图中气动主阀可以采用双控电磁阀，系统可采用 PLC 控制。

9.7 液压同步回路

使两个或两个以上液压缸在运动中保持相同位移或相同速度的回路称为同步回路。在一泵多缸的液压系统中，要求实现同步的各个液压缸的外负载、泄漏、摩擦力、制造精度、结构弹性变形以及油液中含气量等差异性较大会影响其同步性，因此应利用合理的同步回路尽量克服或减少这些因素的影响。

9.7.1 （任务一）用机械连接实现同步

1．任务引入

在一些双液压缸并联同步操作的液压系统中，只有采用机械硬性同步连接的形式，才能做到双缸的精确同步运行。图 9-27 所示为液压缸机械连接的同步回路，该回路可做到精准同步。

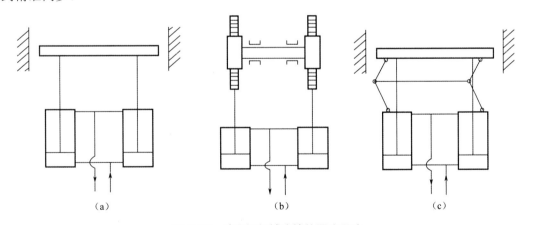

图 9-27 液压缸机械连接的同步回路

2．任务分析

如图 9-27 所示，图 9-27（a）为刚性梁将液压缸的两活塞杆连接在一起，两缸的进出口采用并联，实现压力介质的同进同出，进而使两缸的活塞运动同步。图 9-27（b）为同轴的齿轮通过齿条将两缸的活塞杆同步连接。图 9-27（c）为用连杆将两缸的活塞杆同步连接。

3．任务实施

按图 9-27 构成一种或两种液压缸机械连接的同步回路，通过对双缸的并联控制，观察两缸是否能做到同步。

9.7.2　（任务二）用串联液压缸实现同步

1．任务引入

液压缸还可以利用其液体的不可压缩性，采用串联形式实现同步。图 9-28 所示为串联液压缸的同步回路，图 9-29 所示为串联液压缸的单向同步补偿回路，这两种回路都采用了两缸串联驱动的形式。

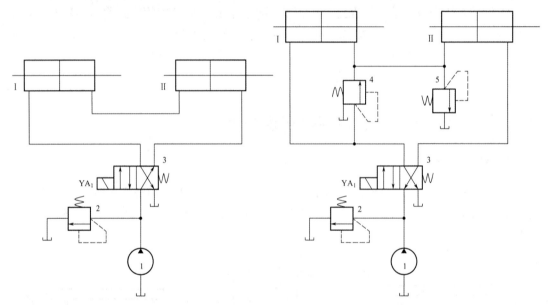

图 9-28　串联液压缸的同步回路　　　　图 9-29　串联液压缸的单向同步补偿回路

2．任务分析

在两缸串联的同步回路中，实现同步有两个要求，一是要求两液压缸参数必须相同；二是要求所用油液中无空气泡，否则油液的体积会发生变化，影响同步性。

3．任务实施

按图 9-28 构成串联液压缸的同步回路，按图 9-29 构成串联液压缸的单向同步补偿回路，并按以下顺序进行相应回路的操作。

1）串联液压缸的同步回路

如图 9-28 所示，将活塞有效工作面积相等的两个液压缸，通过进出口的作用端串联起来，利用容积和流量的相等，可实现两缸同步。该回路因偏载造成的压差不影响流量的改变，只导致微量的压缩和泄漏，因此同步精度较高，回路效率也较高。这种情况下泵的供油压力至少是两缸工作压力之和。由于制造误差、内泄漏及混入空气等因素的影响，经多次行程后，两缸将累积出显著的位置差别。为此，回路中应具有位置或压力补偿装置，防止两缸过大的累积误差。

2）串联液压缸的单向同步补偿回路

如图 9-29 所示，其是在图 9-28 所示的基础上增加了顺序阀 4 和溢流阀 5 形成的，作用是当 YA_1 带电，阀 3 左位工作时实现双缸右行的同步。当液压缸 I 和 II 右行，如果缸 I 先到则缸 I 入口压力升高，阀 4 导通使油液直接进入缸 II 的入口，此时缸 II 会快速右行到位；如果缸 II 先到则缸 II 入口压力升高，阀 5 导通使缸 I 出口放出的油液通过阀 5 直接进入油箱，此时缸 I 也会快速右行到位。

9.7.3　（任务三）用流量控制方式实现同步

1. 任务引入

双液压缸的同步调整，还可以采用双缸并联的方式，由调速阀实现其流量的精确调整，使双缸速度参数接近，从而达到同步。图 9-30 所示为单向调速阀控制的同步回路，图 9-31 所示为双向调速阀控制的同步回路。

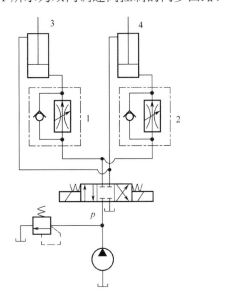

图 9-30　单向调速阀控制的同步回路

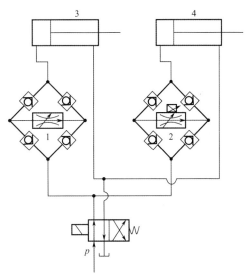

图 9-31　双向调速阀控制的同步回路

2. 任务分析

流量控制方式同步回路主要利用对调速阀的调整，实现回路流量相等从而实现两缸同步，属于双缸并联的调速阀同步回路。对于要求同步精度不高的场合可采用单向调速的形式，要求精度相对较高的场合可采用双向调速的形式。

3. 任务实施

按图 9-30 所示构成单向调速阀控制的同步回路，按图 9-31 所示构成双向调速阀控制的同步回路，并按以下顺序进行相应回路的操作。

1）单向调速阀控制的同步回路

如图 9-30 所示，利用流量相等实现两缸同步。在两个并联液压缸的进（或回）油路上分别串联一个单向调速阀，仔细调整两个调速阀的开口大小，控制进入两液压缸（或自两液压缸流出）的流量，可使其在一个方向上实现速度同步。这种回路结构简单，但调整比较麻烦，同步精度不高，不宜用于偏载或负载变化频繁的场合。该回路要求调速阀 1、2 控制的流量相同。

2）双向调速阀控制的同步回路

如图 9-31 所示，利用四个单向阀形成的桥式回路实现两液压缸的双向同步运行。其中阀 1 为普通调速阀，阀 2 为先导式比例调速阀，通过调整比例调速阀的流量实现阀 1 和阀 2 的流量同步，从而实现两缸同步。阀 2 可由 PLC 控制。

9.7.4 （任务四）用同步马达实现同步

1. 任务引入

双液压缸的同步控制还可以利用液压马达实现，通过液压马达的流量同步实现液压缸的同步。图 9-32 所示为同步马达单向同步回路，图 9-33 所示为同步马达双向同步回路。

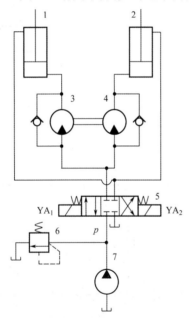
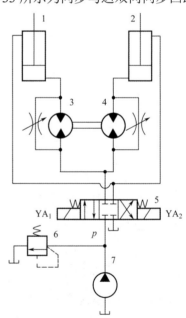

图 9-32　同步马达单向同步回路　　　　图 9-33　同步马达双向同步回路

2. 任务分析

利用液压马达实现双液压缸的同步，首先要保证两个马达的性能参数相同，且两个马达必须同步时才能实现对液压缸的同步控制。可以利用单向液压马达和双向液压马达同轴旋转，实现两种形式的双缸同步回路。

3. 任务实施

按图 9-32 所示构成同步马达单向同步回路，按图 9-33 所示构成同步马达双向同步回路，并按以下顺序进行相应回路的操作。

1）同步马达单向同步回路

如图 9-32 所示，利用排量相同且同轴刚性连接的两个液压马达与两个液压缸串联连接，实现对液压缸的单向同步控制。当 YA_1 得电，阀 5 左位工作时，油液通过液压马达 3、4 后进入液压缸 1、2 的无杆腔，有杆腔的油液通过阀 5 进入油箱，系统处于重载工进状态，此时由于液压马达 3、4 的参数相同并同轴刚性连接，其排出的流量基本相同，因而使得两参数相同的液压缸同步运行。当 YA_2 得电，阀 5 右位工作时，油液进入液压缸 1、2 的有杆腔，无杆腔的油液通过单向阀和阀 5 进入油箱，系统处于轻载返回状态，不做同步处理。

2）同步马达双向同步回路

如图 9-33 所示，将图 9-32 中两单向定量马达 3、4 换成双向定量马达，并将并联的单向阀用节流阀替代，节流阀可利用分流作用调整和补偿两液压缸的同步性。

9.8　气动同步回路

气动同步回路与液压同步回路的目的性和作用原理是相同的，因此气动系统中两个以上执行元件的同步动作，除采用机械方式连接的同步回路，大多采用单向节流阀的同步调节或采用气液缸的同步动作回路。

9.8.1　（任务一）用单向节流阀的调节实现同步

1. 任务引入

气缸的同步控制一般采用双缸并联，用单向节流阀实现双向速度的调节，争取流量参数做到同步。图 9-34 所示为用单向节流阀的调节实现的同步回路，该回路可实现出口节流双向速度调节。

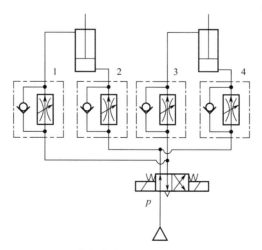

图 9-34　用单向节流阀的调节实现的同步回路

2．任务分析

如图9-34所示，当两个气缸上的负载差异不大时，调整四个单向节流阀实现双气缸的出口节流调速，可达到速度的近似同步，这是由于气体的可压缩性，负载的影响相对较大，当双气缸需要同步精度较高时，可增加机械同步装置来达到同步精度要求。

3．任务实施

按图9-34构成用单向节流阀的调节实现的同步回路，通过对单向节流阀的调整实现双向双速的同步控制。由于气体的可压缩性，应注意负载的恒定，否则系统的同步精度很差。

9.8.2 （任务二）气液缸的同步动作回路

1．任务引入

用两个气液缸实现同步能基本保证双缸的同步精度。图9-35所示为气液缸的同步动作回路，该回路可保证两个液压缸的同步精度。

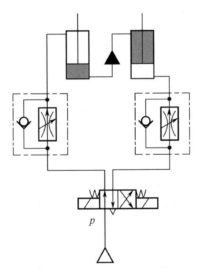

图9-35 气液缸的同步动作回路

2．任务分析

在图9-35所示的气液缸的同步动作回路中，用两个气液缸串联连接方式，可实现双缸同步，图中深色部分为液体，利用液体的不可压缩性，一个气液缸行走多少，该气液缸的另一端的液体就流出多少，进入另一气液缸的液体使得该气液缸行走相同的距离。这种回路的同步性高于单纯用单向节流阀的调节实现的同步回路。

3．任务实施

按图9-35构成气液缸的同步动作回路，通过对单向节流阀的调整实现双向双速的同步控制。由于液体的不可压缩性，气液缸比气缸的同步精度高。

 思考题

1. 速度控制回路指的是什么? 包括哪几种形式?

2. 调速回路有哪几种?

3. 进油路节流调速和回油路节流调速有哪些主要区别?

4. 如图 9-36 所示,已知单杆液压缸缸筒直径 $D = 80mm$,活塞杆直径 $d = 40mm$,液压泵供油流量为 $q = 20L/min$,试求以下内容。

① 液压缸差动连接时的运动速度。

② 若液压缸在差动阶段所能克服的外负载 $F = 2000N$,其内部油液压力(不计管道内压力损失)。

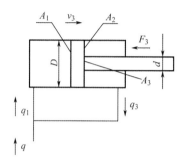

图 9-36

5. 图 9-37 所示为一回油节流调速回路,已知液压泵的供油流量 $q_P =25L/min$,负载 $F=4000N$,溢流阀调定压力 $p_Y =5.4MPa$,无杆腔面积 $A_1 =80×10^{-4}m^2$,有杆腔面积 $A_2 =40×10^{-4}m^2$,液压缸工进速度 $_v =0.18m/min$,不考虑管路损失和液压缸的摩擦损失,试计算以下内容。

① 液压缸工进时液压系统的效率。

② 当负载 F=0 时,回油腔的压力。

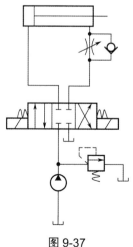

图 9-37

第4篇
液压与气动典型系统

　　本篇把动力滑台、成型机、机械手这些具有代表性的回路控制系统应用作为项目案例，通过对工作过程的描述、主回路的分析、I/O 图以及功能表图和梯形图的设计结构说明，使读者可以对以上应用有全面了解并进行深入熟悉和操作使用，从而掌握对一般液压与气动典型系统的分析方法以及应有的设计过程和技术内容。

第 10 章　（项目一）动力滑台

要点概述

　　10.1 节讲述动力滑台的类型和传动形式的选择，使读者了解动力滑台的结构和性能；10.2 节通过对液压传动动力滑台工作过程的描述、主回路原理图的分析、动作顺序表的设计、PLC 系统 I/O 控制图的设计、功能表图的设计（视专业选择）、梯形图的设计（视专业选择）过程，实现对液压系统中的换向回路、调速回路、锁紧回路、保压回路、卸荷回路、平衡回路等模块的实际应用。通过对动力滑台液压控制系统的研究，读者可以完成在性能、原理、选型、安装、调试等方面对液压系统基础元件和基本回路的学习和掌握。

本章教学目标：掌握液压各功能控制模块的结构原理分析方法，能合理对各功能模块进行连接与调试，能准确描述各功能模块所用基础元件的作用、原理和使用要点，理解各基础元件的符号画法并能在系统回路中划分出相应的功能模块，同时具有举一反三设计简易液压传动与气压传动形式动力滑台的能力				
	重　点	**难　点**	**教学方法**	**教学时间**
10.1 节	液压传动动力滑台的分类和传动形式	液压传动动力滑台的基本结构	讲授	0.5 课时
10.2 节	工作过程的描述与表达、液压主回路原理图的分析和动作顺序表、PLC 系统 I/O 控制图、功能表图（可省略）、梯形图（可省略）等的设计	液压原理图分析过程和动作顺序表、PLC 系统 I/O 控制图、功能表图（可省略）、梯形图（可省略）等的设计方法	项目实践	4.5 课时
合计课时				5 课时

　　动力滑台是机床系统实现其台面加工工具进给运动的通用部件，对于各种组合机床、专用机床、自动和半自动生产线等不同的加工机械，按照其加工特点和要求，进给工作过程有所不同，但其主要环节的进给方式和控制特点是基本相同的。台面加工工具包括配备安装的动力箱和主轴箱、车削头、钻削头、铣削头、镗削头等各种工艺用途的切削头。

10.1　概述

　　动力滑台的台面配备加工工具后，能对工件完成钻、镗、铣、刮端面、倒角、攻螺纹等加工过程和工件的转位、定位、夹紧、输送等动作。动力滑台的台面既可以配备加工工具，也可以根据加工工艺特点的要求固定工件，实现工件动而刀不动的加工过程。由于加工工艺过程的专业性和复杂性，因此动力滑台的结构形式和工作过程具有多样性的特点。

10.1.1 动力滑台的分类

1．动力滑台按照传动形式分类

动力滑台按照传动形式可分为电动传动动力滑台、机械传动动力滑台、液压传动动力滑台、气压传动动力滑台和复合传动动力滑台等。

1）电动传动动力滑台

电动传动动力滑台主要利用减速机和电机调速的传动控制形式，可采用步进电机、伺服电机、变频电机、滑差电机、直流电机等进给调速形式。

2）机械传动动力滑台

机械传动动力滑台主要采用托板、丝杠、变速箱的组成型式。

3）液压传动动力滑台

液压传动动力滑台主要采用液压缸的调速进给和换向控制形式。

4）气压传动动力滑台

气压传动动力滑台与液压传动动力滑台的结构原理相同，工作压力不同，所针对的加工对象也不同。

5）复合传动动力滑台

复合传动动力滑台是指按滑台进给运动的特点，采用两种或两种以上传动形式进行合理组合的复合结构的滑台，其目的是提高滑台性能和简化整体结构并降低系统成本。

2．动力滑台按自由度分类

动力滑台按自由度可分为单自由度进给形式、二自由度（十字进给）进给形式、多自由度（十字进给）进给形式。多自由度动力滑台一般采用模块化结构。

10.1.2 动力滑台的选择与性能要求

动力滑台无论是采用哪种传动形式，都要求系统可以方便地进行换向和调速，并要求换接速度平稳，进给速度稳定，效率高，发热少。因此要根据系统负载情况、加工行程、加工速度选择相应滑台的动力传动结构和配套的控制形式，以满足系统基本性能要求。

1．动力滑台传动形式的选择

① 电动传动动力滑台主要用于小型或轻型负载的精密加工过程，其结构简洁，节省机械设计空间，并可具有多种安装与连接方式，可多点定位与多段控制，可采用多种控制电机的调速形式。

② 机械传动动力滑台主要用于大型或重型负载的精密加工过程，其变速箱采用离合器的控制形式，其传动过程低速时无爬行，高速时无振动，具有较好的抗冲击能力，速度稳定可靠，过去的滑台进给系统大都采用机械传动动力滑台。

③ 液压传动动力滑台和机械传动动力滑台的性能相同，但传动形式不同，液压传动动力滑台结构相对简单，同时还可实现无级进给的调速过程，但其控制形式相对复杂。

④ 气压传动动力滑台与液压传动动力滑台的结构形式相同，但气压传动动力滑台更

适用于轻型负载，其最大缺点是空气介质具有可压缩性，适用于变化较小的恒转矩负载。

⑤ 复合传动动力滑台一般适用于多自由度进给的形式，且负载大都属于轻型负载，按照进给加工的负载特点和行程长度选择满足加工精度且简单可行的传动控制形式。

2. 负载应考虑的阻力因素

动力滑台的负载还应考虑加工过程中需要的进给压制力、滑台由于重力产生的滚动或滑动摩擦阻力、过高的进给速度产生的惯性阻力、防止粉尘和漏油等增加的密封结构而产生的密封阻力，以及背压阻力等因素。

① 动力滑台加工工件需要的进给力应按工件加工工艺要求的最大加工转矩需要的进给压制力进行计算。

② 动力滑台由于重力产生的摩擦阻力一般很小，与滑台进给导轨的滑动接触方式及摩擦系数有关，根据实际工况可按工件质量的 5%～10%进行选取。一般液压传动动力滑台的摩擦阻力可忽略不计。

③ 动力滑台过高的进给速度产生的惯性阻力可按具体情况进行估算，对于液压传动动力滑台而言，由于液压缸工作运动时速度很小，不属于快速往复运动型，故惯性阻力可忽略不计。

④ 动力滑台的密封阻力是由于防尘和防漏油等增加的中间垫与运动部件的相对滑动产生的，与中间垫滑动摩擦面积及摩擦系数以及进给加工力的大小等参数有关，也可按机械效率考虑。一般在液压系统中，由于密封阻力的问题，液压缸的机械效率取 90%。在液压与气动系统中，还应考虑动力滑台的背压阻力，背压阻力是液压缸回油路上的阻力，初算时可不考虑，在系统确定后，按需要的背压增加系统压力即可。

⑤ 动力滑台的回程阻力一般远远小于工进阻力，可不考虑。只需考虑系统快进过程的速度和工进过程的进给力，而其快退时的速度范围一般没有限制。

3. 系统各元器件的配套性

① 系统要按照负载特性配套执行元件，按执行元件的运动特性，配套相应的控制元件，按控制元件的控制过程和调节精度选择配套的主控单元的控制形式。总之应按系统工艺过程，首先设计主回路原理图（电、气、液原理图），其次设计控制回路（继电器、PLC、单片机等），最后按控制要求进行编程（梯形图等）。

② 电动传动动力滑台按电机、电机驱动器、旋转编码器及检测开关、继电器或单片机或 PLC、电源等顺序进行选择。

③ 机械传动动力滑台按变速箱和电机、电机驱动器或接触器、旋转编码器及检测开关、继电器或单片机或 PLC、电源等顺序进行选择。

④ 液压与气动动力滑台按液压缸或气缸、方向阀和压力阀及流量阀、磁性检测开关及压力开关等、继电器或单片机或 PLC、电源和压力源等顺序进行选择。

⑤ 复合传动动力滑台按电机或液压缸等执行元件、驱动器或接触器等控制元件、旋转编码器或磁性开关等检测元件、继电器或单片机或 PLC 等主控单元、电源和压力源等动力源的顺序进行选择。

10.2　液压传动动力滑台

以单自由度液压传动动力滑台为例说明液压传动动力滑台的工作过程和控制过程。

10.2.1　液压传动动力滑台的结构

液压传动动力滑台一般由滑座、滑台、液压缸等组成，滑座与滑台之间由连接导轨连接、支撑、定位。滑座与滑台之间的相对移动由中间连接的液压缸实现，液压缸上的活塞杆与滑台固定，而液压缸则固定在滑座上，图 10-1 所示为液压传动动力滑台的结构图。

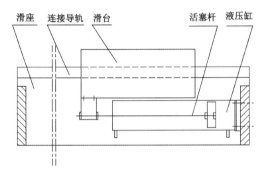

图 10-1　液压传动动力滑台的结构图

10.2.2　液压传动动力滑台的工作过程

对于液压传动动力滑台来讲，其工作过程主要是图 10-1 所示的液压缸的工作过程，液压缸主要有快进、工进、快退等工作环节。图 10-2 所示为液压传动动力滑台工作流程图。

"上电"后的"初始化"是系统开始工作前的准备状态，不同的工作系统开始工作前的准备状态是不同的，对于加工系统而言，一般以利于"上料"或"缩短加工时间"或"下料"或"安全待机状态"过程为状态设计前提。

"事故停车"后的状态，要根据系统要求的"安全状态"进行设置，和"初始化"的设置思路相同，"初始化"是以准备工作为前提的，而"事故停车"是以操作者人身安全为前提的。

一般对电动执行机构而言，事故停车后，系统应"保持"断电前的瞬间状态，例如吊车在空中停车不动，电磁吸盘应保持吸力而不能断电，机械手应抓紧重物而不能松开等，主要防止事故扩大化和二次事故的发生。

对于液压与气动装置，应注意下压过程中的事故停车状态，此时的事故停车状态可能要求是"抬起"，而不是"保持"，这是由于液压与气动系统的状态与负载有关，特别应注意气动系统的"可压缩性"，即便是"停车"状态，该气缸或气马达也会继续"前进"，因此"下压"的安全状态是"抬起"；电梯"关门"的安全状态是"开门"。要根据设备的特点选择事故停车后的安全状态。

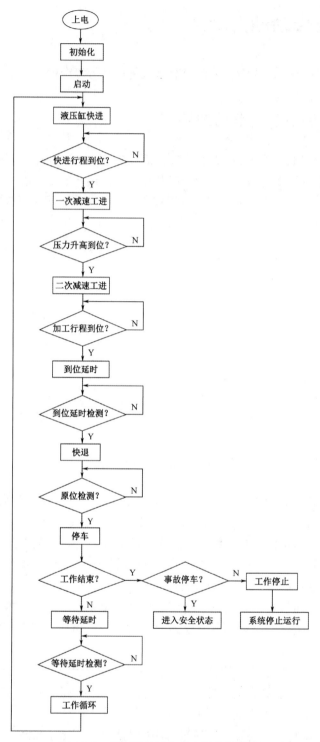

图 10-2　液压传动动力滑台工作流程图

10.2.3　主回路原理图

图 10-3 所示为液压传动动力滑台液压系统工作原理图，包括液压缸工作过程和液压缸

工作输出压力与时间的关系。

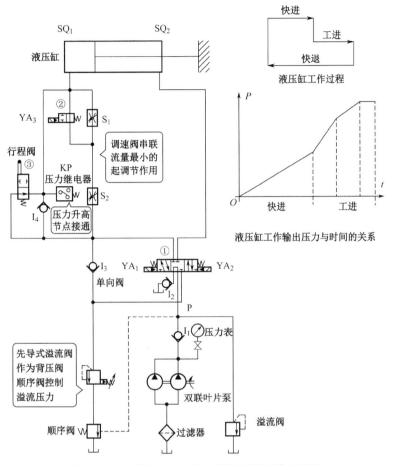

图 10-3　液压传动动力滑台液压系统工作原理图

在压力源部分，油液经过滤器由液压泵加压，液压泵为双联叶片泵，双联叶片泵输出的压力经截止阀通过压力表显示；经单向阀 I_1 后的系统压力通过溢流阀进行稳压（溢流阀入口稳压）。

两个叶片泵可以并联也可以串联。两个单级叶片泵装在一个泵体内，并由同一传动轴带动旋转，从而在一个泵体内形成有各自独立出油口的两个并联泵，这种在油路上并联的同轴一体泵称为双联叶片泵。两个泵可以是相等流量的，也可以是不等流量的；两泵的输出流量可以分开使用，也可以合并使用；两泵流量不可调，属于定量泵。双联叶片泵常用于有快速进给和工作进给要求的液压传动动力滑台或机械加工的专用设备或为两个独立油路供油，此时双联叶片泵由一小流量泵和一大流量泵组成；快进时压力较低，两泵同时供油；工进时压力较高，由小流量泵供油，同时大流量泵卸荷。若同轴一体的两个泵在油路上实现串联工作，就构成双级叶片泵，双级叶片泵的压力是单级叶片泵的两倍。因此双联叶片泵属于两个叶片泵并联，双级叶片泵属于两个叶片泵串联。

在液压缸的回油部分，先导式溢流阀的溢流压力由外控内泄直动式顺序阀控制，先导式溢流阀与外控内泄直动式顺序阀组成了背压阀。顺序阀的外控压力由系统压力 p 控制，p 是变化的，阀①中位工作时泵卸荷，p 为泵的卸荷压力，此时低压不能推动顺序阀，背压阀不能工作；阀①左位或右位工作时，p 为系统工作压力，即溢流阀的设定压力（高压），顺序阀导通，背压阀能工作。因此背压阀在阀①中位时处于控制压力低的不工作状态；在阀①左位或右位工作时，处于控制压力高的可工作状态。

系统包括快进、工进、快退、原位停止四个过程。

1. 快进

系统快进时，首先 YA_1 得电，阀①左位工作，油液流向为阀①的左位（下位中进上位左出）→阀③的下位→液压缸无杆腔，实现活塞快速右行；同时，液压缸有杆腔油液流向为阀①的左位（上位右进下位右出）→单向阀 I_3→阀③的下位→液压缸无杆腔。此时，由于快进负载压力小，背压阀的设定压力高于液压缸的无杆腔压力，回路通过 I_3 和阀③的下位形成液压缸两腔连通，实现差动快进，系统压力低，双联叶片泵输出最大流量。

2. 工进

当快进过程结束，压下行程阀③使其上位工作时，阀③的上位将通路切断，油液通过阀①的左位（下位中进上位左出），经调速阀 S_2 和二位二通单控电磁换向阀②的右位（S_1 被短路），进入液压缸无杆腔，此时液压缸仍处于差动状态，即开始减速的一次工进状态。

当压力升高，使得压力继电器 KP 动作时，YA_3 得电，此时，油液流向为阀①的左位（下位中进上位左出）→S_2→S_1→液压缸无杆腔，活塞再次减速右行；同时，液压缸有杆腔油液流向为阀①的左位（上位右进下位右出）→背压阀（顺序阀和先导式溢流阀形成的复合阀）→油箱。此时系统处于二次工进状态，调速阀 S_1 和 S_2 串联，流量小的 S_1 调节而流量大的 S_2 不工作。因此几个调速阀或节流阀串联时，流量最小的阀起调节作用，而流量大的阀基本不工作。

当工进到位时，液压缸伸出位检测开关 SQ_2 动作，说明滑台前进极限位已到，要停留一定时间等待动力头进行反向过程。等待时间可由控制系统内部定时器实现。

因此工进过程包括 I 工进和 II 工进及工进到位等待三个环节。

3. 快退

滑台停留时间结束后，时间继电器发出信号，使电磁铁 YA_1 和 YA_3 失电，YA_2 得电，这时三位五通换向阀①右位工作，因滑台返回时的负载小，系统压力下降，双联叶片泵输出流量最大，油液流向为阀①的右位（下位中进上位右出）→液压缸有杆腔使活塞杆缩回，导致液压缸无杆腔油液流向为 I_4→阀①的右位（上位左进下位左出）→I_2→油箱，实现快退过程。

4. 原位停止

当滑台退回到原位时，液压缸缩回位检测开关 SQ_1 动作，YA_2 失电，此时三位五通换向阀①处于中位，液压缸的两腔油路封闭，滑台停止运动。这时双联叶片泵输出的油液流向为阀①的中位→I_2→油箱，泵处在低压卸荷的节能运行状态。

10.2.4　动作顺序表

表 10-1 所示为液压传动动力滑台动作顺序表，动作顺序表应表达出动作的详细步骤、

输入端检测元件的节点状态、输出端控制元件和执行元件动作状态。"+"为"通","－"为"断"。

表 10-1　液压传动动力滑台动作顺序表

名　称		输入端检测元件			输出端控制元件				执 行 元 件
步数	工作过程	SQ₁	SQ₂	KP	YA₁	YA₂	YA₃	行程阀③	液压缸
0	原位	+							原位
1	快进				+				伸出
2	Ⅰ工进				+			+	减速伸出
3	Ⅱ工进			+	+		+	+	再次减速伸出
4	到位停留		+	+	+		+	+	伸出到位停留
5	快退					+		+	行程阀后缩回
									行程阀前缩回
6	原位停止	+							原位停车

10.2.5　PLC 系统 I/O 接线图

图 10-4 所示为液压传动动力滑台 PLC 控制系统外部接线图，系统的 I/O 均为开关量控制的形式。

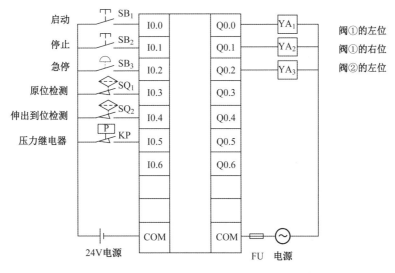

图 10-4　液压传动动力滑台 PLC 控制系统外部接线图

10.2.6　功能表图

根据液压传动动力滑台动作顺序表和液压传动动力滑台 PLC 控制系统外部接线图，PLC 控制系统功能表图如图 10-5 所示。

快进转Ⅰ工进在 PLC 控制系统中为同一步，这是由于 PLC 控制系统中的输出控制元件没有变化，液压缸的快进转Ⅰ工进的状态变化是液压系统内部行程阀动作变化。

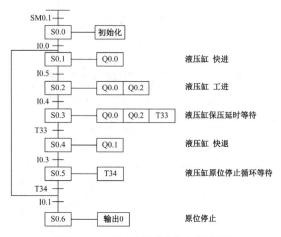

图 10-5　PLC 控制系统功能表图

10.2.7　梯形图

图 10-6 所示为 PLC 控制系统的梯形图。根据功能表图确定系统动作步数，按照动作顺序要求进行梯形图设计，采用"启动""停止""线圈"的模块顺序结构设计梯形图结构。任何一个模块都可能是一个条件，也可能是多个条件集合。对于西门子系统而言，一个"Network"设计一个动作步数，系统程序由多个"Network"组成，主要为了便于系统内部的程序识别和提高执行速度。

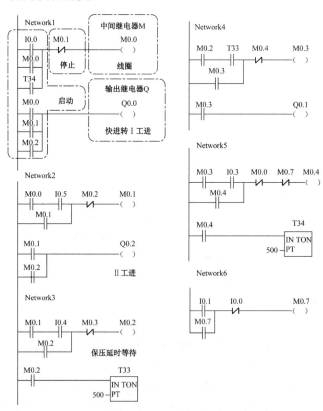

图 10-6　PLC 控制系统的梯形图

　　"启动"是为使"线圈"带电而加入的"输入继电器 I"或由"时间继电器 T"或"中间继电器 M"或"输出继电器 Q"形成的衍生条件，可以是所有条件的"和"形成的并联结构，也可以是所有条件"同时"形成的串联结构。一般不同时"启动"的"动合接点开关"条件都应并联，只有同时"启动"的"动合接点开关"才串联。

　　"停止"在"与"逻辑电路中一定是串联结构，所有停止要求的"动断接点开关"等条件都应当是串联的，以保证一点"断"，"断"一条线或称"断"一个回路。

　　"线圈"分为"输出线圈"和"中间线圈"。输出线圈可以是"输出继电器 Q"，也是要求输出的"动作结果"；而"中间线圈"是为了满足"输出线圈"的条件要求而加入的"中间转换条件"，可以是"中间继电器 M"，也可以是"时间继电器 T"等。

第 11 章　（项目二）成型机

要点概述

11.1 节讲述成型机的分类和传动形式，使读者了解成型机结构和性能；11.2 节利用动作时序图实现对液压成型机工作过程的描述、主回路原理图的分析、动作顺序表的设计、PLC 系统 I/O 控制图设计、功能表图设计（视专业选择）、梯形图设计（视专业选择）的过程，实现对液压系统中的换向回路、调速回路、减压回路、保压回路、平衡回路等模块的实际应用。通过对成型机液压控制系统的研究，读者可以完成在性能、原理、选型、安装、调试等方面对液压系统基础元件和基本回路的学习和掌握。

	重　　点	难　　点	教学方法	教学时间
本章教学目标：掌握液压各功能控制模块的结构原理，能合理对各功能模块进行连接与调试，能准确描述各功能模块所用基础元件的作用、原理和使用要点，理解各基础元件的符号画法并能在系统回路中划分出相应的功能模块，同时具有举一反三设计简易液压与气动成型机的能力				
11.1 节	液压成型机的分类和传动形式	液压成型机的基本结构	讲授	0.5 课时
11.2 节	工作过程的描述与表达以及液压主回路原理图的分析、动作顺序表、PLC 系统 I/O 控制图、功能表图（可省略）、梯形图（可省略）等的设计	液压原理图分析过程和动作顺序表、PLC 系统 I/O 控制图、功能表图（可省略）、梯形图（可省略）等的设计方法	项目实践	4.5 课时
合计课时				5 课时

成型机的形式很多，不同的行业和不同的产品，对成型机的要求条件也不同，成型机包括砂轮锯片成型、砌块成型等粉末制品成型机；鞋底、塑胶板等橡胶制品及塑料制品成型机；冷（热）金属挤压成型、薄板拉伸以及冲压、弯曲、翻边等金属外壳成型机；糕点、馒头等食品成型机；包装箱、纸碗等成型机；墙砖、地砖等瓷砖成型机；牲畜的饲料成型机；垃圾压缩成型机等。

11.1　成型机的分类

成型机都具有专用性，因此成型机是按行业和产品划分的，不同行业和不同产品的成型机在参数上具有很大的差异性。

1. 按需要成型的材料类型划分

成型机按需要成型的材料类型可分为金属类、非金属类、食品类等。金属类成型机包括锻压类金属成型机、冷（热）金属板材挤压成型机、薄板冲压成型机等；非金属类成型机包括橡胶注射成型机、橡胶热压成型机、橡胶鞋底成型机、注塑机，以及木材加工类成型机等；食品类成型机包括饼干等糕点成型机。由于各类材料的性质不同，各成型机的结构、原理等有很大不同。

2．按动力源的驱动方式划分

成型机按动力源的驱动方式可分为液压成型机和气压成型机。

液压成型机按油泵产生的压力可分为低压成型机（压力小于 2.5MPa 的齿轮泵压力源）、中压成型机（压力小于 6.3MPa 的齿轮泵或叶片泵压力源）、高压成型机（压力小于 32.0MPa 的齿轮泵或柱塞泵压力源）三种。目前由于加工精度和传动转速的提高，齿轮泵除了提供不高于 2.5MPa 的低压动力，还可提供中压动力和高压动力，中压动力为 8～16MPa，高压动力为 20～31.5MPa。

液压成型机按传递介质的不同可分为乳化液作为介质的水压机，矿物油作为介质的油压机。在相同的结构条件下，由于矿物油的黏度大，因此水压机产生的压力要大于油压机。

气压成型机的压力一般小于 1MPa，常用 0.5～0.7MPa 的工作压力。

采用电动形式的压力成型机很少，其与压力成型机配套的输送机械大都采用电机等执行元件驱动并由电源作为动力源。

3．按需要成型的材料形状或用途划分

成型机按需要成型的材料形状可分为锻造成型机，其成型材料为锻压类块状或坯状类材料，包括金属锻造坯、泥坯等；冷压或热压金属板材拉伸成型机、折弯机和层压机，其成型材料为板材类，包括可延伸板材（金属）和不可延伸或延伸量小板材（木材等）；粉末冶金压制成型机，其成型材料为粒状或粉状材料类，包括砂轮和胶木等；注塑机，其成型材料为液体状或加热可融化材料类，包括塑料颗粒和树脂类材料等；还包括金属切屑的打包机、压块机等。要根据材料的性质配套成型机的附属加工设备。

4．按成型机的动作方式划分

成型机按动作方式可分为单缸动作的从上向下加力的上压式成型机和从下向上加力的下压式成型机，以及双缸同时动作的双动压力机，双动压力机的成型压力为上下两压力缸输出力之和。

5．按成型机的机身结构划分

按成型机的机身结构可分为四柱式成型机、两柱式成型机、单柱式成型机等柱式成型机和框架式成型机这两种结构类型的成型机。

11.2　液压成型机

液压成型机是利用静压力实现对金属、塑料、橡胶、木材、粒状或粉状的金属和矿物质等材料通过锻造、冲压、校直、弯曲、压装等特定形式进行加工的机械。按产品的工艺过程配套其需要的输出压力，输出压力一般在几十吨到几万吨之间。

11.2.1 液压成型机的结构

液压成型机的执行元件一般是上下两个液压缸，上下液压缸通过中间的压力板和上下模具（凸凹模具）连接，下模具固定在模具座中。图 11-1 所示为液压成型机的结构示意图。

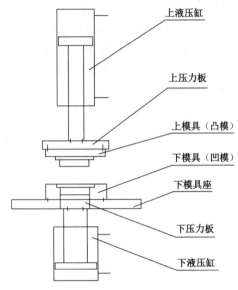

图 11-1 液压成型机的结构示意图

11.2.2 液压成型机的工作过程

液压成型机的工作过程包括上液压缸的快速下行、逐步加压、保压延时、释压返回、停止等待五个过程的合模成型阶段和下液压缸的向上顶出、顶出延时、向下退回、停止等待四个过程的开模出模阶段。上液压缸和下液压缸的工作过程采用前后顺序和分时操作，可采用图 11-2 所示的液压成型机动作时序图来表达液压成型机的工作过程。图中参数曲线主要是上下液压缸的行程和时间的关系曲线，图中各个工作时段的时间与成型机的压力和成型的材质有关。

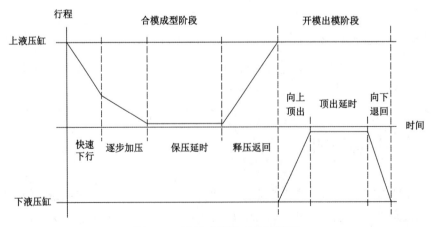

图 11-2 液压成型机动作时序图

11.2.3 主回路原理图

图 11-3 所示为液压成型机的液压工作原理图。在压力源部分，油液经过滤器由液压泵加压，液压泵为单向高压变量柱塞泵，其压力由先导式溢流阀进行稳压，而先导式溢流阀的压力由直动式溢流阀控制，这两个溢流阀组成远程调压阀。经先导式溢流阀稳压后的压力通道分成两路，第一路为低压力（p_1）和小流量，主要提供压力阀的控制压力源，泵压经减压阀减压后由其出口提供；第二路为高压力（p_2）和大流量，主要为上下液压缸提供动力，泵压经顺序阀后由其出口提供，该顺序阀是为了提高变量泵卸荷后的泵压，以保证第一路的工作压力。也可以采用大流量高压力和小流量低压力的两个液压泵分别对系统的第二路和第一路提供动力。

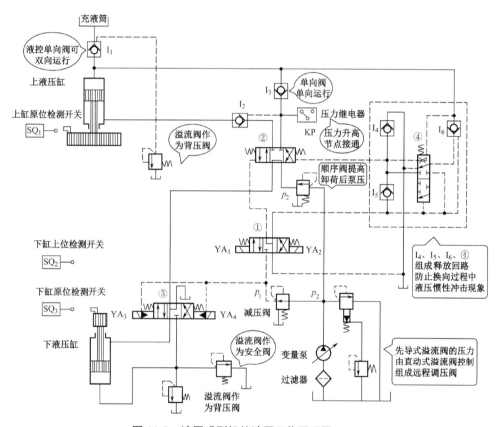

图 11-3 液压成型机的液压工作原理图

系统分两个工作过程，一是上液压缸的工作过程，二是下液压缸的工作过程。

1. 上液压缸的工作过程

1）快速下行

快速下行时，YA_1 得电，阀①左位工作，阀②左位工作，油液流向为②的左位（下位右进上位右出）→I_3→上液压缸无杆腔，活塞快速下行使上液压缸有杆腔油液流向为 I_2→②的左位（上位左进下位左出）→③的中位（上位左进上位右出）→油箱。

在下行过程中由于背压阀失效，以及活塞杆上压力板和模具等重物作用，上液压缸的模具会快速下行，上液压缸无杆腔压力减小，充液筒中的油会通过 I_1 进入上液压缸无杆腔中进行补液，此时上液压缸进入快速下行阶段。

2）逐步加压

当上模具快速下行接触到需要加工成型的工件时，上液压缸会因下行运动遇到阻力而减速慢行，造成无杆腔压力逐渐升高，此时的油液流向虽然与快速下行的过程相同，但由于无杆腔和有杆腔压力的升高，液控单向阀 I_1 的控制端有作用压力，I_1 继续处于打开状态，多余的油液流向充液筒，而当 I_2 受控打开后，无杆腔压力被钳位致"0"，I_1 逆向关闭，无杆腔压力逐步升高并最终关闭 I_1，此时系统进入逐步加压阶段。

3）保压延时

当上液压缸的无杆腔压力逐步加压到使压力继电器 KP 动作时，即压力升高到预设值时，其节点接通，系统进入保压延时阶段，上模具和下模具处于合模定型阶段，此时 YA_1 失电，阀①处于中位机能状态，同时阀②处于中位机能状态，上液压缸的油路处于断开后的保压状态，保压时间由控制系统内部按工件需要的定型时间要求进行计时设定。

4）释压返回

当保压延时时间到，YA_2 得电，阀①右位工作，阀②右位工作，油液流向为②的右位（下右进上左出）→I_2→上液压缸有杆腔，致使活塞上行；同时，上液压缸无杆腔油液流向为 I_1→充液筒→充液筒高位溢流口→油箱，系统进入释压返回阶段。此时上液压缸带动上模具和下模具进行开模并上行。液控单向阀 I_1 此时虽处于自然导通的逆压状态，但其液控口压力在高压状态，I_1 通道打开。

由于逐步加压、保压延时及释压返回等过程中，系统内部液压状态的变化很大，为防止换向过程中液压惯性冲击现象的发生，系统设置了由单向阀 I_4、单向阀 I_5、液控单向阀 I_6 和二位五通预泄液控换向阀④组成的释放回路。

5）停止等待

停止等待是指上液压缸返回原位后，上缸原位检测开关 SQ_1 动作，此时 YA_1 和 YA_2 都处于失电状态，阀①和阀②处于中位工作，油液流向为阀②的中位→阀③的中位→油箱，此时上液压缸不动作，停止等待下一个工作过程。

2. 下液压缸的工作过程

当上液压缸的挤压成型等工作过程结束后，成型工件要通过下液压缸的向上顶出过程才能取出，并通过顶出延时、向下退回及原位停止等过程实现下液压缸的复位，以等待下一个工件成型的工作过程。

由于上下液压缸是分时顺序动作，因此上下液压缸的控制应采用互锁形式。

1）向上顶出

当阀①和阀②处于中位，YA_4 得电时，阀③右位工作，油液流向为阀②的中位→阀③的右位（上左进下右出）→下液压缸无杆腔，活塞上行使下液压缸有杆腔油液流向为阀③的右位（下左进上右出）→油箱，从而实现向上顶出的系统工作过程。

2）顶出延时

下液压缸向上顶出后，下缸上位检测开关 SQ_2 动作，此时应保压延时，时间由控制系统内部按工件需要的取出时间要求进行计时设定，从而实现顶出延时的系统工作过程。

3）向下退回

当顶出延时结束后，YA_4 应失电而 YA_3 得电，阀③左位工作，油液流向为阀②的中位→阀③的左位（上左进下左出）→下液压缸有杆腔，活塞下行使下液压缸无杆腔油液流向为阀③的左位（下右进上右出）→油箱，从而实现向下退回的系统工作过程。

4）原位停止

当向下退回结束后，下缸原位检测开关 SQ_3 动作，此时 YA_3 和 YA_4 都应处于失电状态，阀③处于中位工作，原位停止标志着本次工件成型的系统工作过程结束，等待下一个工件成型的系统工作过程开始。

11.2.4　动作顺序表

表 11-1 为液压成型机动作顺序表，动作顺序表应表达出动作的详细步骤、输入端检测元件的节点状态、输出端控制元件和执行元件动作状态。"+"为"通"，"−"为"断"。

表 11-1　液压成型机动作顺序表

名　称		输入端检测元件				输出端控制元件				执 行 元 件	
步数	工作过程	SQ_1	SQ_2	SQ_3	KP	YA_1	YA_2	YA_3	YA_4	上液压缸	下液压缸
0	原位	+		+						原位	原位
1	快速下行					+				快速下行	原位
2	逐步加压					+				减速下行	原位
3	保压延时				+					保持	原位
4	释压返回						+			上行	原位
5	停止等待	+								原位	原位
6	向上顶出								+	原位	上行
7	顶出延时		+						+	原位	保持
8	向下退回							+		原位	下行
9	原位停止			+						原位	原位

11.2.5　PLC 系统 I/O 接线图

图 11-4 所示为液压成型机 PLC 控制系统外部接线图，系统的 I/O 均为开关量控制的形式。

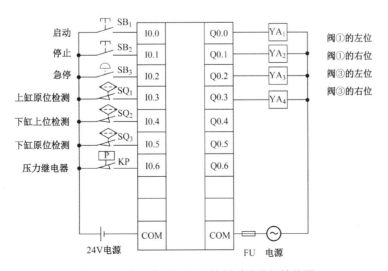

图 11-4　液压成型机 PLC 控制系统外部接线图

11.2.6　功能表图

根据液压成型机动作顺序表和液压成型机 PLC 控制系统外部接线图，PLC 控制系统功能表图如图 11-5 所示。

快速下行转减速下行并逐步加压在 PLC 控制系统中为同一步，这是由于 PLC 系统中的输出控制元件没有变化，而上液压缸的下行状态变化是液压系统内部的负载变化。

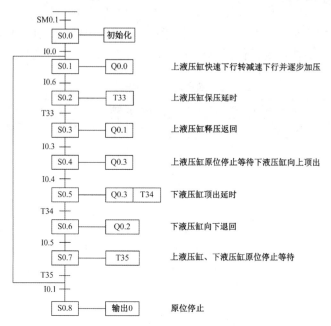

图 11-5　PLC 控制系统功能表图

11.2.7　梯形图

图 11-6 所示为 PLC 控制系统的梯形图。梯形图是按照顺序动作方式设计的，在梯形图的实际设计过程中，思路和编程方式是多种多样的，但动作结果应符合系统要求，是唯一的。顺序动作方式的编程特点有三个，一是各步采用顺序动作；二是下一步的动作要终止上一步的动作；三是输出结果按动作步要求，进行所在步映像继电器节点的并联连接。

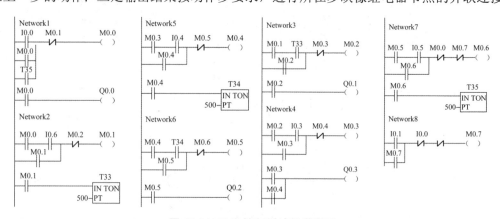

图 11-6　PLC 控制系统的梯形图

第12章 （项目三）机械手

要点概述

12.1 节讲述机械手是由执行机构、驱动系统、控制系统以及位置检测装置等组成的控制系统。12.2 节主要介绍机械手有手动操作和自动操作两种控制方式以及液压、气动、电动、机械、复合五种驱动形式和多自由度的坐标定位特点。13.3 节主要介绍液压与气动机械手是以液压缸或气缸和液马达或气马达为执行机构，以液压油或压缩空气为工作介质来传递运动和动力的一种传动装置。12.4 节介绍六自由度搬运机械手 PLC 控制系统。通过对机械手液压与气动系统的研究，读者可以完成在性能、原理、选型、安装、调试等方面对液压与气动系统基础元件和基本回路的学习和掌握。

本章教学目标：掌握液压与气动机械手结构原理，能合理设计其液压与气动主回路，并对各功能模块进行连接与调试，能准确描述各功能模块所用基础元件的作用、原理和使用要点，理解各基础元件的符号画法并能在系统回路中正确地表示，同时熟悉机械手的结构和性能，并具有举一反三设计简易液压与气动机械手的能力				
	重　点	**难　点**	**教学方法**	**教学时间**
12.1 节	机械手的组成结构	机械手自由度	讲授	0.5 课时
12.2 节	机械手的分类形式	机械手的功能参数	讲授	0.75 课时
12.3 节	液压与气动机械手的结构和特点	液压与气动机械手的选型与控制	讲授	0.75 课时
12.4 节	六自由度搬运机械手工作过程的描述与表达以及对气动主回路原理图、PLC系统 I/O 控制图、功能表图（可省略）、梯形图（可省略）等的设计	气动原理图、循环动作图、PLC 系统 I/O 控制图、功能表图（可省略）、梯形图（可省略）等的设计方法	项目实践	7 课时
合计课时				9 课时

机械手（Mechanical Hand）是指能模仿人的手和臂的某些动作功能，按固定程序实现抓取、搬运物品或操作工具的自动操作装置。机械手是最早出现的工业机器人，也是最早出现的现代机器人，它可以通过编程来完成各种预期的作业任务，在构造和性能上兼有人和机器各自的优点，尤其体现了人的智能性和适应性，因而可以代替人从事繁重的、重复性的劳动，实现生产的机械化和自动化，其作业的准确性和持久的耐力超过人的极限工作能力，并且能在有害环境下代替人进行一些危险的实验操作，从而保护人身安全，因此被广泛应用于机械制造、冶金、电子、轻工和原子能等行业，机械手在国民经济各领域有着广阔的发展前景。

12.1　机械手的组成

机械手主要由执行机构、驱动系统、控制系统以及位置检测装置等组成。

12.1.1 执行机构

执行机构一般主要由手部或手爪、手腕、手臂、立柱、机座、行走机构等组成。

最基本的机械手可以只由手部和手臂组成，完成专一的功能。

执行机构中的执行元件根据动力源的不同分为液压缸、液压马达等液压执行元件，气缸、气马达等气动执行元件，变频电机、步进电机、伺服电机、电磁铁等电动执行元件。

1．手部

手部主要用来抓取物品，是机械手与物品接触的部分。手部根据与物品接触的形式不同可分为夹持式和吸附式两种形式。

夹持式手部由手指（或手爪）构成，指数有双指式、多指式等。一般棒形、块状物品多用手指形手部实现抓取。

吸附式手部由吸盘构成，它靠吸附力吸附物件，相应的吸附式手部有负压吸盘和电磁吸盘两类。对于轻小片状零件、光滑薄板材料等，通常用负压吸盘吸料。对于导磁性的环类和带孔的盘类零件，以及有网孔状的板料等，通常用电磁吸盘吸料。

机械手的手部具有针对性，其性能和结构要根据被抓取物件的形状、尺寸、质量、材料性质和作业要求等进行有针对性的特殊设计。

2．手腕

手腕是连接手部和手臂的部件，可用来调整被抓取物件的方位（姿势）。

3．手臂

手臂是支撑被抓取物品、手部、手腕的重要部件。手臂的作用是带动手指去抓取物品，并按预定要求将其搬运到指定的位置。手臂分大臂和小臂，也可以是独立单臂。

一般机械手的手臂由油缸、气缸、齿轮齿条机构、连杆机构、螺旋机构、凸轮机构等组成，与动力源（液压源、气压源或电机减速机等）相配合，实现手臂的伸缩、回转、摆动等各种运动来完成手部的定位移动。

4．立柱

立柱是支撑手臂的部件，立柱可以作为独立部分，也可以作为手臂的一部分，手臂的回转运动和升降（或俯仰）运动均与立柱有密切的联系。机械手的立柱一般可以升降和回转，可以有一定角度的倾斜，也可以采用固定不动形式，其功能和受力强度要满足机械手的整体要求，是机械手整体受力的主要部件，立柱的形式和高度等指标与要抓取物品的质量、运动轨迹、运动的速度以及手部、手腕、手臂的动作形式有关。

5．机座

机座是机械手的基础部分，立柱直接与机座相连，机械手的控制系统和驱动系统一般均安装于机座上，机座起固定、支撑和连接作用，是机械手的基础。

6．行走机构

当机械手需要完成较远距离的操作或扩大使用范围时，可在机座上安装滚轮、轨道等行走机构，来实现机械手的定位移动。行走机构可分为有轨运行和无轨运行两种方式，有轨运行借助于轨道定向，检测开关和挡铁定位，一般自动化仓库大都采用有轨运行方式，有轨运行方式控制简单、可靠、效率高、成本低。无轨运行采用寻迹控制实现定向，控制形式复杂，一般用于智能机械人控制、无人驾驶控制等。

12.1.2 驱动系统

驱动系统是机械手执行机构运动的动力装置，通常由动力源、控制调节装置和辅助装置组成。常用的动力源有液压源、气压源、电源等，因而驱动系统有液压传动、气压传动、电机减速机等电力传动以及增加中间传动机构的机械传动等方式。

1. 控制系统

机械手的控制系统是指挥中心，相当于人的大脑中枢，其指挥机械手的工作顺序、应达到的位置等，如立柱上下移动、回转，手臂伸缩、回转摆动，手腕上下摆动或左右摆动，各个手指的开闭动作，以及各个动作的顺序、时间、速度等，通过各个运动部位的执行元件和传动机构，按照工艺控制过程的规定并符合坐标轴的定位值要求而进行。

目前的机械手控制技术涉及力学、机械学、电、气、液的自动控制技术、传感器技术和计算机技术等科学领域，是一门跨学科综合技术。

2. 位置检测装置

在机械手的执行机构的每个执行元件上都设有位置检测装置，为控制系统提供执行元件的位置状态，位置检测一般采用行程开关、接近开关、光电开关等检测元件。

3. 机械手的自由度

机械手各运动机构的升降、伸缩、旋转等独立运动方式，称为机械手的自由度。为了抓取空间中任意位置和方位的物体，一般需要有六个平面内的运动内容，每个平面运动代表一个自由度。自由度是机械手设计的关键参数。自由度越大，机械手的灵活性越大，通用性越广，其结构也越复杂。一般专用机械手不少于两个自由度。

12.2 机械手的分类

机械手可按驱动方式、适用范围、运动轨迹的控制方式等进行分类。

1. 按驱动方式分类

机械手按驱动方式可分为液压式机械手、气动式机械手、电动式机械手、机械式机械手、复合式机械手等。

1）液压式机械手

液压式机械手驱动系统的动力源由形成高压力油液的液压泵系统组成，其驱动系统的执行机构是由液压电磁阀控制的液压缸及液压马达等组成的机械手机构。

2）气动式机械手

气动式机械手驱动系统的动力源由形成高压压缩气体的空压机系统组成，其驱动系统的执行机构是由气动电磁阀控制的气缸、气马达等组成的机械手机构。

3）电动式机械手

电动式机械手驱动系统的执行机构主要由变频器、电机驱动器等控制的特殊结构的电机、步进电机、伺服电机、开关磁阻电机等及减速机组成，减速机一般选用具有逆向自锁效果的蜗轮蜗杆传动方式。

4）机械式机械手

机械式机械手执行系统主要由电机、减速机、万向节、主轴、蜗轮、蜗杆、齿轮、链条、检测开关等组成。

5）复合式机械手

复合式机械手根据抓取物品的特点，对每个自由度的执行机构采用简捷有效的驱动方式，即液压、气动、电动、机械等形式。

2. 按适用范围分类

机械手按适用范围可分为专用机械手和通用机械手两种。

要根据抓取对象的形状、尺寸、质量、结构强度、表面硬度、内部性能条件、外部运动要求等进行机械手的设计，机械手大部分为专用机械手，抓取对象在形状、质量及尺寸大小相近的情况下，才可选用通用机械手实现抓取。

3. 按运动轨迹的控制方式分类

机械手按运动轨迹的控制方式可分为点位控制机械手和连续轨迹控制机械手。

1）点位控制机械手

点位控制机械手是指对运动轨迹无严格要求，只要求从一点到另一点精确定位的坐标控制的机械手。

2）连续轨迹控制机械手

连续轨迹控制机械手是指对点到点的行走轨迹在速度和坐标偏差上进行精确控制的机械手，连续轨迹控制包括单坐标变量的直线控制和多坐标变量的综合运动形成的轮廓控制。

4. 各类驱动方式机械手系统的特点

1）液压式机械手系统的特点

液压式机械手系统承载能力大、传动调速平稳，适用于防爆环境，但不适用于在高温和低温环境。

2）气动式机械手系统的特点

气动式机械手系统具有响应速度快、系统结构简单、维修方便、价格低等特点，适用于中、小负载的系统，但难于实现伺服控制、稳定性差、有少量漏气问题，多用于程序控制的系统。

3）电动式机械手系统的特点

电动式机械手系统结构简单，驱动系统无过多的中间机械过渡转换机构，响应速度快、工作范围广，但控制系统相对复杂。

4）机械式机械手系统的特点

机械式机械手系统运动准确可靠、承载能力大，但机械结构复杂、体积相对较大、制作成本高。

5）复合式机械手系统的特点

复合式机械手系统具有专用性，其运动准确可靠、机械结构相对简单，但控制系统相对复杂。

5. 机械手操作方式

机械手的操作方式分为手动操作和自动操作。

自动操作又分为单步操作、单周期操作和连续操作等。

1）手动操作

对机械手的手动操作就是用按钮操作，对机械手的每一种运动单独进行控制。

例如，当操作上/下运动时，按下上升按钮，机械手上升；按下下降按钮，机械手下降；按下停止按钮，机械手停止。操作左/右运动或夹紧/放松运动时情况类似。

2）单步操作

机械手的单步操作是自动操作中的单步自动运动方式，指每按一下启动按钮，机械手完成一步动作后自动停止。

3）单周期操作

机械手的单周期操作是自动操作中的单循环自动运动方式，指机械手从原点开始，按下启动按钮，机械手自动完成一个周期的动作后停止。在工作中若按下停止按钮，则机械手动作停止。重新启动时，必须用手动操作方式将机械手移回到原点，然后按下启动按钮，机械手又重新开始单周期操作。

4）连续操作

对机械手的连续操作是自动操作中的循环自动运动方式，是指机械手从原点开始，按下启动按钮，机械手将自动地、连续地周期性循环。在工作中若按下停止按钮，则机械手停止工作。重新启动时，必须对机械手进行复位，或用手动操作将机械手移回到原点，然后按下启动按钮，机械手又重新开始连续工作。

5）机械手复位操作

在机械手的工作过程中若按下复位按钮，则机械手将完成正在进行的周期动作后，回到原点自动停止或在任意位置时自动回到原点后停止。

6. 机械手主要性能与参数

对于机械手而言，采用哪种方式驱动要根据工作对象的有关参数确定，主要考虑以下几个方面。

1）机械手抓取的质量

机械手根据要抓取的物料质量和形式来选择抓取的方式，抓取方式一般有夹持式或吸附式，驱动方式有液压、气动、电动、机械等方式。

机械手抓取的质量的单位用千克（kg）表示。

2）自由度个数

机械手根据要抓取的物料的原点位置、终点位置与姿势来决定其自由度的个数，一个自由度代表一个平面坐标。

3）坐标形式

机械手一般采用直角坐标、原柱坐标、球坐标等坐标形式进行位置标注。

（1）直角坐标形式

三维空间中的任意一点都可以用直角坐标（x，y，z）的形式表示，其中 x、y 和 z 分别表示该点在三维坐标系中 X 轴、Y 轴和 Z 轴上的坐标值。例如，点（6，5，4）表示一个沿 X 轴正方向 6 个单位，沿 Y 轴正方向 5 个单位，沿 Z 轴正方向 4 个单位的点，该点在坐标系中的位置如图 12-1 所示。

（2）柱坐标形式

柱坐标用（$L<a$，z）的形式表示，其中 L 表示该点在 XOY 平面上的投影到原点的距离，a 表示该点在 XOY 平面上的投影和原点之间的连线与 X 轴的夹角，z 为该点在 Z 轴上的坐标。从柱坐标的定义可知，如果 L 坐标值保持不变，改变 a 和 z 坐标时，将形成一个以 Z 轴为轴的圆柱面，L 为该圆柱的半径，这种坐标形式被称为柱坐标。例如，点（8<30，4）的位置如图 12-2 所示。

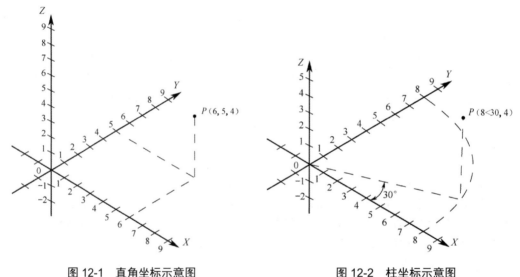

图 12-1　直角坐标示意图　　　　图 12-2　柱坐标示意图

（3）球坐标形式

球坐标用（$L<a<b$）的形式表示，其中 L 表示该点到原点的距离，a 表示该点与原点的连线在 XOY 平面上的投影与 X 轴的夹角，b 表示该点与原点的连线与 XOY 平面的夹角。从球坐标的定义可知，如果 L 坐标值保持不变，改变 a 和 b 坐标时，将形成一个以原点为中心的圆球面，L 为该圆球的半径，这种坐标形式被称为球坐标。例如，点（8<30<20）的位置如图 12-3 所示。

以上三种坐标形式适用于机械手对位置的标注，较多机械手采用柱坐标的位置标注形式，也有采用相对坐标的标注形式。

（4）相对坐标形式

以上三种坐标形式都是相对于坐标系原点而言的，也可以称为绝对坐标。此外，还可以使用相对坐标形式。所谓相对坐标，是指在连续指定两个点的位置时，第二点以第一点为基点所得到的相对坐标形式。相对坐标可以用直角坐标、柱坐标或球坐标表示，但要在坐标前加"@"符号。

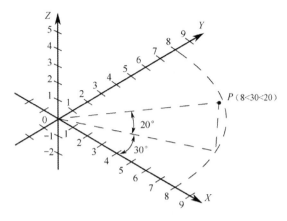

图 12-3　球坐标示意图

如图 12-4 所示，某条直线起点的绝对坐标为（3，2，4），终点的绝对坐标为 （8，7，7），则该直线终点相对于起点的相对坐标为（@5，5，3）。

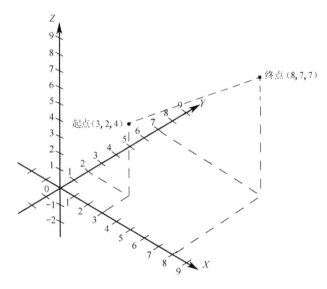

图 12-4　相对坐标示意图

坐标的单位为毫米（mm）。

4）最大工作半径（mm）

最大工作半径指机械手的工作范围，在此范围内机械手能有效工作。要根据机械手的有效回转半径和机械手的运动轨迹决定机械手最大工作半径。

5）手臂最大中心高（mm）

手臂最大中心高指机械手抓取物品的最大标定高度，即机械手升高后地面到手臂中心的最大高度。

机械手抓取物品后能够穿越障碍的高度与标定高度和物品的尺寸、抓取位置、障碍物的高度等有关。因此机械手夹持物品穿越障碍时，要进行针对性的有效跨越高度计算。

6）手臂及立柱运动参数

① 伸缩行程指手臂伸出的最大距离，单位为毫米（mm）。

② 伸缩速度指手臂伸出和缩回的速度范围，单位为毫米/秒（mm/s）。

③ 升降行程指手臂上升的最大距离，单位为毫米（mm）。

④ 升降速度指手臂上升和下降的速度范围，单位为毫米/秒（mm/s）。

⑤ 回转范围指手臂回转的最大角度，一般小于 360°。

⑥ 回转速度指手臂回转与返回过程的速度范围，单位为度/秒，其数值小于 360。

7）手腕运动参数

机械手为了更灵活地实现功能要求，有时增加手腕功能（一个自由度），手腕只有回转功能。

① 回转范围指手腕回转的最大范围，一般小于 180°。

② 回转速度指手腕回转与返回过程的速度范围，单位为度/秒，其数值小于 180。

8）手指夹持范围

如果夹持物为棒料，手指夹持范围一般指机械手夹持的有效最大棒料直径，单位为毫米（mm）。

如果夹持物为板状料，应指出长宽高等有效尺寸；如果机械手采用吸附方式，应指出夹持物有效面积范围。

9）定位方式

机械手每个自由度的运动都需要定位，定位方式一般采用死限位或可调机械挡块或用行程检测开关等，要根据实际情况具体而定，每个自由度的定位方式可能不同。

10）定位精度

机械手的定位精度实际上就是运动误差，要按机械手的工作对象的要求而定，在能够满足工作要求的条件下，精度要适中而定，单位一般为毫米（mm）。

11）驱动方式

驱动方式指液压、气压、电动、机械、复合方式中的一种。

12）控制方式

机械手应标明采用点位控制、直线控制还是轮廓控制的方式，同时应说明主控单元采用的逻辑电路、单片机、PLC、工控机的形式。

7. 机械手的功能特点

① 机械手能按照规定工艺控制过程的要求，遵循一定的程序、时间和坐标位置来完成工件的传送和装卸，也可以完成对环境状态要求的特定指标的检测和判断。

② 机械手能部分代替和模拟人工操作实现加工器具的焊接和装配，加快实现工业生产机械化和自动化的步伐，大大改善人的劳动条件，提高劳动生产率，提高劳动环境的安全性。

③ 机械手能自动控制，有多个自由度，能在不同环境中工作，控制程序具有多变性，是具有柔性化的多功能的适应性设备。

④ 机械手具有专用性，虽然它的通用灵活性不能和智能的人工操作相比，但机械手的单一性的操作能力、可靠工作的准确性、操作过程的时间性、重复持久的耐力等优于人

工操作。

8．机械手的功能形式

1）简易型工业机械手

目前工业上应用的机械手大部分属于简易型工业机械手，简易型工业机械手是指针对某一方面特定的应用要求而设计的机械手，因而其实现功能具有专用性，虽然操作程序具有可变性，工艺结构具有柔性化，但也只能做到有限适应，而单一的专用性是绝对的。在搬物、装配、切割、喷染等方面应用的专用机械手都属于简易型工业机械手。

简易型工业机械手只能完成一种或几种特定产品的检测、加工、组装等工作过程。

2）记忆再现型工业机械手

记忆再现型工业机械手是为小批量、多规格产品的柔性生产线上的装配段或分拣段而设计的专用机械手。这种工业机械手由人工按工作过程一步步进行手动控制运行，并对每个过程的主要控制参数进行修正，通过记忆操作，该机械手系统将自动完成数据记录、运算和编程，以后该机械手就能自动按照记忆的程序重复进行循环动作以实现工作过程。这种机械手的执行元件大都采用电动形式，每个执行元件都设有检测元件对其进行测量反馈，检测元件采用旋转编码器形式的居多。

记忆再现型工业机械手可以完成一种或几种特定系列产品的检测、加工、组装等工作过程。

3）智能工业机械手

智能工业机械手是今后机械手的发展方向，它由计算机通过各种传感元件等进行控制，具有视觉的智能工业机械手可以判断和选择运行方向并能对工件的轮廓、尺寸、姿态进行定位；具有热觉的智能工业机械手可以判定环境的空气指标，包括温度、湿度、氧量（主要空气指标）、煤气量（主要危险指标）等；具有触觉的智能工业机械手可以对障碍物进行避让；具有独立行走机构的智能工业机械手可以脱离导轨的限制，实现区域内的任意位置的坐标定位。智能工业机械手具有以下几个方面的性能。

① 智能工业机械手能准确地抓取方位变化的物体。

② 智能工业机械手能判断对象的重量。

③ 智能工业机械手能自动躲避障碍物。

④ 智能工业机械手抓空或抓力不足时能检测判断。

⑤ 智能工业机械手对易燃易爆和潮湿等危险环境能检测判断。

⑥ 智能工业机械手能够实现某类特定产品的检测、加工、组装等工作过程。

这种智能工业机械手是具有发展前途的拟人工具。

9．工业机械手的设计内容

工业机械手的设计是一种专用机构的设计，要根据用途、作用、意义进行设计。设计过程是一个取舍过程，要求完成实现主要工作过程，而不是全部工作过程，同时要求能够认识复杂工作过程是简单工作过程的合成过程。在设计时要注重机械手有高性价比，要遵循以下设计过程。

① 根据实现功能拟订整体方案，主要包括传感检测、控制方式、机械本体的结构形

式等综合性的设计方案。

② 根据给定的要求确定机械手的自由度和适合的技术参数，选择机械手的手部、腕部、臂部和机身的结构。

③ 进行各主要部件的参数计算和执行结构设计。

④ 进行整体装配图的设计。

⑤ 进行气动、液压、电器等动力驱动系统图的设计。

⑥ 进行电气控制系统的设计。

⑦ 编写设计计算说明书。

机械手的设计过程，实际上是一个从学习过程到应用过程的认识转变过程，是从原理结构的理解到实际过程的掌握以及应用改造过程的过渡，是理解（原理上的认识理解）—掌握（实际传动结构和控制过程的掌握）—照搬（相同传动结构和控制过程的引入）—套搬（大代小及复杂变简化的过程应用）—创新（控制理论和过程由简单变复杂而系统模块结构可能由复杂变简单的发明创造）的发展过程。要注意循序渐进的应用与设计过程，要从简单到复杂进行设计，要学会如何进行设计的改进和设备的改造，学会如何进行相同机构的选用和相似机构的仿制，学会如何进行不同行业的机构借鉴和创新结构的设计，把理论和实践完全融入设计理念。

10．机械手的展望

机械手是近代自动控制领域中出现的一项新技术，已成为现代机械制造生产系统中的一个重要组成部分，是一门跨学科综合技术。

机械手是一种仿人手操作，是可自动控制、可重复编程、可在三维空间完成各种作业的机电一体化形式的自动化生产设备，特别适合于多品种、变批量的柔性生产，对提高产品质量、提高生产效率、改善劳动条件和产品的快速更新换代起着十分重要的作用。

机械手并不只是在简单意义上代替人工的单一劳动功能设备，而是综合了人的特长和机器特长的一种拟人的电子机械装置，尤其在高温、高压、低温、低压、粉尘、易爆、有毒气体和放射性等恶劣的环境中，既有人对环境状态的快速反应和分析判断能力，又有机器可长时间持续工作、精确度高、抗恶劣环境的能力，是现代综合技术产物，是工业以及非产业界的重要生产和服务性设备，也是先进制造技术领域不可缺少的自动化设备。因此，机械手在机械加工、冲压、铸、锻、焊接、热处理、电镀、喷漆、装配以及轻工业、交通运输业等方面得到越来越广泛的引用。

12.3　液压与气动机械手

液压与气动机械手是工业生产过程中最常用的机械手。

液压机械手是以液压缸和液压马达为执行机构，液压油为工作介质，依靠密封容积的变化传递运动，依靠油液内部的压力传递动力的一种传动装置。

气动机械手是以气缸和气马达为执行机构，以压缩空气为工作介质来传递运动和动力的一种传动装置。

液压与气动技术的发展从 17 世纪帕斯卡提出静压传递原理开始，距今已有两百多年，1795 年世界上诞生了第一台水压机，但直到 20 世纪 30 年代液压元件才开始规模性生产并应用于机床，在 20 世纪 70 年代，液压与气动技术的工艺水平得到了迅速发展，并渗透到国民经济的各个领域。随着微电子技术、PLC 技术、计算机技术、传感技术和现代控制技术的发展与应用，液压与气动技术已成为实现现代传动与控制的关键技术之一。

液压与气动机械手的工作原理和控制形式基本相同，液压机械手的工作压力为 1.0～20.0MPa，气动机械手的工作压力为 0.2～1.0MPa。20 世纪 70 年代液压技术与液压元件发展迅速，液压机械手也得到了发展，但液压系统的体积相对庞大，传动介质要回收，有回流通路，泄漏时有污染，使用场合有局限性，制造成本高，到 20 世纪 90 年代，随着机电技术的发展，气动技术的应用领域迅速拓宽，尤其在各种自动化生产线上得到广泛应用。目前液压与气动元件的产值比由过去的 9∶1 发展到接近 5∶5。

12.3.1 液压与气动机械手的特点

1. 重复高精度

精度是指机械手到达指定点的精确程度，它与执行机构的控制系统的分辨率以及反馈装置有关。重复精度是指在动作多次重复后，机械手到达同样位置的精确程度。在控制过程中重复精度比精度更重要，如果一个机械手定位不够精确，通常会显示一个固定的误差，这个误差是可以预测的，可以通过一定次数的重复运行来进行误差测定并通过控制的方式进行误差校正。由于液压与气动元件结构的特点，其工作过程的磨损比其他机械手小，因而重复精度相对高。

2. 模块化

液压与气动机械手一般由三部分组成，一是由气（液压）缸和气（液压）马达与检测传感元件组成的执行机构模块，二是由气压（液压）电磁控制阀组成的阀组或阀岛模块，三是电缆、承压气（液）管等通道构成的电路与气（液）路快速接口模块。由于液压与气动机械手系统可以采用模块化的拼装形式，因而其可以批量化生产，具有价格优势，便于设计选型与集中控制。

3. 新材料应用

液压与气动机械手上应用的密封件随着材料的日新月异也在不断发展。橡塑密封件以高速、高可靠性的油封，高压往复组合密封，抗高温、无毒的各种组合密封件及异形圈等高技术产品为发展方向。机械密封件主要发展耐高温、耐高压、抗高磨损的密封环产品。

对于精度和强度要求高的特定场合，气动与液压机械手各执行元件都可采用新型材料制造，其体积、刚性、精度、寿命、抗高温、耐低温、抗高压、耐潮湿等各方面的性能都能达到很高的水平。

对于气动元件，为了适应食品、医药、生物工程、电子、纺织、精密仪器等行业的无污染要求，采用特殊结构，使用自润滑材料制造，使装置不需要加润滑油，从而不污染环境，摩擦性能稳定，综合成本低，整体寿命长。

4．机、电、气、液一体化

以气动技术为主，液压执行元件为补充（气液阻尼缸、气液增压缸等），电动执行元件为辅助（如用步进电机或伺服电机实现回转功能等），并利用现代传感技术为检测手段（光电传感器、霍尔传感器、旋转编码器等）而实现的机械手，采用 PLC 或单片机的控制形式，使系统体积大幅度减小，本体结构大大简化，驱动能力大大提升，控制性能大幅提高，系统的工作可靠性得到加强，使机械手成为复合集成系统，不仅减少配线、配管和元件，而且拆装简单，把液压与气动机械手技术从开关控制发展到高精度的反馈控制。

12.3.2　气动机械手的结构

如图12-5所示，该机械手为采用无杆气缸进行移动的气动机械手，机械手系统由手爪气缸1、伸出气缸2、上升下降气缸3、旋转气缸4等组成。在气动机械手的每个执行气缸上都设有位置检测开关 6。为了增加机械手的服务区域，通常小型机械手设置在可前后运行无杆气缸5上进行操作，限位挡铁7作为定位机构，位置检测开关8可以是微动开关，也可以是光电传感器、霍尔传感器等检测元件；机械手也可设置在可移动的小车上，小车的运行可单独使用步进电机、伺服电机、开关磁阻电机、变频电机或普通异步电机等进行驱动，采用有轨定向、开关定位的行列控制；还可设置在无轨自动导引运输车（AGV）上进行操作。

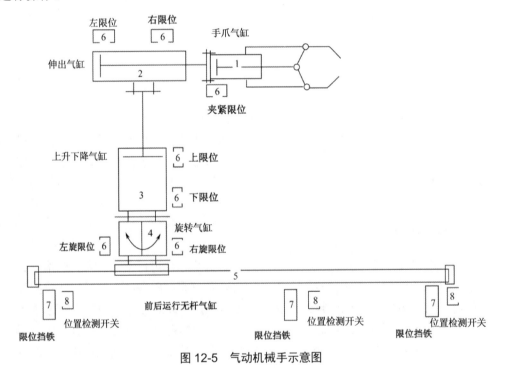

图 12-5　气动机械手示意图

1．手爪气缸

手爪气缸能驱动手爪实现对各种物料、零件的抓取功能，是现代气动机械手的关键部件。根据抓取对象的不同，手爪也有多种不同形式，常用的有钳爪式手爪、吸盘式手爪等。一般手爪为专用型手爪，只适用于某一种物品或形似物品。吸盘式手爪是利用真空产生负压原理来搬运平板与平面形物品。

1）手爪原理

钳爪式手爪一般由直线气缸利用杠杆原理采用连杆机构实现，如图 12-6 所示。

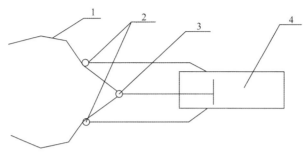

1—钢爪；2—铰链；3—回转轴；4—直线气缸。

图 12-6　钳爪式手爪

手爪气缸有专用气缸，一般称手指气缸。手指气缸如图 12-7 所示，有平行手爪、摆动手爪、旋转手爪、三点手爪等形式。

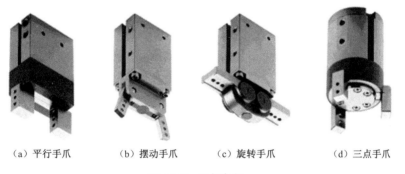

（a）平行手爪　　　（b）摆动手爪　　　（c）旋转手爪　　　（d）三点手爪

图 12-7　手指气缸

气动手爪的开闭一般通过气缸活塞带动与手爪相连的曲柄连杆、滚轮或齿轮等机构，驱动各个手爪同步开闭。

2）气动手爪的特点

① 手爪气缸采用双作用气缸，可自动对中，重复精度高，并由双控阀控制，防止事故断电后，机械手复位使工件坠落而发生碰撞事故。

② 气动手爪抓取力矩基本恒定，要按抓取对象的结构与重量选取手爪的形式与规格。

③ 在手指气缸两侧可安装非接触式磁性检测开关。

④ 气动手爪有多种安装、连接方式。

2．手腕气缸

气动机械手的手腕气缸是连接手爪和手臂的中间构件，其作用是按照工件的定位要求实现手爪的回转（摆动）运动，回转角度一般小于 180°。不需要时此部分可省略。

手腕气缸采用摆动气马达的双作用原理，并由双控阀控制，防止事故断电后，机械手复位使工件由于自重而发生转位造成碰撞事故。

3. 手臂伸出气缸

气动机械手的手臂伸出气缸与手腕相连，是支撑手腕、手爪的构件。若机械手无手腕部分，则手臂伸出气缸可以直接连接手爪。该部分主要实现手爪伸缩运动，由带定位导轨的直线气缸实现，定位导轨主要防止手爪在运行过程中出现扭摆现象。

手臂伸出气缸也采用双作用气缸，并由双控阀控制，防止事故断电后，机械手复位使工件由伸出位缩回原位造成碰撞事故。

4. 上升下降（立柱）气缸

气动机械手的上升下降（立柱）气缸与手臂相连，是支撑手臂等构件的装置，通过上升和下降来控制手臂的高度，可根据工件的高度进行工作。

上升下降（立柱）气缸也采用双作用气缸，采用带定位导轨的直线气缸，防止运行过程中发生转位现象，同时由双控阀控制，防止事故断电后，机械手复位使工件由上升位转为下降位而造成碰撞事故。

5. 旋转（立柱）气缸

气动机械手的旋转（立柱）气缸是机械手立柱的一部分，一般在立柱部分的下端，上部直接与上升下降（立柱）气缸连接，下部直接与机座连接，通过小于 360° 的旋转来改变工件的定位角度。

旋转（立柱）气缸一般根据使用的输出力矩和角度要求，选用单叶片、双叶片、齿轮齿条、螺杆式等摆动气马达，并由双控阀控制，防止事故断电后，机械手复位使工件发生转位而造成碰撞事故。

6. 行走机构

气动机械手的行走机构属于机座的一部分，对于小行程小负载系统，可以采用无杆气缸实现机械手的整体水平定向移动，并在整个行程过程中可以利用电磁挡铁限位和行程到位的检测方式实现行程的多点位控制。

1）无杆气缸的类型

无杆气缸是指利用活塞直接或间接地使外部执行机构跟随活塞实现往复运动的气缸。无杆气缸一般有两种，一种是借助磁力，通过磁性活塞带动缸体外部的执行机构同步移动的磁偶无杆气缸；另一种是采用不锈钢封带和防尘不锈钢带进行槽密封，利用活塞凸形定位连接装置，通过开槽气缸带动外部执行机构实现往复运动的机械接触式槽隙无杆气缸。

2）无杆气缸的特点

① 与普通气缸相比，无杆气缸的安装适合于狭小带状区域，适合多个领域。

② 无杆气缸具有定向防转功能。

③ 磁偶无杆气缸一般密封较好，机械接触式无杆气缸的密封性能差，会产生少量外漏。

④ 无杆气缸受负载力小，为了增加负载能力，必须增加导向机械装置。

3）无杆气缸的使用注意事项

① 注意无杆气缸的使用温度，一般最合适的温度为 5～60℃，当温度超过 60℃时，要考虑密封件的材质；当温度低于 5℃时，要考虑防止内部水分冻结而发生事故。

② 如果在腐蚀性环境中使用无杆气缸，一定要清楚腐蚀性危险源的种类，并根据使用环境的工艺特点对无杆气缸进行特殊设计。

③ 无杆气缸要在水平面上安装，如果安装面不水平，可能造成动作不良和使用寿命缩短。

④ 在定位点（端点、中间定位点）停止时，要采用缓冲的停止方式，防止惯性冲击造成气缸损坏。

4）无杆气缸的多点定位运行方式

图 12-8 所示为无杆气缸的多点定位系统，1 为辅助导向工作台，2 为无杆气缸，3 为辅助导向滑道，4 为中间定位点①的回程限位挡铁，5 为无杆气缸与辅助导向滑道的连接滑块，6 为中间定位点①的限位挡铁，7 为中间定位点②的回程限位挡铁，8 为中间定位点②的限位挡铁，9 为中间定位点①的回程限位检测，10 为中间定位点①的限位检测，11 为中间定位点②的回程限位检测，12 为中间定位点②的限位检测（中间定位点①和中间定位点②指的是无杆气杠停留的定位点）。

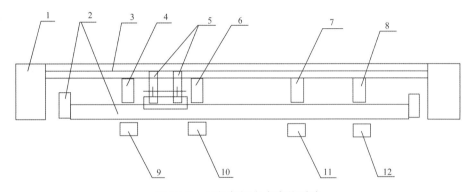

图 12-8　无杆气缸多点定位系统

在图 12-8 所示的无杆气缸多点定位系统中，要注意以下几点。

① 无杆气缸的定位装置可以采用电磁挡铁或直线伸缩气缸限位，其接触限位点不能与无杆气缸形成较大力矩，以免造成无杆气缸的损坏、寿命缩短、漏气严重等。

② 无杆气缸的每个中间定位装置，可以采用只有前进方向的一个限位，也可以采用前进方向和回程方向两个限位。

当采用无杆气缸实现直线输送，同时要求有中间定位点的停留过程时，以及当中间定位点的工作过程结束并准备运行到下一个前进方向的中间定位点时，无杆气缸在前进之前一定要有回缩短行程即短距离回程，这个短距离回程是为了消除无杆气缸与限位挡铁间的阻力，不能使限位挡铁不按要求顺利回缩复位，更不能使限位挡铁受力变形，这也为了防止在限位挡铁回缩复位过程中使无杆气缸的移动执行机构损坏。因此中间定位点采用前进方向和回程方向两个限位时，既可以保证中间定位点的准确限位，又可以保证回程的短距离。

中间定位点也可以不加回程限位，但必须对无杆气缸采用短回程的定时控制过程。短回程定时控制过程中，气缸的回缩速度要能够限制和调整，回缩距离的长短要采用时间定距的定时控制方式，同时回程距离要进行检测。

③ 定位点的检测可以采用光电开关、霍尔开关、电感式接近开关、电容式接近开关等检测元件来实现。

12.3.3 气动控制回路

气动控制回路中主要采用单控阀和双控阀等方向控制电磁阀来控制气动执行元件的运动方向，用单向节流阀来调节气动执行元件的运动速度，用压力调节阀对气动执行元件的输出驱动力和工作压力的保护指标进行调节，使气动控制回路符合现场的工艺控制过程，从而在理想可靠的状态下工作。

具有换向功能的方向控制电磁阀直接受控于控制系统的主控单元，对于 PLC 控制系统的继电器输出形式，其方向控制电磁阀线圈可以直接接入 PLC 的输出端；对于 PLC 控制系统的晶体管输出形式，可以通过控制固态继电器间接控制气动方向控制电磁阀线圈。对于单片机控制系统，要将其逻辑接口加入转换的专用功率驱动接口，用专用功率驱动接口来控制气动方向控制电磁阀线圈。

图 12-9 所示为气动机械手的气动控制回路原理图（进口节流调速），在气动控制过程中要注意以下几点。

① 手爪气缸、手腕气缸、手臂气缸、立柱气缸、行走气缸等执行元件必须选用双作用形式的气缸，各执行元件的方向控制电磁控制阀必须选用具有记忆保持特点的双控阀，防止机械手工作过程中控制系统发生意外断电时，气缸不会产生复位动作而造成手爪松开、手腕转位、手臂回缩、立柱下降与回转、行走退回原位等危险。

定位和限位气缸可采用具有复位特点的单控阀形式，但原位应为气缸活塞杆伸出状态，即定位和限位状态。

② 气动控制回路中，在压力一定的条件下，一般采用加节流阀（流量调节阀）的形式对执行速度进行调整，各执行元件的行程都存在前进和返回两个过程，而两个行程的执行速度一般是不同的，因此通过加单向节流阀来解决一个执行元件两个过程速度问题，如图 12-9 所示，在各执行元件的两个作用端都加一个单向节流阀，使气动执行元件的出口节流阀被单向阀短路，进口实现节流调速，从而实现一个行程两个过程速度。

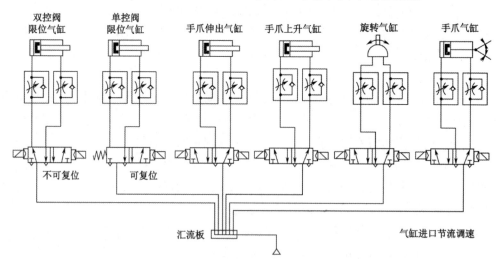

图 12-9　气动机械手的气动控制回路原理图（进口节流调速）

当负载较大时，采用气动执行元件进口实现节流调速易产生爬行和颤动现象，可将气动执行元件的进口节流调速方式改成出口节流调速形式，如图 12-10 所示。

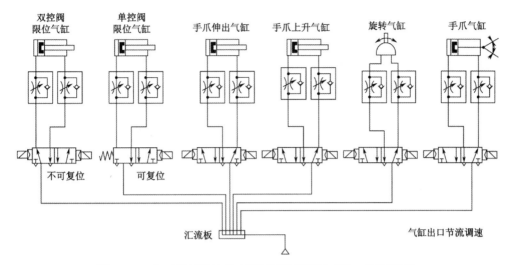

图 12-10 气动机械手的气动控制回路原理图（出口节流调速）

③ 对于 PLC 输出口的负载，直流电磁线圈两端要加续流二极管才能对线圈的储能进行有效释放，从而实现可靠的通断控制；交流电磁线圈两端要加阻容吸收回路才能消除通断产生的高压谐波，从而实现可靠的通断控制。

④ 对于气动机械手控制系统的设计，一定要按搬运对象的形状特点和搬运过程要求确定气动机械手的结构，并根据气动机械手结构实现合理控制，一般要考虑以下几个方面的内容。

a．根据搬运对象和搬运过程确定气动机械手的原理结构，包括自由度、机械手强度、工作压力、动作过程等。

b．根据气动机械手的结构特点与运动和动作的过程要求确定气动控制回路，包括气动控制阀的形式、气动调速控制方式、气动压力保持保护回路等（气路图）。

c．拟定电气控制回路主控单元的 I/O 控制点数及 I/O 信号形式（数字量、模拟量、高速脉冲），即确定主控单元 I/O 口。

d．绘制气动控制系统的电气原理图（电路图）。

e．绘制电气控制系统的接线图。

f．对气动机械手进行综合调试时，若需要动手进行机械性调试操作，则一定要切断气源，使气动回路压力为零，防止手指被挤压，出现工伤。

⑤ 气动机械手有以下特点。

a．气动装置结构简单、轻便、安装维护简单。其压力等级低，使用安全。

b．其工作介质是取之不尽的空气，不污染环境，成本低。

c．输出力的大小和执行元件的工作速度的调节非常容易，且气缸的动作速度一般比液压和电气方式的动作速度快。

d．其可靠性高，使用寿命长。气动电磁阀的理论寿命大于 100 万次，小型阀的理论寿命可达 1000 万次。

e．利用空气的可压缩性，可储存能量实现集中供气。既可短时间释放能量，以获得间歇运动中的高速响应，也可实现缓冲，对冲击负载和过负载有较强的适应能力。在一定条件下，气动装置有自保持能力。

f. 全气动控制系统具有防火、防爆、防潮的能力，并可在高温场合下使用。

g. 由于空气有可压缩性，气缸的动作速度易受负载变化的影响而变化，且气缸在低速运动时，由于摩擦力相对较大，气缸的低速稳定性不好。

以上是针对气动机械手的工作原理和特点的概述。液压机械手工作原理与气动机械手相同，但液压机械手相对质量轻、体积小、运动惯性小、操纵控制方便，可实现大范围的无级调速，其采用矿物油作为工作介质，运动面可自行润滑从而使用寿命较长。液压机械手也有一定的不足之处，一是矿物油的阻力相对较大因而效率较低，同时易泄漏而污染工作场地，还可能引起火灾和爆炸事故；二是其工作性能容易受到温度变化的影响，因此不宜在很高或很低的温度条件下工作；三是液压元件的制造精度要求较高，因而价格较贵。

可以看出，单一的气动机械手或液压机械手都有一定的缺陷，因而在实际机械手系统中，一般采用气动控制系统，利用气动执行元件和气液复合执行元件实现机械手的控制，从而克服单一的气动或液压系统的弊端，达到相对优化的综合性控制。

12.3.4　复合式机械手的结构特点

目前的机械手很少有单一驱动的形式，大都是复合形式，并具有以下特点。

① 手爪的驱动一般选用气动或液压驱动方式，对于较轻的搬运对象一般选用气动驱动方式，对于较重的搬运对象一般选用液压驱动方式。

② 手腕和回转立柱的驱动一般选用电动驱动，对于轻负载，由手腕和回转立柱对其实现回转时的扭矩也相对较小，可以选用步进电机和减速机的驱动形式；对于重负载，可以选用伺服电机或开关磁阻电机和减速机的驱动形式。

③ 手臂的驱动一般采用电动推杆的形式，电机选用步进电机或伺服电机，手臂应采用滑动或滚动运动的机械伸缩结构，并具有一定强度以保证悬臂时的机械受力。

④ 立柱一般选用多个气缸或液压缸的串联连接形式，如图 12-11 所示。

利用液压锁和液压平衡阀虽然可以实现气缸在行程上任一点的定位，但液压系统和电气控制系统的回路和线路相对复杂。

⑤ 行走机构一般选用电动驱动，对于小负载和近距离的传输，一般选用步进电机和减速机在定向导轨上利用皮带进行传动；对于较大负载和远距离的传输，一般选用异步电机和减速机直接驱动转轮在定向导轨上行走，并采用变频调速控制，实现货物运送。

⑥ 气动爪与液压爪一般采用双控阀控制，使爪具有断电记忆保持特点。由于空气的可压缩性大，空压机产生的压缩空气由储气罐储存并作为压缩气

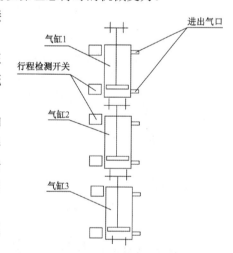

图 12-11　气缸串联实现立柱升降

源提供，当气动系统断电后，储气罐依然具备一定的压缩气源能力；对于液压系统，由于液压油的不可压缩性，其压力主要由液压泵提供和保持，因此由液压缸实现的夹紧机构在夹紧驱动油路中要加入单向阀，使夹紧机构在事故断电后仍具有一定的压力保持性能。

⑦ 电动手腕与回转立柱采用步进电机或伺服电机的驱动控制形式，可以实现任意角度的回转，回转的驱动一定要在有机械回转支撑的结构条件下实现，否则容易造成驱动电机不合理受力而使回转机构不能正常工作。

12.3.5 机械手设计使用注意事项

① 机械手中爪的结构形式一定要符合搬运对象的特点要求，必须以安全可靠运行为前提，做到一种产品一个爪或一类产品一个爪或相似产品一个爪，充分体现爪的专用型。

② 机械手的自由度选择一定要符合搬运现场的过程要求，对于机械手刚度的选择，要特别注意悬臂的支撑强度须满足搬运对象的重量和运行速度以及加速度的强度要求，机械手抓放物品的精度要满足物品放置的准确性或平衡的稳定性。

③ 驱动电机的选择对机械手很重要，电动式、机械式、复合式等机械手的驱动电机主要选择步进电机、伺服电机、变频电机或异步电机。

④ 对于机械手的一些机械式的传动轴机构，其联轴器的选择非常重要，联轴器的种类很多，其主要作用是消除传动轴之间的连接应力、减小振动、过载保护、万向传动等，要根据传递的形式合理选择联轴器连接形式。

⑤ 机械手对于往复直线运动形式，一般采用电动推杆和电液推杆的形式。电液推杆是一种机、电、液一体化的新型柔性传动机构，它由执行机构（油缸）、控制机构（液压控制阀组）和动力源（油泵电机等）组成。电机通过驱动液压泵实现活塞杆的往复运动，从而在直线油缸的行程上可以实现任意点的推出自锁、拉回自锁和推拉都自锁；运行速度分可调型和不可调型；整体推杆可水平使用、向上使用、向下使用等。电液推杆在过载保护、带负荷启动能力、高低调速过程中的输出力、机械效率、节能效果、可靠运行成本控制等方面优于电动推杆。

⑥ 利用双向液压锁或液压平衡阀可以实现液压缸任意位置的定位。

a．如图 12-12 所示，在液压回路中，如果需要对液压缸等直线往返运动形式的执行元件进行检测后的定位或自锁，可利用双向液压锁实现其控制功能。

双向液压锁是由两个液控单向阀并联组成的，在承重液压缸或液压马达油路中，当回路断电失压后，可以防止液压缸或液压马达在重物作用下自行下滑，在驱动过程中，压力回路必须向卸放回路提供压力供油回路，通过内部控制油路打开单向阀使卸放回路接通，从而使液压缸或液压马达动作运行。

b．如图 12-13 所示，在液压回路中，也可以用平衡阀对液压缸等直线往返运动形式的执行元件进行检测后的定位或自锁。

⑦ 使用磁性检测元件时，要注意安装时不能受力过大；避免在有强磁场、大电流（大型磁铁、电焊机等）、水或冷却液的环境中使用，更不能把检测电缆与动力电缆放在一起；两个以上磁性检测元件平行使用时，为防止磁性体移动时互相干扰，影响检测精度，两磁性检测元件间的距离应大于 40mm。

⑧ 机械手的主控单元要依据性能特点、控制过程的复杂程度等进行控制形式选择，一般工业机械手大都采用 PLC 或单片机控制，机械手的生产批量相对较大，专业应用性更强，更需要有保护性的机械手产品。

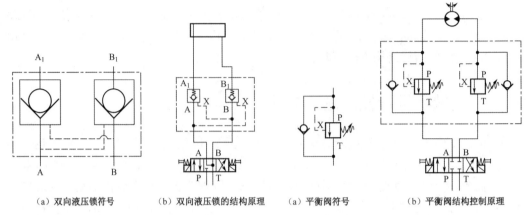

（a）双向液压锁符号　（b）双向液压锁的结构原理　　（a）平衡阀符号　　（b）平衡阀结构控制原理

图 12-12　双向液压锁的控制原理　　　　　图 12-13　平衡阀控制原理

⑨ 配线时，导线不宜承受较大的拉伸力和弯曲力。用于机械手等可移动场合时，导线应选择具有耐弯曲性能的导线，尽量选择控制电缆。

⑩ 机械手检修过程中，要注意切断执行机构的动力源，防止检修过程中出现安全事故。

12.4　六自由度搬运机械手的控制

以六自由度搬运机械手将工件从 A 平台搬运至可升降的 B 平台为例说明机械手的控制过程。图 12-14 所示为搬运平台的工件运动要求和六自由度搬运机械手结构。六自由度搬运机械手由爪、腕、升降臂、伸缩臂、升降柱、回转柱等组成。

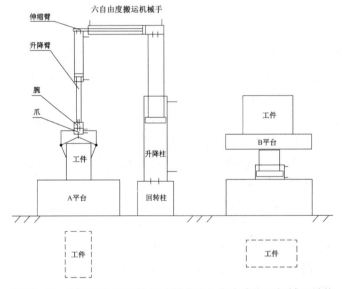

图 12-14　搬运平台的工件运动要求和六自由度搬运机械手结构

12.4.1　搬运要求

要求工件从 A 平台搬运至 B 平台后旋转 90°；六自由度搬运机械手的工作原位状态

为升降柱升位、爪放松，其余各气缸应在杆缩回和回转马达 0°状态；各气缸和气马达均设有电磁开关进行位置检测。

根据六自由度搬运机械手的结构，其动作循环过程示意图如图 12-15 所示。要根据系统的特点合理选择系统动作表、系统动作时序图、系统流程图等来表达出系统的典型工作过程和典型工作步骤。

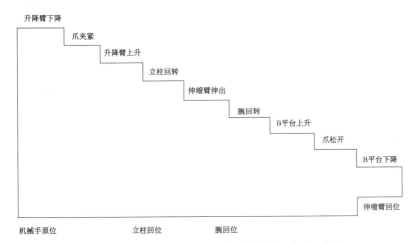

图 12-15 六自由度搬运机械手动作循环过程示意图

12.4.2 主回路原理图

主回路原理图主要是气动系统回路原理图，如图 12-16 所示，包括六自由度搬运机械手和可升降的 B 平台两部分的气动回路。每个执行气缸或气马达的行程两端都采用磁性开关进行检测，因此应有 14 个磁性检测开关（$SQ_1 \sim SQ_{14}$），除爪和柱气缸采用二位五通双控电磁阀控制，其余各气缸或气马达由于是短时动作，因此均采用二位五通单控电磁阀控制，从而共有 5 个断电复位的单控阀，2 个具有记忆功能的双控阀，即（$YA_1 \sim YA_9$）9 个电磁阀线圈。各气缸或气马达所显示的状态应是系统上电后的原位状态。各气缸或气马达的运行速度采用出口节流调速形式，实现气缸杆伸出和缩回的速度整定。

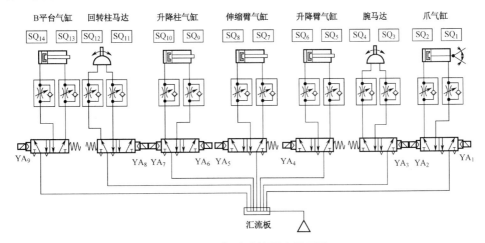

图 12-16 气动系统回路原理图

12.4.3 PLC 系统 I/O 接线图

图 12-17 所示为六自由度搬运机械手 PLC 控制系统外部接线图，系统的 I/O 均为开关量控制的形式。外部接线图主要根据执行元件的检测方式，在 PLC 的 I 端要列出其所有能检测到的结果条件，包括目前暂时用不到的可形成检测结果的条件，这些条件在系统调试过程中都可能发挥重要的作用，因此要全部列出。在 PLC 的 O 端要列出所有系统执行元件的电气控制元件，若控制元件输入电流大于 PLC 的输出电流，应加继电器或小型接触器或无触点开关等进行中间转换，以防止过流烧毁 PLC 的输出单元。根据 I/O 点数和 I/O 信号形式合理选择 PLC 的型号。选择的 PLC 的 I/O 点数一定要加足够的冗余，这一点对于新系统的调试控制过程尤为重要。

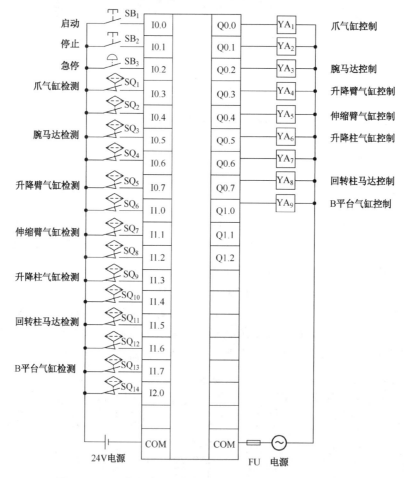

图 12-17　六自由度搬运机械手 PLC 控制系统外部接线图

12.4.4 功能表图

图 12-18 所示为 PLC 控制系统功能表图。功能表图主要考虑到所有 PLC 输出状态的变化和变化过程中要求的前提条件，即输出状态要根据输入转换条件的要求变化。只要输出状态有变化，即为一个过程结构，就一定有相对应的输入转换条件。

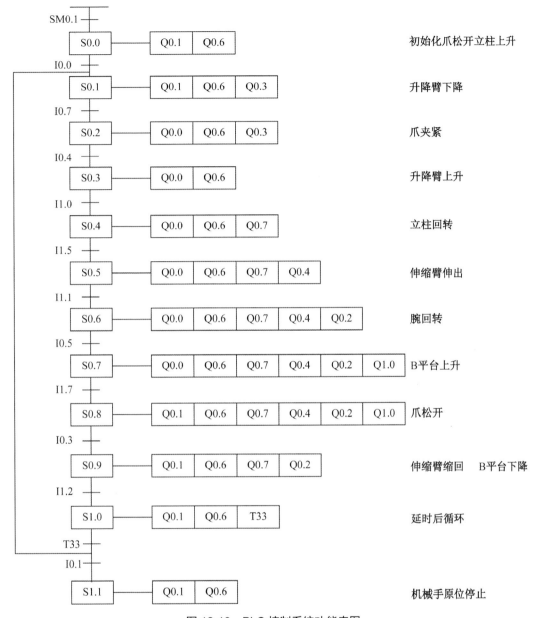

图 12-18 PLC 控制系统功能表图

12.4.5 梯形图

图 12-19 所示为 PLC 系统梯形图。梯形图按置位复位方式设计，读者在梯形图的实际设计过程中，应按自己擅长的编程方式设计，且功能表图与梯形图应有对应性。梯形图的设计主要是寻找输出状态变化的"唯一的转换条件"，防止不同步骤下的某些"相同转换条件"导致输出状态混乱，要将某些"相同转换条件"通过"与""或""非"的组合而形成"唯一的转换条件"，才能保证输出状态正确，可以说，编程过程就是寻找使输出状态正确的"唯一的转换条件"过程，"唯一的转换条件"找到，程序自然就正确。

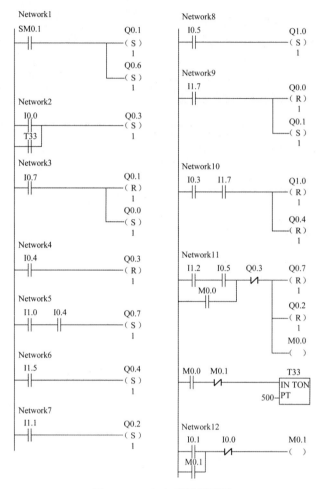

图 12-19　PLC 系统梯形图

 思考题

1. 什么是机械手？
2. 说明机械手的组成结构。
3. 说明机械手的分类方式。
4. 各类机械手有什么特点？
5. 说明机械手操作方式及特点。
6. 说明空间坐标形式及特点。
7. 说明机械手的发展方向。
8. 说明气动与液压机械手的结构组成及特点。
9. 说明无杆气缸的类型及特点。
10. 气动执行元件的调速控制有什么特点？
11. 双向液压锁的作用及工作原理是什么？
12. 平衡阀的作用及工作原理是什么？
13. 使用磁性检测元件应注意什么？

第5篇
液压与气动系统的使用维护

本篇第 13 章针对液压系统的设备维修与维护过程，讲述如何通过观察常态环境的异常状态和经验法实现对液压系统的故障判断，介绍一般故障现象和相应的故障问题以及排除方法，并说明如何评估液压油使用状态、液压系统的油路清洗原则和步骤以及液压系统的参数调整过程。第 14 章针对气动系统的安装、调试、维护、维修等实际应用的程序操作过程讲述气动系统应具有的工作环境，气缸及气动方向、压力、流量等控制元件的安装要求与调试过程以及空压机安装与运行过程要求。

第 13 章　液压系统的设备维修与维护

要点概述

13.1 节讲述如何通过观察常态环境的异常状态和经验法实现对液压系统的故障判断。13.2 节讲述液压系统的故障现象和相应的故障问题以及排除方法。13.3 节讲述通过对液压油颜色和气味的评估判断其使用状态。13.4 节讲述液压系统的清洗原则和步骤。13.5 节讲述清洗后的液压系统的参数调整过程。通过本章的学习，读者应掌握液压系统的设备维修与维护过程。

本章教学目标：掌握液压系统经验法的故障判定原则与方法，熟悉故障现象与故障问题之间的必然联系和故障排除的手段，清楚液压油颜色的变化所带来的故障问题，同时应具有液压系统的清洗和系统参数整定的操作能力				
	重　　点	**难　　点**	**教学方法**	**教学时间**
13.1 节	液压系统经验法的故障判断方法	液压系统常态环境的条件界定	讲授	0.5 课时
13.2 节	液压系统故障现象、故障问题、排除方法	故障问题的条件界定	讲授	0.5 课时
13.3 节	液压油颜色和气味的评估方法	液压油问题处理方法的选择	讲授	0.5 课时
13.4 节	液压系统的清洗过程	液压系统的清洗操作方法	讲授	0.5 课时
13.5 节	液压系统的参数调整步骤	液压系统的元件调整过程	讲授	0.5 课时
实践环节	液压系统的清洗	液压系统的清洗步骤	实训	5 课时
合计课时				7.5 课时

由于液压系统大多应用在中、大型压力传动系统中，设置在专用的厂房和车间，并遵循日常的维护保养规程和定期的大修操作，因此液压系统应在专用维护保养手册指导下进行问题诊断、故障检修和清洗。

13.1　液压系统的故障检修方案

在液压系统中，虽然系统的故障现象大都体现在执行元件上，但不同的执行元件故障所体现出的问题现象和动作过程是有区别的。因此，首先应了解液压系统各种执行元件的结构特点和常见故障现象，再通过人的观察力发现故障现象，分析故障因素，按照具体的回路结构综合排列故障的先后次序，然后按照回路和元件的安装条件准确筛选出故障点与排除故障的维修方案，最后在故障排除后进行多次的稳定运行以确认设备的可靠。

1. 掌握设备结构特点并熟知其常态工作环境

设备维修人员和操作人员应掌握所辖液压系统的结构特点，通过对所辖设备使用说明书的阅读，将设备中的元件和回路按结构特性划分成特点型或通用型的元件或回路，并通过档案的形式进行元件和回路性能特点的统计，便于今后设备发生故障的判断和处理，同时也要对设备日常运行过程中的常态特征有一定的记载与了解。例如，由于设备冷却问题会形成热风和冷风的对流通道，要掌握通道位置，一旦通道的风速、声响、温度、味道等发生异常，应能判断风机是否运行或是否有冷风口过滤网堵塞、轴承损坏、电机过热等问题。一般在故障状态出现之前都会有各种异常现象，当异常现象到来时操作人员首先应有感知，再按照处理异常现象的方法进行设备操作，采用设备应急处理手段避免或减小设备故障带来的损失。

2. 利用人的感官判断故障方向与范围

（1）"眼观"判断设备的动作故障

利用人眼观测设备的运行故障，并用常识性的推理判断其故障部位，如观测控制柜的显示灯、液压表的读数、液压缸的运行速度变化（快、慢、爬行）、液压执行元件及管路的泄漏状况以及液压软管的承压变形状况等。

（2）"耳听"判断设备的噪声故障

利用人的听力确定正常的设备运转声，并通过对比辨别其非正常的设备运转声响，如回转体不平衡、联轴器不同轴、轴承的滚动或滑动运行、零件的刚性撞击、电机的运转等引起的机械噪声，以及压力变化（脉动）、液体的剪切流或紊流或涡流等漩涡脱离声、气穴现象产生的气蚀噪声（1000Hz 以上嘶嘶尖叫声）、阀门关闭产生的压力冲击等引起的流体振动噪声等。噪声因素的大小按液压泵、溢流阀、节流阀、换向阀、液压缸、滤油器、油箱、管路等部位顺序分布。

（3）"鼻闻"判断设备的温度故障

利用人的嗅觉闻出设备环境的焦味，从而判断出是油温过高蒸发的油味，还是绝缘材料过热散发的漆味，还是导线过热发出的塑料味等。

（4）"手触"判断设备的振动、发热、泄漏等故障

利用人的肢体（手或脚等部位）通过中间媒介（平台、工具等）与设备接触，感知其振动点位置和振动的强弱节奏，并结合噪声形式和设备结构特点等综合判断其位置。

（5）"面感"判断设备的冷却故障

由于人的面部对温度和粉尘有很高的敏感度，在经过配电柜或冷却风机附近时，由于噪声和防护板的问题，使人的眼、耳、鼻、手不能正确判断设备运行的故障状况，还可以通过人的面部对风、温度、粉尘等的敏感度，利用是否有循环风、局部环境的温度变化、粉尘扑面的感觉等，判断冷却风机的运行状况、设备过热状态等。

总之，利用人的感官敏感性和实践经验的观察力是判断故障的第一环节。

3. 访问现场确认故障发生前后的状况

在确定维修方案前除进行现场排查和必要的设备运行外，还要通过现场设备操作人员了解设备故障前后的运行状况、曾经出现的故障情况、以往排除故障的手段、大修时间和方案、日常维护的方法要点等，从而进一步确定故障的情况。

4. 查阅技术档案并根据具体问题确定维修方案

通过研究液压设备技术图纸，了解元件的结构、功能、特点以及设备执行元件的运行

状态，查阅设备的检查维修记录，检查设备系统关键环节，从而确定设备的故障部位与维修方案。

13.2 液压系统的故障检修与诊断

液压系统的故障检修过程，首先取决于对故障现象的敏感观察，其次取决于对故障现象的原因判断，最终取决于按照正确的思路和可靠的手段实现对系统的改革完善。

1. 液压执行元件的故障现象与维护

在液压系统中，所有控制元件、检测元件、动力元件出现问题时，其故障现象在执行元件中都有体现，包括执行元件本身的故障问题，都能通过动作过程的异常进行观察。液压执行元件包括液压缸和液压马达，液压执行元件的故障问题与故障现象以及排除方法如表 13-1 所列。

表 13-1　液压执行元件的故障问题与故障现象以及排除方法

元　　件	故 障 问 题	故 障 现 象	排 除 方 法
液压马达	输出轴同心度超差	过热	调整
	油杂质导致活塞环损坏	内泄漏，泄油量大、转动无力	换活塞环，清洗系统
	转子变形或定子磨损		加工或更换转子或定子、清洗系统
	过压或密封圈的老化导致密封圈损坏	外泄漏	换密封环
液压缸	活塞杆弯曲或直线受力差	过热	调整
	油杂质导致活塞环损坏	内泄漏，泄油量大、转动无力、缸体发热	换活塞环、清洗系统
	活塞变形或缸筒磨损		加工或更换转子或定子、清洗系统
	过压或密封圈的老化导致密封圈损坏	外泄漏	换密封圈

2. 液压控制元件的故障现象与维护

液压控制元件包括液压方向控制元件、液压压力控制元件、液压流量控制元件。

1）液压方向控制元件的故障现象与维护

液压方向控制元件主要包括二位或三位电磁换向阀和单向阀，液压方向控制元件的故障问题与故障现象以及排除方法如表 13-2 所列。

表 13-2　液压方向控制元件的故障问题与故障现象以及排除方法

元　　件	故 障 问 题	故 障 现 象	排 除 方 法
二位或三位电磁换向阀	线圈烧毁	阀芯不动导致液压执行元件不动	换线圈
	油杂质卡阀芯	阀芯不动或动作缓慢使液压执行元件不动或缓慢动作	清洗系统
	油杂质导致阀体磨损	内泄漏，泄油量大、阀发热、液压执行元件动作无力	加工或更换阀体、清洗系统
		三位电磁换向阀不能实现中位机能，液压执行元件中位可能有浮动	

续表

元　件	故障问题	故障现象	排除方法
二位或三位 电磁换向阀	过压或密封圈的老化导致密 封圈损坏	外泄漏	换密封圈
单向阀	油杂质磨损导致密封环损坏	内泄漏、不能反向完全截止	换密封环
	油杂质卡阀芯或弹簧无弹力	内泄漏、不能反向截止	清洗系统
	过压或密封圈的老化导致密 封圈损坏	外泄漏	换密封圈

2）液压压力控制元件的故障现象及排除

液压压力控制元件主要指溢流阀、减压阀、顺序阀，液压压力控制元件的故障问题与故障现象以及排除方法如表 13-3 所列。

表 13-3　液压压力控制元件的故障问题与故障现象以及排除方法

元　件	故障问题	故障现象	排除方法
溢流阀	油杂质卡阀芯或弹簧无弹力	当其入口压力表压高于调定值时，油杂质卡阀芯不动作，溢流口不起作用；当其入口压力表压低于调定值时，油杂质黏结弹簧使其不能完全复位，溢流口长期溢流；液压执行元件移动过快或过慢或爬行	清洗系统
	过压或密封圈的老化导致密封圈损坏	外泄漏	换密封圈
	双泵双压供压回路易谐振	鸣笛般啸叫	调整两个溢流阀调定压力
	泵压与溢流整定压差过大	阀体发热	降低泵压
减压阀	油杂质卡阀芯或弹簧无弹力	当油杂质卡阀芯不动作时易造成其出口压力的表压高于或低于调定值	清洗系统
	先导阀与阀体密封不严	其出口压力表压低于调定值，导致液压执行元件移动过慢或爬行	换密封圈、清洗系统
	减压阀在超过额定流量下使用	其出口压力表压往往会出现主阀振荡现象，使减压阀不稳压，会出现"升压—降压—再升压—再降压"的循环	换大流量减压阀
	出口压力几乎等于进口压力	其出口压力表压不减压	调整压力范围
	主阀芯配合过松或磨损过大	当减压阀出口压力调定后，如果出口流量为 0 时（0 负载），出口压力会升高	避免 0 负载
顺序阀	油杂质卡阀芯或弹簧无弹力	顺序阀始终接通或断开，液压执行元件不受顺序阀控制，随系统处于动作或不动作过程中	清洗系统
	液压缸工作压力大大低于顺序阀调定压力	顺序阀易发热并产生振动与噪声	调整工作压力
	油杂质卡单向顺序阀阀芯	单向顺序阀不能回油	拆阀检修并清洗系统

3）液压流量控制元件的故障现象与排除

液压流量控制元件主要指节流阀、调速阀，液压流量控制元件的故障问题与故障现象以及排除方法如表 13-4 所列。

表 13-4　液压流量控制元件的故障问题与故障现象以及排除方法

元　件	故障问题	故障现象	排除方法
节流阀	油杂质卡阀芯	流量调节失灵，液压执行元件没有速度调节过程	清洗系统
	节流阀调整后没锁紧	流量发生变化，液压执行元件速度有变化	可靠锁紧

续表

元　件	故 障 问 题	故 障 现 象	排 除 方 法
调速阀	油杂质卡阀芯	流量调节失灵，液压执行元件速度有变化	清洗系统
	调速阀锁紧装置松动	流量不稳定，液压执行元件速度有变化	可靠锁紧
	密封面（减压阀芯、节流阀芯和单向阀芯密封面等）磨损过大	内泄漏量增大使流量不稳定，尤其会影响最小稳定流量	换阀芯密封、清洗系统

3．液压检测元件的故障现象与维护

液压检测元件主要指检测执行元件是否到位的行程开关、行程阀等行程检测元件和压力继电器、压力阀等压力检测元件。液压检测元件的故障问题与故障现象以及排除方法如表 13-5 所列。

表 13-5　液压检测元件的故障问题与故障现象以及排除方法

元　件	故 障 问 题	故 障 现 象	排 除 方 法
行程开关	输出触点接触不良	行程到位检测元件不动作，相应液压执行元件无动作	换检测开关
	行程开关位置不合理	行程到位检测元件及相应液压执行元件早动作或晚动作	移动检测位置
行程阀	行程阀位置不合理	行程到位检测元件及相应液压执行元件早动作或晚动作	移动检测位置
	油杂质堵塞 I/O 控制通道	行程到位检测元件及相应液压执行元件无动作	清洗系统
压力继电器	压力继电器输出触点接触不良	输出压力表压到设定值时压力继电器触点不吸合，相应液压执行元件无动作	换压力继电器
	压力设置不合理	输出压力表压到设定值时压力继电器及相应液压执行元件早动作或晚动作	调整设定值
压力阀	压力设置不合理	输出压力表压到设定值时压力阀及相应液压执行元件早动作或晚动作	调整设定值
	油杂质堵塞 I/O 控制通道	输出压力表压到设定值时压力阀及相应液压执行元件无动作	清洗系统

4．液压动力元件的故障现象与维护

液压动力元件主要指提供压力并把机械能转换为压力能的液压泵、保持压力能量的储能器、保存并储存介质的油箱、对液体介质实现加工过滤的滤油器等动力机构元件。液压动力元件的故障问题与故障现象以及排除方法如表 13-6 所列。

表 13-6　液压动力元件的故障问题与故障现象以及排除方法

元　件	故 障 问 题	故 障 现 象	排 除 方 法
液压泵	泵吸油与压油间密封不良	内泄漏，泵不排油或压力与排量减小，其输出压力表压低，相应液压执行元件无动作或动作缓慢	换密封圈
	零件磨损，间隙增大		换泵
	轴承磨损或缺少润滑	泵发热，转子转动不灵活	换轴承或加润滑油
	过压或密封圈的老化导致密封圈损坏	外泄漏	换密封圈
储能器	储能器储油腔有泄漏	内泄漏，储油压力相对快速降低，其输出压力表压降低，相应液压执行元件无动作或动作缓慢	换气囊或活塞环

续表

元　件	故 障 问 题	故 障 现 象	排 除 方 法
储能器	储能器密封圈损坏	外泄漏，储油压力相对快速降低，其输出压力表压降低，相应液压执行元件无动作或动作缓慢	换密封圈
	弹簧式蓄能器的弹簧损坏，重锤式蓄能器无重物	储时其压力表有压力，输出时其压力表无压力	换弹簧，加重物
油箱冷却器	冷却泵或冷风机损坏	油箱油温计显示温度高	换冷却泵或冷风机
	冷却泵或冷风机不受控	温度检测传感器或控制接点故障	换温度检测传感器或控制接点
油箱加热器	加热器损坏	油箱油温计显示温度低，油液黏度大，液压泵噪声大	换加热器
	加热器不受控	温度检测传感器或控制接点故障	换温度检测传感器或控制接点
过滤器	过滤器堵塞	泵不排油或压力与排量减小，其输出压力表压低，相应液压执行元件无动作或动作缓慢	清洗过滤器
压力及回油管路	管道堵塞	泵不排油或压力与排量减小，其输出压力表压低，相应液压执行元件无动作或动作缓慢，油温相对高，有噪声，有振动	清洗系统
	吸入管太长、太细、弯头太多	系统易进入空气，油温相对高，有噪声，有振动	增加管径
	管接头密封不良		加密封
	管道缺少固定	管道振动，有撞击声，有噪声	增加固定点
液压介质	有空气	泵振动，泵过热，管道噪声大	更换过滤器滤芯，更换泵吸油口密封或泵轴旋转油封
	油液黏度高	油温热，泵输出压力相对低，其输出压力表压低，如管道的内径和需要的流量不匹配或者由于阀规格相对过小，能量损失过大，有噪声，振动大	换油
	油液黏度低	泵输出压力相对高，其输出压力表压高，油液流速高，油温热，有噪声，振动大	换油
	使用时间长	油液阻力过大，油温高，有噪声，振动大。油温高会引起所有液压元件温度升高	换油
	液面过低	循环次数增加，易进入空气，油温高，有噪声，振动大	加油

13.3　液压系统的油污染问题

　　由液压系统的故障现象和故障原因可以看出，由于液压油的超期使用和液压油受严重污染，液压油中的杂质较多，引起液压元件的磨损导致运行间隙变大，异物及沉淀物使通路堵塞，杂质等硬化物使相对运动的动、静元件卡紧，造成液压系统的故障频出，据有关部门的统计，液压系统的故障有 75%～85%是由所使用的液压油出现问题引起的，因此我们必须了解液压油变质原因和液压系统的清洗过程，才能保证液压系统正常运行。

1．液压油变质原因

液压油变质原因与外部污染物的侵入、内部压力与冲击、过热、使用时间等因素有关，主要包括以下几个方面。

1）外部污染物侵入液压系统的内部

外部侵入的污染物主要来自环境，由于环境气压的作用，当液压系统内部出现低于大气压力的流动环境时，大气中的沙砾或尘埃，可以通过油箱的气孔、管路的接头、油缸及马达以及泵的轴封等缝隙，并经过反复的渗入方式侵入其系统内部。

2）液压系统内部固有污染物的作用

液压元件在加工、装配、调试、包装、储存、运输和安装等环节中残留的污染物，在液压油的流动冲击下，随液压油在系统内部流动，这些污染物包括固态污染物、液态污染物、气态污染物。固态污染物主要有金刚石、切削、硅沙、灰尘、磨损金属和金属氧化物等硬质污染物以及添加剂、水的凝聚物、油料的分解物与聚合物和维修时带入的棉丝、纤维等软质污染物。液态污染物主要有水、涂料和氯及其卤化物等不符合系统要求的腐蚀性液体。气态污染物主要是混入系统中具有氧化作用的空气。

3）液压系统工作过程中自身产生的污染物

液压系统在工作过程中，由于液压油和其中杂质的冲击作用，元件磨损产生的颗粒，铸件体上脱落下来的砂粒，泵、阀和接头上脱落下来的毛刺等形成的金属颗粒，管道内锈蚀剥落物以及油液氧化和分解产生的颗粒与胶状物等，都属于系统内部产生的杂质。

这些污染物的颗粒虽然很细小，不能沉淀下来，悬浮于油液之中，但当被带到各种阀的间隙之中时，就会逐渐形成沉积与堆积，随着油液的老化，堆积物结粒、成块并成为硬化杂质，造成对液压元件阀、道、路的卡、堵、阻的问题。

4）液压系统内部压力与过热促使液压油老化

液压系统工作过程是在一个具有压力、流动冲击、摩擦生热的密闭环境中进行的，因此液压油在压力、温度、分子摩擦条件下会加速其老化过程，当油温达到60℃的工作环境温度时，如果油温再升高，则每升高10℃，液压油的老化速度加倍。

5）液压油超期使用

任何种类的液压油都要求在密闭、干燥、遮光、阴凉的环境中储存，且储存的温度为15～30℃，同时要防尘、防水、防空气的侵蚀，液压油保质期依其种类的不同而不同，一般大于 2 年，小于 5 年。液压系统工作环境温度一般为 30～55℃，是一个有温度、有冲击、有摩擦、有压力、有污染、有氧气等接触的半密闭环境，因此液压油的老化加速，保质时间缩短，不能按照保存环境的保质期确定使用环境的保质期，导致液压油在老化后依然作为正常液压油使用，液压油超期使用会提高液压系统的故障频率。液压油一般会因为蒸发、氧化、污染、混油、融水等原因引起变质。

2．液压油的污染对系统的主要危害

污染物对液压油形成的主要危害及对液压系统的危害如表 13-7 所列。

表 13-7　污染物对液压油形成的主要危害及对液压系统的危害

污　染　物	污染物与油的结合物	对液压系统的危害
固体颗粒：灰尘、磨屑、毛刺、锈迹、漆皮、焊渣、絮状物等	随油移动形成游离杂质	加速液压元件磨损、堵塞、卡死，并使系统性能下降，产生噪声
水	氧化液压油，与添加剂作用产生胶质物，可凝结油内杂质	单纯的水使液压油乳化，产生噪声，凝结油内杂质成相对大颗粒，使液压元件磨损、堵塞、卡死问题快速增加，系统性能下降
空气	引起气蚀并加速液压油变质	降低液压油润滑性和体积模量，产生噪声
溶剂、表面活性化合物等	加速液压油变质	腐蚀金属
微生物	加速液压油变质	降低液压油润滑性，加速元件腐蚀
温度（摩擦热源）	加速液压油变质	密封不良，元件损害，系统性能下降
压力（内压冲击）	加速液压油变质	

3. 液压油使用状态的判断

液压系统是否需要清洗应根据油质情况决定，首先应判断液压油的使用状态。虽然液压油具有良好的黏温特性、良好的抗氧化性、良好的水解安定性、良好的阻燃性、良好的剪切安定性、良好的抗磨性、良好的润滑性等特点，但当液压油的使用环境恶劣时，也会出现质量问题。当液压油质量出现问题时，一般有三种情况：一是油质脏，但不存在乳化问题，可对进回油口加过滤器进行清理，并用精滤油器对液压油过滤后继续使用；二是油质脏且有乳化问题，就要采用过滤加分离方法去除杂质和水分；三是液压油已变质，必须进行更换。因此，首先要判断液压油的使用状态，然后选择处理方式。液压油使用状态常规目测的检验方法如表 13-8 所列。

表 13-8　液压油使用状态常规目测的检验方法

1. 黏度检验			
黏度表示液压油流动时分子间摩擦力的大小，黏度过高会增加管路中的输送阻力，工作过程中能量损失增加，主机空载损失增加，同时会使油温升高，在主泵吸油端可能出现空穴现象；黏度过低则不能保证机械部分良好的润滑条件，加剧零部件的磨损，并使系统泄漏增加，引起泵的容积效率下降。因此液压油应具有适当的黏度，这也是液压油关键的流动性能指标			
液压油状态	判　断　手　段		处　理　方　法
黏度高或低的比较判断	玻璃倾斜观测法： 将两种不同的液压油放在倾斜的干净玻璃上，流动较快的液压油黏度较低		黏度高但可回用时需要进行过滤处理； 黏度低但可回用时需要进行油水分离处理； 液压油变质后应进行更换处理
	"手捻"法： 用"手捻"的方式判断同一液压油使用前后"黏手"的变化，从而判断黏度的高低，尽管黏度随温度的变化和个人的感觉不同往往有较大的误差，但用相同的手法进行黏度比较是可行的检测方法		
黏度低	液压油黏度的大小取决于其性质与温度，温度升高，黏度减小，因此应在温度一定的条件下检验黏度。而系统管路结垢或冷却系统有问题，会造成油液温度高黏度低问题		清洗系统或检修冷却系统
2. 气味的判断			
由于液压油在氧化变质后会出现刺激性臭味，因此可以通过气味判断液压油是否变质			

续表

液压油状态	判 断 手 段	处 理 方 法
酸味	闻：有微微的酸味是液压油的正常味道	正常
挥发性气味	闻：有柴油或汽油的挥发性气味时则可能误加入了燃油	更换
恶臭或焦臭气味	闻：比新液压油异味大	更换

3. 外观颜色的判断

由于液压油具有固有的颜色（不同品牌液压油颜色略有不同）和透明性，因此可以通过液压油颜色判断液压油是否变质

液压油状态	判 断 手 段	处 理 方 法
颜色透明	看：与新液压油比较，颜色无变化	继续使用
有气泡	摇后看：气泡产生后易消失	正常
透明，有小黑点	看：有杂物混入	过滤
呈现乳白色	看：有水分混入	油液分离
颜色变淡	看：混入异种油，可进行黏度比较，判断混入的比例	异种油混入少可继续使用，异种油混入多应更换
变黑、变浊、变脏	看：污染与氧化	更换

4. 液压油中含水分的判断

当液压油与大气接触时，溶解于液压油内的水和大气中的水蒸气之间存在着动态平衡，在典型的工作环境温度下，一般液压油吸水率可达 0.02%~0.03%。当气候温暖潮湿时液压油中的水含量也相应增大；当气候干燥时，液压油中的溶解水过饱和，一部分逸出进入空气而另一部分在液压油中生成微小水滴；在气候反复变化时，液压油中的水分将呈现出溶解水（油水相溶的单相物质）、游离水（液压油中呈悬浮或逐渐沉降或沉淀的水等）、乳化水（当游离水珠被乳化膜包围时就形成稳定的乳化水）三种形式。液压油中水分可以通过静置使沉淀分层，或采用加热蒸发、油水分离机等进行分离

液压油状态	判 断 手 段	处 理 方 法
液压油颜色变化不明显，但运行过程中出现噪声、振动等问题，或噪声、振动问题加大	爆裂试验： 把薄金属片加热到110℃以上，滴一滴液压油，如果油爆裂证明液压油中含有水分，此方法能检验出 0.2%以上含水量的液压油	油水分离
	试管声音试验： 取2~3mL液压油到一个干燥试管中，并放置几分钟使液压油气泡消失。对液压油加热，同时倾听液压油的"砰砰"声，该声音是液压油中的水沸腾时产生水蒸气所致	
	棉球试验： 取干净的棉球或棉纸蘸少许液压油，然后点燃，如果听见发出"噼啪"炸裂声并伴有闪光现象，证明液压油含有水	
	玻璃倾斜观测法： 将两种不同液压油各取一滴，滴在一块倾斜的干净玻璃上，流动较快的液压油黏度较低，含水量较多	
乳白色	看：有水分混入	油水分离
变黑、变浊	看：水和空气已将液压油氧化变质	更换

13.4 液压系统的清洗过程

清洗液压系统要掌握好正确的清洗步骤和必要的操作过程以及操作方法，避免错误的清洗手段带来设备的故障隐患。

1. 排放旧油

首先停止设备运行，待油泵完全停止后，打开油箱底部上的放油阀，将油箱内旧油排

尽。若底部无排油阀，则可用小型油泵将箱内旧油抽出。

① 抽出的旧油应按品种、牌号分类存放，并将可回用油静置后过滤、脱水并与氧化油分开。避免高温和明火环境，一般液压油的闪点为 230～250℃。

② 过滤后的净化油可回用，也可作小型液压系统的液压油使用。

③ 过滤后的沉淀废油与氧化油做相应的环保回收处理，禁止其直接排放到下水道等处造成二次环境污染。

2．清洁油箱

打开油箱盖，彻底清洁油箱内的旧油和油泥等污物，如油箱内油渍严重，可用轻质油品（如煤油）进行简单清洗，清洗油箱时避免箱内有灰尘、磨屑、毛刺、锈迹、漆皮、焊渣及丝、棉、纱、毛、发等絮状物的异物等。

3．注入清洗油

确认油箱清洁完成后，加入清洗油至油箱最低油位。

1）选择清洗油

当系统管路、油箱较干净时，可选用与工作液压油相同黏度的液压油或试车油作为清洗油；如系统内不干净，可选用黏度稍低的清洗油清洗。清洗油应不与系统工作介质、所有密封件的材质产生反应。清洗油用量通常为油箱标准油量的 60%～70% 或最低油位。

2）加热清洗油

由于液压系统内的附着物在热油条件下容易游离脱落，因此应对清洗油加热，温度加热的范围一般为 50～60℃（不高于 80℃），液压油的清洗压力为 0.1～0.2MPa，清洗油流量应尽可能增大，以利于带走污物。

3）安装滤油器

在清洗回路中，进油口应安装 50～100μm 的粗滤油器，回油口安装 10～50μm 的精滤油器。按照粗、中、细顺序进行阶段性冲洗过滤，一般每隔半小时拆开滤油器清洗一次，然后视情况逐步延长清洗时间间隔，直至达到正常工况要求，整车液压系统滤油器的清洗时间为 8h 的连续工作间隔。

4）选择加热形式

可利用原液压系统的油箱装置和其中的加热器，重新设置加热温度控制装置后对清洗油加热，也可设置一个独立的清洗油加热油箱装置，并配置相应清洗泵、进出油口过滤器等，还可选择通用型的液压系统清洗机。

4．系统清洗

首先应按各个液压系统维修手册规定的步骤和要求进行清洗。一般将各液压执行元件处于无负载的手动或自动工作状态，当只清理油路时，可将液压执行元件进行短接处理，确认滤油器安装好、清洗油已加至要求液面、加热器温度控制设置完成并加热至要求温度后，方可进入清洗阶段。

1）系统的清洗

① 清洗过程中，液压泵运转和清洗介质的加热同时进行。

② 清洗过程中也可以用非金属锤击打油管，以利于清除管内的附着物。

③ 清洗过程中，应对冲洗油样及时检查、定期更换和调整油品过滤器，清洗过程是多次重复过程，抽取的油样达到清洁后才能结束清洗过程。

④ 为防止系统管路由热直接变冷后外界湿气会进入内部管路引起锈蚀，因此在清洗结束时，液压泵应在油不加热的条件下继续运转一段时间，直到温度恢复正常再停机。

⑤ 冲洗完成后应尽量排空清洗油。排出的清洗油应做相应环保回收处理。

2）元件及零部件清洗

当系统中的元件及零部件需要更换时，更换前应进行清洗处理。

新的液压元件在出厂时是清洗干净并对各油口用塑料塞等进行密封的，一般情况下，只要存放时间不超过两年，其元件内部可以不必清洗，但如果发现元件的油口堵头、管密封、塑料帽等有脱落时，应视情况采用清洗液进行清洗或简单拆卸清洗，对于一些系统待修缮元件，修缮后元各件组装前应进行清洗，清洗后的各油口应做封闭处理直至安装时拆封。

5．加入新油

加入新油前应换下清洗过程中油箱使用的过滤器，并按要求换上工作时的过滤器，然后加入新油至合适油位，安装好注油器盖后即可开机运行，同时注意观察油压和油温变化是否正常，油箱或油泵等处是否有异响。

油泵开始运行时，应将高点处的排气孔打开进行排气处理，排气后应拧紧排气螺钉，或利用执行元件的作用端（进出油口）进行排气。

经空载试运行后若无异常，即无油温高、噪声、振动、爬行等问题，则系统清洗和换油成功并可以进入设备清洗后的试压与参数调整阶段。

13.5 液压系统清洗后的参数调整

一般液压设备按照上述过程完成清洗后，就进入液压系统参数的调整过程，这个过程也称清洗后的试车过程，一般主要设定以下几个参数。

1．系统试压

试压前应对设备进行最后一次检查，防止连接件、接头等发生松动现象。

系统试压是为了检查系统和回路的耐压和漏油问题以及接头的连接可靠性，小于或等于 10MPa 的中、低压系统按照系统额定压力 1.5～2.0 倍的最高压力试压，大于 10MPa 的高压系统按照系统额定压力 1.2～1.5 倍的最高压力试压，系统应按照最高压力划定等级进行分级试压，每试一次就检查一次，直至整个系统试压过程完成。

试压时系统溢流阀作为安全阀设定到最高压力。

试压前应检查系统各压力控制过程的要求状态，防止试压过程失败，如压力控制的卸荷过程等都应进行参数调整。

在分段试压过程中，操作人员应远距离观察，不能与设备有正面接触，防止加压过程管路爆裂，出现危险，当加压并承压一段时间后，可认为系统管路元件正常。系统停机后进入下一压力段的试压过程。

2．液压泵工作压力的设定

调节液压系统压力稳压阀的溢流阀，使系统液压泵的出口稳定压力值为液压设备最大负载压力的 1.10～1.20 倍，以满足系统的整体工作压力要求。

3．调节系统快速行程的压力

卸荷阀是为节能运行而设计的，因此当系统结束工作周期前的系统快速行程（回程或轻载快进）的过程属于卸荷阶段，调整卸荷阀的卸荷压力为系统快速行程压力的 1.15～1.20 倍，以满足快速行程的可靠工作压力。

4．压力继电器的压力设定

压力继电器的工作压力是一个区间，即开启压力和闭合压力之间，此区间压差可设定为 0.1～0.5MPa，在满足要求时应缩小压差，同时压力继电器的最高设定压力应低于系统压力 0.3～0.5MPa。

5．动作过程的行程与顺序压力的调整

按系统动作过程顺序调节行程开关、行程阀（行程设定）、顺序阀（压力设定）、气控阀（先导阀）、挡铁、撞块等的精确定位值（位移或调整进给量），使系统动作过程中的压力、距离等参数满足系统工作要求。

6．各执行元件的平衡性及速度的调整

按系统的功能模块特性和元件的压力、流量等的参数以及动力源中的泵压、系统润滑等逐一对系统进行调整，使系统达到工作平稳、满足效率、无振动、无冲击、无外泄漏、负载下运行速度的下降率小于 20%。

经以上调试过程后，系统若无问题发生，则可进入生产运行阶段。

第 14 章　气动系统的安装、调试、维护、维修

要点概述

14.1 节讲述气动系统应具有的工作环境，以及气动系统的传动结构与系统控制方案的要求等。14.2 节讲述气缸的安装形式、安装要求等。14.3 节讲述气动方向、压力、流量等控制元件的安装要求与调试过程。14.4 节讲述气动系统的行程检测与压力检测的调试过程。14.5 节讲述气源中空压机、后冷却器、油水分离器、储气罐、气动三联体、干燥器、管路等的安装与运行。14.6 节讲述气源、气动检测元件、气动控制元件、气动执行元件等的使用与维护。通过本章的学习读者应掌握气动系统的安装、调试、维护、维修等实际应用过程。

本章教学目标：掌握气动系统的安装、调试、维护、维修等实际应用过程，熟悉气缸的安装形式，清楚气动控制元件的安装要求，知道气动检测元件的调整方法，了解气源的配置要求与安装条件，同时应具有气动系统的安装、调试、维护、维修的操作能力

	重　　点	难　　点	教学方法	教学时间
14.1 节	气动系统的工作环境和结构制作与系统控制等常识性的条件要求	系统常态环境的条件界定	讲授	0.5 课时
14.2 节	气缸的安装形式	气缸的安装要求	讲授	0.5 课时
14.3 节	气动方向、压力、流量等控制元件的安装要求	气动方向、压力、流量等元件的调试过程	讲授	0.5 课时
14.4 节	行程检测与压力检测的要求	行程检测与压力检测的调试过程	讲授	0.5 课时
14.5 节	气源的安装	气源的运行过程	讲授	0.5 课时
14.6 节	系统的使用与维护	系统的安装与调试	讲授	0.5 课时
实践环节	设计一简单系统实现气动系统的使用与维护	使用与维护的方法掌握	实训	2 课时
合计课时				5 课时

由于近年来气动元件成型制造技术水平越来越高，制造成本越来越低，因而气动技术应用行业越来越广，应用规模越来越大，气压传动控制技术凭借低廉的成本、丰富的功能、可靠的性能使产品和技术应用范围发展迅速。目前小压力传动控制系统基本由气动控制系统实现，中压力小流量系统也可以通过气液增压缸提供动力而代替较高压力的液压系统。因此在工业生产中，气动系统大多呈现在中、小型压力传动控制系统中，其机动灵活性和操作条件优势在中、小型压力传动控制系统中得到体现。气动系统的安装、调试、维护、维修是系统工作的保证，在系统工作中有着举足轻重的地位。

对于气动系统而言，由于空压机按工作压强分低压型（0.1～1.0MPa）、中压型（1.0～10MPa）、高压型（大于 10MPa），中压型和高压型气动系统的使用环境与液压系统的使用环境都具有厂房内安装与操作的特点，因此设备中使用广泛的系统（尤其是户外的设备）大都是低压型气动系统。目前的气动系统大都采用集中供应压缩空气，可远距离输送，同时具有防火、防爆、防潮、适用高温环境的能力，其气缸的动作速度为 50～800mm/s，电磁阀的寿命一般大于 3000 万次，气动元件的使用寿命为 3～5 年。在自控系统中，气动元件的使用寿命还与系统的工作环境、运行状态、受力结构等有很大关系，这些决定着设备可靠运行状况的问题都应在气动元件的安装与调试过程中得到可靠的解决。

14.1　气动系统的工作环境与传动控制方案的确定

气动系统的工作环境决定着气动元件的性能和气动系统的结构特点以及可靠的工作方式。

14.1.1　气动系统的工作环境要求

① 一般的气动系统应避免工作在有腐蚀性气体、化学药品（如有机溶剂）、油、海水、水及水蒸气或湿度大的环境中。

② 当气动系统必须在有爆炸性气体的场所工作时，必须采取防爆措施（如有煤气等的场合，一般采用惰性气体当压力介质），同时电磁阀应选防爆形式或做防爆处理。

③ 气动系统的工作环境应避免有振动和冲击的场合，当必须处于这类环境时，应选择具有耐振动和耐冲击能力的各类气动元件，或采取隔振措施。

④ 气动系统的工作环境应避免处于周围有热源、受到辐射热影响的场所，当不能回避时应采取措施遮断辐射热。

⑤ 气动系统上各元件应避免阳光的直射，不能回避时采取保护罩方式遮阳。

⑥ 气动系统上各元件应避免与气焊或电焊等焊花接触，当不能回避时要采取适当防护措施。

⑦ 气动系统应避免处于粉尘多的场所，当不能回避时要采取必要的防护措施。

⑧ 气动系统应避免工作在强磁场的环境里，如不能回避则必须将系统中的电磁阀控制用气动控制等形式替代，并将开关气缸换成没有磁性元件的形式。

⑨ 气动系统应有足够的日常检修通道和元器件维护的拆装空间。

14.1.2　气动系统传动结构和控制方案的确定

① 应按照气动系统的环境要求选择气动系统的结构和元件的性能。在多尘条件下，尽量选择无油或无润滑元件，同时增加防尘罩进行防护；在有腐蚀性气体的条件下，尽量选择耐腐蚀性（不锈钢或专用防腐工程材料）元件；在易燃易爆环境中应选择无火花放电的工作元件，或对相关系统元件建立安全的防爆密闭工作环境等，总之应针对不利的环境因素采取必要的应对措施，以保证系统元件的可靠工作。

② 气动系统的工作压力应尽量处于0.1～1.0MPa范围内，在系统可靠工作的前提下，尽量采用低压力进行工作；对于相对高压力小流量的分支系统可采用增压缸或气液增压缸作为压力源，而其分支系统则可采用相对高压力的工作状况或采用液压系统。

③ 在自控系统中尽量采用机、电、气、液的控制形式，以简化传动过程。一般气缸可作为直线短距离运行的拖动设备；往复小角度（小于 360°）回转频繁的设备一般采用摆动马达；连续回转设备应根据实际情况选择旋转马达（易燃环境可防爆）或电机的形式。因此一个设备的结构应当在满足功能条件下按照结构相对简单、维护方便、节能环保的原则进行选取。

由于气动执行元件的种类和规格繁多，还应根据具体的工作要求和条件，正确合理选择气动执行元件的参数和结构。例如，在气缸的选择上应遵循以下原则：要求气缸到达行程终端无冲击现象和撞击噪声，应选缓冲气缸；要求质量轻，应选轻型气缸；要求安装空间窄且行程短，可选薄型气缸；要求有横向负载，应选带导杆气缸；要求制动精度高，应选锁紧气缸；要求不允许活塞杆旋转，应选活塞杆不回转功能气缸；高温环境下，应选用耐热气缸；腐蚀环境下，应选耐腐蚀气缸；在有灰尘等恶劣环境下，需要在气缸活塞杆伸出端安装防尘罩；要求无污染时，应选无给油或无油润滑气缸等。

总之，在系统设计的方案初期，应按照工艺过程落实好现场的工作条件，同时按照控制特点备选可能实施的几种方案，并在安装调试过程中得到最终确认和选型。

④ 由于气动系统具有压力源的单管路输送和储气罐储能的特点，因此气动系统可采用远距离的压力源输送方式，空压机可视具体情况采用单机或一用一备的配置，同时设备现场和各相对用气量大的分支系统应设置储气罐以满足设备系统工作压力的稳定和瞬时大气量的供应。

⑤ 输送压力气体的主管路及分支管路，或主管路支架及分支管路支架应与系统本体设备同时规划、设计、施工，避免返工。管路施工时应保持管道内部的洁净，保证管道端口在保存、施工、施工后等过程处于封闭状态（管道端口封头只有在对接前拆封，对接后管道整体内部依然保持洁净和封闭）。管线要求水平或垂直，管道中间可采用管接头螺纹连接或法兰连接或焊接形式，主管道应按后期规划设置若干通断阀门，同时预留若干三通及四通分支接口（法兰连接或管接头螺纹连接），以保证后期规划施工的需要。

⑥ 气动系统的管道、容器等的设计、选型、制造应符合压力容器的质量标准。

⑦ 气动设备的组装、操作和维护等工作应由接受过专门培训和具有一定实际操作经验的人员来进行。绝对不允许在没有确认安全使用或操作设备之前对气动设备进行使用或操作，更不允许在相关系统没有切断电源和气源的情况下，对系统进行维修或拆卸。在气动设备的调试工作过程中，人们应远离其执行元件进行观察和确认，避免发生类似活塞杆急速伸出伤人的问题。

14.2 气动执行元件的安装与调试

气动执行元件主要指气缸和气马达，由于气马达和小型电机的安装形式相似，因此主要以气缸的安装与调试过程说明气动执行元件的安装与调试过程。

14.2.1　气缸的安装形式

气缸的安装形式如表 14-1 所列。

表 14-1　气缸的安装形式

结构类型	安装简图形式	说　　明
基本型		无安装附件，可采用螺栓固定
支架型		脚架固定
前法兰型		前法兰固定
后法兰型		后法兰固定
耳环型		尾部单耳固定
双耳型		尾部双耳固定
轴销型		带有头部、中部、尾部的轴销型附件

气缸的安装形式应由负荷运动的方向和形式来决定。

① 水平负荷可采用图 14-1 所示的脚架固定方式或图 14-2 所示的前法兰固定方式。采用脚架、法兰安装时，应增加固定座或固定加强板，尽量避免安装螺栓本身直接受推力或拉力负荷，同时，要求安装底座有足够的刚度。如果安装底座刚度不足，受力后将发生变形，这对气缸的活塞运动会产生侧向力等不良影响。安装时，活塞杆顶端连接销位置与安装件轴的位置应处于同一方向。

② 垂直负荷可采用图 14-3 所示的后法兰固定方式，同时应加负荷上下运动的滑动导向槽。一般支架型和法兰型的安装形式，应注意气缸的受力固定结构，使负荷的运动方向和活塞的运动方向在同一轴线上或保持平行。

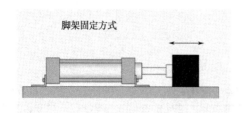

图 14-1　脚架固定方式

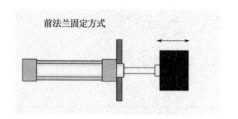

图 14-2　前法兰固定方式

③ 弧形曲线运行轨迹负荷可采用图 14-4 所示的耳环轴销尾部回转固定方式。支撑气缸的耳环或轴销的摆动方向和负荷的摆动方向一致。另外，活塞杆前端的金属零件的摆动方向也要一致。

④ 斜向运动轨迹负荷可采用图 14-5 所示的耳环中间轴销固定方式。当行程过长或负荷的运动方向和活塞的运动方向不平行且不在同方向上，或其动作负荷在同一平面内摆动时，一般采用轴销型或耳环型的安装形式。

无论气缸采用哪种安装形式（支架型、前法兰型、后法兰型、耳环型、轴销型等），都要注意不能对活塞杆和轴承施加横向载荷。

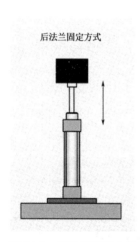

图 14-3　后法兰固定方式

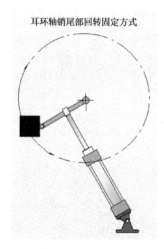

图 14-4　耳环轴销尾部回转固定方式

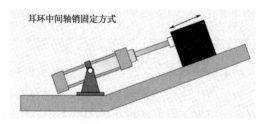

图 14-5　耳环中间轴销固定方式

14.2.2　气缸的安装要求

1. 气缸形式选择

气缸的安装形式由安装位置、使用目的、工作环境等因素决定。在一般情况下，尽量采用固定式气缸。在需要随工作机构连续回转时（如车床、磨床等），应选用回转气缸。当要求活塞杆除直线运动外，还需做圆弧摆动时，则选用轴销式气缸。当有特殊要求时，应选择相应的特殊气缸。

2．缸径的选择

缸径要根据作用力的大小进行选择。根据负载力的大小来确定气缸输出的推力和拉力。一般均按外载荷理论平衡条件选择所需要的气缸作用力，根据不同速度选择不同的负载率，使气缸输出力稍有余量。缸径过小，输出力不富裕，气缸易产生爬行和抖动；但缸径过大，会使设备笨重，成本提高，又增加耗气量，浪费能源。在低流量高压力的保持系统中，应尽量采用扩力机构，以减小气缸的外形尺寸。

3．活塞行程

活塞行程与环境条件和机构行程及负载结构有关，但一般情况下气缸不应在满行程的状态下工作，以防止活塞和端盖相碰，应在实际行程的基础上增加 10～20mm 的余量。

4．活塞的运动速度

活塞的运动速度主要取决于进入气缸的压缩空气流量，它与气缸进排气口大小和导管内径的大小有关。气缸活塞的运动速度一般为 50～800mm/s。对于高速运动的气缸，应选择内径相对大的进气管路；对于负载有变化的气缸，为了得到缓慢而平稳的运动速度，可选用进出口带节流装置的气缸或气-液阻尼缸或增加节流调速装置等。一般对于水平安装的气缸推动负载，可选用排气节流调速；对于垂直安装的气缸举升负载，可选用进气节流调速；当要求行程末端运动平稳并避免冲击时，可选用带缓冲装置的气缸。

5．气缸安装与调试过程

① 气缸安装使用前，应先检查气缸在运输过程中是否有损坏，各连接部位是否有松动等，同时将气缸进行固定（简单支架固定或机构固定），然后按 1.5 倍的最高工作压力进行试压和空载试运转，观察其运转是否有漏气现象或活塞杆弯曲后的卡、刮、蹭引起的振动、噪声、爬行等非正常现象，如无异常方可安装使用。

② 气缸安装时，应用水平仪进行三点位置校验，特别是长行程气缸，更应注意直线度，同时调整气缸的活塞杆不得使其承受偏心负载或横向负载，应使负载方向和活塞杆轴线相一致。

③ 气缸与管道连接前，应先检查管道的密封是否严紧，与气缸连接时才能将管道连接口的密封塞打开。如管道连接口密封较差，要将管道内的污物清除干净，管道不能锈蚀，对管道检查清理后方可进行安装，安装前应注意进气口的方向和连接管路的规整性。

④ 应首先固定气缸后再进行进出气口的连接，进出气口连接时才能将各自的端口密封塞打开，以保证气缸及管道内部的清洁。

⑤ 气缸连接后首先进行速度调整，一般将速度控制阀（节流阀或单向节流阀）调整在中间位置，然后从 0 压力逐渐调节减压阀的输出压力，当气缸接近预定速度时可确定此

时的压力为工作压力，然后用速度控制阀进行微调，最后调节气缸的缓冲速度（一般缓冲气缸的速度在出厂前已调节好）。如需调整缓冲气缸，则在气缸开始运行前，把缓冲节流阀调节到较小的流量位置，然后逐渐变大直到调节到满意的缓冲效果。在气缸安装好后，应进行气缸行程检测元件的安装与调整，如果选定的是开关气缸，应检查气缸内置磁环与磁感开关配合位置的检测可靠性，并调整检测位置和气缸速度使其达到最佳工作范围。

⑥ 气缸安装完成后，应在工作压力范围内，进行空载试运行，以检查气缸工作是否正常。

⑦ 如发现气缸满行程工作，气缸活塞应采用多速控制，才能满足工作任务、效率等的可靠性，并应及时进行设计调整（气缸行程或参数）。

⑧ 在进行负载试车时，一般要通过减压阀的输出压力、调速阀的流量、压力保持时间、延时动作等过程的调节，来满足系统工作参数的要求。若发现缸体产生变形，则应检查气缸的安装底座的刚度是否足够，不允许负载和活塞杆的连接用焊接形式。

⑨ 设备试车完成后再进行设备的整体涂装和防护（所有与人有危险性接触的运动部件都应增加防护）。

14.3　气动控制元件的安装与调试

气动执行元件的状态和性能是由气动控制元件进行控制的，气动控制元件包括气动方向控制元件、气动压力控制元件、气动流量控制元件，因此各类气动控制元件的正确安装与调试是系统可靠工作的保证。

1．气动控制元件的泄漏特性

气动系统中，气动控制元件工作压力低，与液压控制元件相比，对系统外部而言虽然有很大的泄漏量，但对元件内部的泄漏是决不允许的（间隙密封的气动阀除外），这与液压系统不同，液压系统允许少量的内部泄漏而不允许外部泄漏。对于气动系统而言，内部泄漏最直接的后果就是阀门动作不到位或阀门不动作或阀门误动作等，从而引起后续管道内部的工况波动，导致有发生事故的可能性。因此气动控制元件的正确选型、安装、调试等过程是气动系统正常运行的保证。

2．气动控制元件的选型要求

① 气动控制元件要根据流量选择阀的通径。

② 要根据工作要求和使用条件选择二位阀或三位阀的结构形式，包括中位机能的结构。

③ 要根据控制要求选择阀的手动、气动、电动等控制方式。

④ 要根据工作要求，选择阀的误差、回差、死区、始终点偏差、额定行程偏差、泄漏量、密封性、耐压强度、外观、额定流量系数、固有流量特性、耐振动性能、动作寿命等基本性能。

⑤ 要根据使用条件选择阀的温度、压力等的适用范围。

⑥ 要根据实际情况，选择集中或分散的布件方式，选择水平或垂直等形式的安装方

式。阀的选择应提倡标准化、通用化，减少多品种多规格的备品备件储备方式。

3．气动控制元件的通用安装要求

① 安装前应查看各控制元件的说明书，注意型号、规格与使用条件是否相符，包括电源、工作压力、通径、接口螺纹的尺寸等，并进行通电、通气试验。例如，检查换向阀时应注意其换向动作是否正常，采用手动操作时其换向和复原应动作是否可靠。

② 各阀与管道连接前应先检查管道的密封是否严紧，当与阀连接时才能将管道连接口的密封塞打开。若管道连接口密封较差，则要将管道内的污物清除干净，管道不能锈蚀，对管道检查清理后方可进行安装，连接时应防止密封带碎片等进入阀内或管道。

③ 应注意各阀的安装方向，多数阀对安装位置和方向等都有特别要求。

④ 应严格控制进入阀的压缩空气质量，注意空压机输出的压力气体必须除去冷凝水等有害杂质。

⑤ 滑阀结构的控制元件必须采用水平安装。

⑥ 气动控制元件安装时应注意预留检修通道和调整检修空间。

⑦ 气动控制元件选型时，应注意压力、流量（工程通径）等参数以及连接管路和管接头等形式与执行元件的一致性和配套性。

4．气动方向控制元件的安装与调试

气动方向控制元件包括换向阀、单向阀、梭阀（"或"门型梭阀）、双压阀（"与"门型梭阀）、快速排气阀、气动截止阀等。

1）电磁换向阀

方向控制阀一般可独立安装，也可用汇流板将多个阀集中安装。

汇流板是一种能将多个流体通道汇集到一起的气路板，主要应用于气动控制回路，可以实现多个气动控制元件集中供气和集中排气的作用。

电磁换向阀的轴线必须按水平方向安装，若垂直方向安装，受阀芯、衔铁等零件质量影响，电磁换向阀则可能存在换向或复位不正常的问题。

电磁换向阀的通电线圈分直流型和交流型，直流型线圈应并联续流二极管，交流型线圈应并联 RC 吸收回路。

对于二位或三位双控电磁换向阀，注意两端电磁阀应采用互锁的工作方式，即工作时右侧电磁铁得电或左侧电磁铁得电，不允许两侧电磁铁同时得电，但可同时失电，失电时二位阀保持失电前的状态，三位阀则处于中位机能状态。

在选购气动换向阀时，应注意以下几点。

① 气动换向阀的公称通径与进出气口的连接螺纹并不是一一对应的，因此要注意选择换向阀的接口螺纹尺寸。

② 相同型号、相同功能的换向阀因生产厂家不同其外形和安装尺寸不一定相同。

③ 换向阀应无外泄漏且内泄漏越小越好，否则既影响系统的正常工作又浪费能源。

④ 换向阀安装时应注意阀的出厂日期，如果放置的时间太长，其润滑油脂会老化，影响换向阀的正常工作。

⑤ 大于 24V 的交流电磁阀应注意其绝缘性能，以保证操作者的人身安全。

2）单向阀

单向阀就是止回阀，止回阀的安装位置一般不受限制，通常安装于水平管路上，也可以安装于垂直管路或倾斜管路上。安装止回阀时，应特别注意介质流动方向，应使介质正常流动方向与阀体上指示的箭头方向相一致，否则会截断介质的正常流动。在液压系统中，当止回阀关闭时，会在管路中产生水锤效应，严重时会导致阀口、管路或设备的损坏，此现象在大口径管路或高压管路等系统中尤其严重，更应引起止回阀选用者的高度注意。在气动系统中，止回阀的关闭不会产生强烈的惯性冲击问题，更不会产生倒灌现象。

3）梭阀

梭阀属于直行程阀门，也叫"或"门型梭阀，有两个进气口和一个出气口，当任意一个进气口进气或两个进气口同时进气时，阀便开通。梭阀体积小、安装方便，并可在任意方向安装，是压力损失较小的快速开关，可以实现两个口为一个口分时或同时提供压力（动力）。

4）双压阀

双压阀属于梭阀的一种，是气动管路中的逻辑元件，具有两个输入口和一个输出口，只有当两个输入口同时有输入时，才有输出，其功能相当于"与"门逻辑功能。例如，气动设备的双手安全操作装置的逻辑过程就属于"与"运算。

5）快速排气阀

快速排气阀属于梭阀的一种，必须垂直安装，即必须保证其内部的浮筒处于垂直状态，以免影响排气。快速排气阀一般安装在系统的最高点，有利于提高排气效率。

6）气动截止阀

气动截止阀也叫截门，是使用较广泛的一种阀门，一般高性能气动截止阀的介质流向应遵循高进低出的原则，只允许气体单向流动，因此安装时有方向性，气体介质的流向应与阀体所指示的箭头方向一致。若介质流向是双向流动，则可根据现场情况进行安装。

气动截止阀一般只允许安装在水平管道上，气动执行机构安装在阀体和管道的上方。

高性能气动截止阀应在允许的温度和压差范围内使用。温度过高会使密封元件老化变质，温度过低会使密封元件硬化变脆，如果超出压差范围使用，则会损坏密封材料或导致阀门泄漏、动作失灵等问题。

5．气动压力控制元件的安装与调试

气动压力控制元件主要包括安全阀（溢流阀）、减压阀、顺序阀等压力控制阀。

1）安全阀

安全阀属于自动阀类，主要用于压力容器和管道上，其控制压力不超过规定值，对人身安全和设备运行起重要保护作用。安全阀的安装与调试应注意以下事项。

① 各种安全阀都应垂直安装于储气罐或管道的顶部，并设置压力表显示，压力显示值应为表压显示范围的 $1/3 \sim 1/2$。

② 安全阀出口处应无阻力，避免出口产生受压现象而导致安全阀不动作。

③ 安全阀在安装前应专门测试，并检查其密封性。使用中的安全阀应做定期检查。

④ 安全阀多采用不封闭式安全阀，在有毒和腐蚀性气体介质中，应采用封闭式安全阀，即排出的气体介质不外泄，可全部沿着出口排泄到指定地点。

⑤　由于气动系统不同于液压系统，一般每个液压系统都自带液压源（液压泵），而在气动系统中，空压机先将压缩空气送入储气罐进行储存，然后再经管路输送给各个分支系统的储气罐或直接供各气动装置使用。动力源处储气罐的空气压力往往比各分支系统的储气罐或设备实际所需要的压力要高，因此系统储气罐的安全阀排放压力高于各分支系统的安全阀排放压力。

⑥　安全阀产品应按实际密封压力来确定。对于弹簧式安全阀，在一种公称压力（PN）范围内，具有几种工作压力级的弹簧，订货时除了应注明安全阀型号、介质名称和使用温度，还应注明阀体密封压力，否则会按最大密封压力供货，使阀体的调节压力范围大于容器和管路的实际安全保护压力而使安全阀不起作用。

2）减压阀

减压阀的作用是将系统压力进行降低以满足其分支系统中执行元件的回路工作压力。

①　减压阀应水平安装。

②　减压阀的前后都应设压力表，便于压力的调整。

③　减压阀的调压范围必须满足执行元件的工作压力调整范围。

④　减压阀的输出压力必须低于输入压力一定值，否则其压力特性很差，即当输入压力变化时，输出压力也跟着变化。

⑤　减压阀的流量特性必须稳定，即减压阀的出口流量增大或减小时其出口压力应保持稳定，不能因流量增大或减小而使减压阀的出口压力发生变化。

⑥　减压阀应按气体介质选择相同种类的减压阀，气体减压阀可以分为空气减压阀、氮气减压阀、氢气减压阀、氧气减压阀、液化气减压阀、天然气减压阀等。

3）顺序阀

顺序阀在系统中属于开关阀，利用系统的压力来控制其他元件（主要是执行元件）先后动作的顺序，当系统达到调定值时，顺序阀通过开关实现对后续元件的自动控制。顺序阀在选型和安装时应注意以下几点。

①　顺序阀与安全阀（溢流阀）有许多相似之处，应注意不要把二者功能混淆。两阀的控制信号均来源于进口，常态位均为阀口关闭，只有当进口的压力达到一定值时才开启。但安全阀要求阀口开启时动作灵敏，打开后气体直接排空，保证罐内压力基本恒定；而顺序阀阀口开启时应安全可靠，打开后接通需要控制的元件，相当于被控元件前的一个压力开关，压力达到设定值时接通，否则关断。

②　顺序阀可单独作为控制元件使用，更多时候与单向阀并联构成单向顺序阀使用。单向顺序阀只受单向压力控制。

③　单向顺序阀主要串联在回路中使用，一般水平或垂直安装或按照说明书要求的安装形式。

6. 气动流量控制元件的安装与调试

气动流量控制元件主要包括节流阀、单向节流阀、节流排气阀、柔性节流阀等。在安装调试过程中应注意以下问题。

①　由于单向节流阀是节流阀和单向阀的并联结构，因此节流阀与单向节流阀的安装形式基本相同，一般可水平或垂直安装。

② 当执行元件采用垂直顶起重物的安装形式，重力负载垂直向下作用时，回路调速形式为进口节流。

③ 当执行元件采用水平安装形式，重力负载承受水平作用时，回路调速形式为出口节流。

④ 节流排气阀是"节流阀+消音器"的形式，消音器是通过阻尼或增加排气面积来降低排气速度和功率的噪声降低装置。节流排气阀只安装在气动方向阀的排气口。

⑤ 柔性节流阀依靠阀杆夹紧柔韧的橡胶管而产生节流作用，也可以利用气体压力代替阀杆对胶管进行压缩，从而达到节流作用。柔性节流阀结构简单，压力小，动作可靠性高，对污染不敏感，通常工作压力范围为0.3～0.63MPa，因此选型时应注意压力的适用范围。

⑥ 节流排气阀一般安装于汇流排的排气口，节流阀或单向节流阀可直接安装于气缸或气马达上，柔性节流阀应尽量安装在气动执行元件附近。

⑦ 气动流量阀的计算流量值应为所选阀调节范围的 1/3～2/3，理想量为其 1/2，调试前应先将流量置于微量或小量范围，调试时再逐渐增大。

14.4 气动检测元件的安装与调试

气动检测元件主要指检测执行元件是否到位的行程开关、行程阀等行程检测元件和压力继电器、压力阀等气动压力检测元件。

1. 行程检测

执行元件的行程检测主要采用以下形式。

1）磁性气缸检测

利用磁性气缸活塞中间磁环的移动，对缸体上下两端安装的磁性开关发出到位信号来检测活塞的位置，调整磁性开关在缸体上的位置就能调整行程定位的变化。

由于磁性气缸筒的制作材料不是铁磁材料，而是铝合金或不锈钢等绝磁材料，所以磁性气缸筒无法被活塞上的磁环磁化，活塞动作时，磁环产生的磁力线能够准确触发缸筒外的霍尔元件或干簧管等磁性开关，活塞在磁性开关旁动作一次，磁性开关就会输出一个信号。

2）行程开关检测

利用活塞杆前端附加的质子（活动滑块）运动，实现对行程开关的触动，从而达到对气缸行程的检测，质子可采用直接压行程开关的撞块形式，也可采用质子上附加磁块的感应形式，而行程开关或磁性开关则固定在可调节的支架上，总之开关引出线部分不能作为移动端，但可进行行程位置的调整。

3）串联气缸或多位气缸的定位

气缸的行程定位也可以利用多个气缸串联的形式或多位气缸，形成多个固定的行程定位，再利用气缸行程运行时间恒定的特点，通过延时实现定位检测，达到对气缸行程的控制。

4）行程阀检测

气缸的行程也可以通过活塞杆上的质子直接对行程阀进行压接，再利用行程阀对气动回路形成有效的功能性检测或控制，从而实现对气缸的行程定位控制。

5）挡铁限位

气缸的行程还可以利用挡铁限位的形式达到对气缸行程定位。

总之，气缸行程的检测，应以可靠、可调、结构简单、维修方便、重复运行精度高为基本要求，传感器的检测方式采用非接触形式为最佳。

2．压力检测

1）压力继电器

在气动系统中，利用压力继电器对系统执行元件或某一支路的工作压力进行检测，以实现后续的功能性控制过程，压力继电器输出的是接点通断控制信号，不能进行精确度较高的连续控制。

2）压力传感器

在气动系统中，为了得到精确的压力检测数据，可以利用压力传感器的检测形式，目前大都采用单片机控制的智能压力表检测形式，现场的智能压力表可以将监测数据通过电压、电流、脉冲的形式输出，或经变送器实现远距离输送，从而实现对系统压力的检测。

14.5　气源的安装与调试

按照气源部分的组成顺序，气源的安装与调试应包括空压机、冷却器、油水分离器、储气罐、气动三联件（空气过滤器、减压阀、油雾器）、管路等部分。各部分之间都应设有截止阀，以便于设备的检修和定期清洗。

1．空压机

空压机是气源部分的主体，与水泵构造类似。大多数空压机为往复活塞式、旋转叶片式、旋转螺杆式等形式。

1）选型

空压机的选择主要依据气动系统的工作压力和流量。

（1）压力

气源的工作压力应比气动系统中的最高工作压力高 20%左右，这是由于要考虑供气管道压力损失。气动系统的总压力损失 $\sum \Delta p_{系统总压力损失}$ 应控制在 0.15～0.2MPa 范围内。

$$p_{空压机输出压力} = p_{系统最高工作压力} + \sum \Delta p_{系统总压力损失} \tag{14-1}$$

$$\sum \Delta p_{系统总压力损失} = \sum \Delta p_{沿程压力损失} + \sum \Delta p_{局部压力损失} \tag{14-2}$$

空压机的额定排气压力（与液压的压力划分有区别）分为低压（0.7～1.0MPa）、中压（1.0～10MPa）、高压（10～100MPa）和超高压（100MPa 以上），可根据实际需求来选择。根据气动系统所需要的工作压力和流量两个参数，确定空压机的输出压力和吸入流量，并按空压机的特性要求选择空压机的类型。如果系统中某些地方的工作压力要求较低，可以采用减压阀并后置储气罐的形式进行供气。

（2）流量

不设储气罐时的流量为

$$q_b = q_{max} \tag{14-3}$$

设储气罐时的流量为

$$q_b = q_{sa} \tag{14-4}$$

空压机的吸入流量为

$$q_c = k \cdot q_b \tag{14-5}$$

式中，q_b 为气动系统提供的流量；q_{max} 为气动系统的最大耗气量；q_{sa} 为气动系统的平均耗气量；q_c 为空压机的吸入流量；k 为修正系数，一般取 1.5～2.0。

修正系数 k 的选择主要考虑气动元件、管接头等处的漏损、气动系统耗气量的估算误差、多台气动设备不同时使用的利用率以及增添新的气动设备的可能性等因素。

2）使用环境

空压机的使用环境应满足以下要求。

① 空压机应安装于湿度低、粉尘少、通风好、无腐蚀性或污染性气体的低温环境中，适宜工作温度为 5～40℃，温度高于 40℃时应增加冷却设备，低于 5℃时容易结露，低于 0℃时容易结冰，由于压缩气源的长距离输送的便利，可在工作场地周边寻找安装场地，最好置于室内独立安装。

② 空压机进气口的空气要求洁净，同时空气湿度尽可能低，要求空气的洁净程度能保证空气滤清器的使用周期为 1000～1500h。

③ 空压机不能露天安装放置，要防雨、防晒、防雪、防寒，尤其空压机进气口不能进入潮气、水滴、雪花等。

④ 空压机的进气口不允许混入有害气体（酸、碱气体等）和液滴。

3）安装

① 空压机有风冷和水冷两种工作形式，冷却风或冷却水通过空压机翅片式散热器将空压机工作过程产生的热量带走，从而降低空压机的排气温度和润滑油温度。一般水冷空压机要求冷却水压力为 0.1～0.4MPa，冷却水进口温度小于或等于 33℃，冷却水出口温度小于或等于 40℃，空压机冷却水系统应单独设立，避免其他系统对空压机造成影响；空冷空压机要求有自然通风通道或强制通风措施。气源应按进风扩口、空压机、后冷却器、油水分离器、储气罐、气动三联体（空气过滤器、减压阀、油雾器）、输出管路的顺序布置。

② 小型可移动空压机应选择在空气可流动的场合，并远离精密设备放置。固定式空压机布置时应注意预留检修空间，当空压机靠墙安装时，应留有 800～1500mm 的检修通道，对于较大风机（排气量大于 20m³/min）或空压机站应设检修起重设备。

③ 空压机基础要求坚固和水平，对于较大风机应增加抗震措施，防止对建筑物和周围设备造成损坏。

④ 进风扩口是指较大型空压机进风口前应加装具有粗过滤功能的渐扩喇叭口，其作用一是减小局部阻力，二是对进入的空气进行简单过滤或除尘，小型空压机可省略此器件。空压机进气口应设置阀门，用于空压机的空载启动。

2．后冷却器

由于空压机排出的压缩空气中含有一定量的水分、油分和灰尘，经过压缩后空气的温度可高达 180℃，部分水分及油分已变成气态，因此需要由后冷却器进行降温处理，避免压缩空气中的油雾聚集在储气罐、管道、气动系统的容器中，长期滞留的润滑油会变质并形成易燃物，会促使系统中的橡胶、塑料、密封材料变质，使阀类器件中的小孔堵塞，造成动作失灵，其中的水分和粉尘也会造成金属件腐蚀生锈，使运动件磨损、卡死，堵塞压力通道，造成气压信号传递失常。在寒冷地区，水分会结冰造成管道冻结、冻裂，导致元器件工作失灵，会对气动系统造成很大的危害。

后冷却器的作用就是将空压机出口的高温空气冷却至40℃以下，并将大量水蒸气和变质油雾冷凝成液态水滴和油滴，以便将它们清除。

后冷却器有空冷和水冷两种形式，空冷一般采用油冷和风冷；水冷则要有循环冷却水系统，一般冷却水采用下进上出的进出形式。小型空压机上的后冷却器与空压机是一体的，运输时采用分体结构，安装时要按说明书的要求安装，不能倒置，要在排水口安装疏水器实现自动向下排放。

后冷却器的进出连接口（压缩气进出口或冷却水进出口）应按说明书要求连接挠性接头，要充分考虑运行过程中的温度、振动等因素引起的伸缩变形问题。

3．油水分离器

油水分离器的作用是将压缩空气中的水蒸气、油滴及一些其他杂质等从气体中分离出来，达到净化压缩空气的作用。因此，油水分离器又称为空气过滤器或气水分离器。

小型空压机的油水分离器与空压机是一体的，大型空压机系统一般运输时采用分体结构，安装时要按照说明书要求操作，油水分离器的进出口要连接正确，否则不能形成高速旋转气流将杂质进行离心分离；油水分离器的水杯必须竖直向下安装；油水分离器要根据实际情况经常放水，否则杯内水位高过伞形挡板时会失去分离效果。

4．储气罐

储气罐属于压力容器，按承受压力不同可以分为超高压储气罐、高压储气罐、中压储气罐、低压储气罐等；储气罐按使用的材料不同可以分为不锈钢储气罐、碳钢储气罐；储气罐按结构不同可以分为立式储气罐、卧式储气罐；储气罐按容积还可划分多种规格。总之，储气罐能够储存一定容积的压缩空气，并在空压机停机后，在短时间内提供气源，同时消除往复式空压机的压力脉动，使气源的压力保持稳定。对于小型空压机而言，其压缩机与储气罐是一体化结构。

1）选型

① 储气罐在理论上应选择大于空压机排量 1/10 的体积作为容积，但实际上大部分储气罐都是按空压机排量 1/3～1/4 的体积作为容积进行选择，这样才能起到压力稳定和短时供气的作用，一般储气罐按表 14-2 所列进行经验选择。

表 14-2　储气罐容积经验选择

空压机排气量/（m³·min⁻¹）	< 4	4～7	8～13	14～19	20～29	> 30
储气罐容积/（m³·min⁻¹）	1～1.5	2	3	4	5	> 5
储气罐工作压力	> 空压机排气压力					

② 储气罐的蓄气时间与系统工作压力有关，系统工作压力大则蓄气时间短，系统工作压力小则蓄气时间长。储气罐的充气压力越高，充气时间越长，如表 14-3 所列。

表 14-3　储气罐充压时间

空压机排气量/（m³·min⁻¹）	储气罐充气压力/MPa	储气罐容积/m³	储气罐充压时间/min
1.0	0.8	0.3	2.4
1.0	1.0	0.3	3.0
1.0	3.0	0.3	9.0

③ 储气罐上应设置压力表，储气罐压力表与工作压力配套选择。

④ 储气罐上应设置安全阀，安全阀储气罐与工作压力配套选择。

⑤ 储气罐上应设置压力继电器，控制空压机电机（原动机）的工作，压力继电器的动作压力应低于安全阀的排气压力。也可采用压力传感器输出电流或电压模拟信号，用变频器控制空压机电机，实现恒压供气。

⑥ 储气罐排水口可采用排污阀定期排水，也可采用疏水器自动排水。

⑦ 储气罐一般设计寿命为 10 年（按腐蚀率小于 0.14mm/年计算），每年应定期检修，1m³ 以下的储气罐要到质量技术监督局办理压力容器使用登记证，1m³ 以上的储气罐属于特种设备，必须办理特种设备制造许可证。

2）安装

小型空压机的储气罐与空压机是一体的，可随空压机安装，大型空压机运输时采用分体结构，需要按照说明书的要求进行独立安装，现场分支系统配置的储气罐需要独立安装，设备上使用的小型储气罐也需要独立安装。

① 储气罐应尽量选择在室内安装，室外安装时应避免阳光直射。要求安装环境无腐蚀性介质（气体或液体）存在，如果使用环境腐蚀率超过 0.14mm/年时，应做防腐处理，确保设备在推荐寿命 10 年内安全运行。

② 储气罐安装前一般要进行强度压力试验，按有关规程要求采用水压试验形式。

③ 储气罐基础安装前应进行水平处理，立式储气罐或卧式储气罐安装时应按照说明书的要求将排水口置于最下端，立式储气罐应注意垂直度，卧式储气罐应注意水平度。

④ 储气罐与气源之间应选用硬管连接并增设变形伸缩的缓冲弯管。

⑤ 安全阀与储气罐罐体之间不得加设任何阀门。

⑥ 储气罐应定期做普通防腐的涂装处理。

⑦ 储气罐应可靠接地。

5. 气动三联件（空气过滤器、减压阀、油雾器）

气动三联件由空气过滤器、减压阀、油雾器组成。空气过滤器可以通过滤芯将空气中的水分过滤。减压阀通过弹性元件调整出口压力。油雾器可以将油变成油雾添加在压缩空气中，对系统中的气动元件进行润滑。气动三联件严格按照空气过滤器、减压阀、油雾器的顺序进行连接，空气过滤器的水杯和油雾器的油杯必须垂直向下。空气过滤器为进口，油雾器为出口。水杯中的水要及时排放，油杯中的油要及时填满。

6．干燥器

干燥器是一种用于去除压缩空气中水蒸气的设备，大都由两个再生吸附式干燥器组成，两个再生吸附式干燥器间歇工作，中间有四通阀进行转换。

干燥器主要用于防结露的场合，如脉冲反吹类布袋除尘器的清灰过程，当除尘器过滤的烟气温度较低时，反吹清灰过程中相对热的压缩空气与冷布袋接触后，会产生结露现象，造成布袋潮湿与粉尘形成板结，从而影响除尘系统的工作状态。此时就需要利用干燥器对压缩空气进一步进行脱水，以消除结露问题。

干燥器中用于再生过滤的加热器和四通阀都应选用电控的形式，以便实现自动化的控制过程。干燥器必须按照说明书的要求连接和安装，吸附式干燥器一般采用立式安装形式。各管路连接时应注意防止变形伸缩的问题发生。

7．管路

在气动系统中，管路是动力传输的通道，对于大型空压机站的压缩空气中心输送管网系统而言，管路的结构和安装形式尤为重要。

压缩空气管道按介质压力分为高于 10MPa 的高压管道、1.0～10MPa 的中压管道、低于 1.0MPa 的低压管道。管道采用架空铺设方式或地下铺设方式，应尽量采用架空铺设方式传输，地下铺设方式传输还应考虑保温和防腐。

架空管道应横平竖直，水平管道应向传输方向倾斜 0.002～0.003 的坡度；应视具体情况在长度方向上增加 U 形伸缩节；管道支架应按 4～6m 间隔布置；支架与管道中间应加活动限位托，使管子伸缩活动自如；在 U 形伸缩节的底部和末端管的部位要增加疏水器和集水槽，同时遵循以下安装要求。

① 管路应采用不锈钢无缝钢管，安装前要彻底清理管路内的粉尘及杂物。

② 管道支架要有一定支撑强度，固定支架满足伸缩内应力变形和风载的外力，滑动支架满足管道长度方向的自由伸缩和垂直方向的限位以及风载的外力。

③ 管路连接最好采用法兰结构，方便拆卸；对于大型集中供气管路，其主管路按规划应预留三通连接法兰并向上引出短管加装截流阀和盲法兰，便于分支管路的增加和安装；接管时要充分注意密封性，防止漏气，尤其注意接头处及焊接处。

④ 管路尽量平行布置，减少交叉，力求管道最短，转弯最少，实现分段自由拆装。

⑤ 安装软管要有一定的弯曲半径，不允许有拧扭现象。

⑥ 对于大型集中供气管路，当用气设备多且较分散时，主管路应环绕整个厂房，这样，任何位置均可获得两个方向的压缩空气。支线管路必须从主管路上方引出，以避免管路中的凝结水流至用气输出端口。

⑦ 管路连接好后各进出口都应当用盲法兰封堵，待管路内部喷吹清理干净后才能与系统各器件连接。

⑧ 管路应设置排空阀。

⑨ 管路应可靠接地。

8．气源的运行

当空压机、冷却器、油水分离器、储气罐、气动三联件（空气过滤器、减压阀 、油雾器）、管路等安装完毕后，气源就进入设备启用运行阶段，设备启用运行阶段包括空载试运行、气体管路的清吹和打压试验、负载试运行。

1）空载试运行

① 空压机的拖动电机先进行空载试运行后，辨别运行方向再与空压机连接，同时进行手动盘车灵活性试验。

② 冷却水泵系统进行通水试验。打开冷却水系统。

③ 关闭进口阀门并将气源系统中的冷却器、油水分离器、储气罐排污口打开。对于一体型空压机应按说明书要求操作。

④ 点车启动空压机运行（按一下启动按钮后马上按停止按钮），看是否有异常声响。

⑤ 启动空压机连续运行 5 分钟，并逐渐打开进口阀门，检测电机的过载保护，检测空压机逆向保护（不允许反转），检测空压机排气温度等是否正常。

⑥ 恢复冷却器、油水分离器、储气罐工作状态，并将储气罐出口截止阀关断，系统进入空压机运行状态，经多次启动和停止过程的运行以及储气缸储压的调试过程，将储气罐安全阀和压力继电器与空压机的联动控制调试好后，可结束空载试运过程。

2）气体管路的清吹和打压试验

① 将气源输出口与管路连接，同时打开系统的排污口（集水箱部分）。

② 调节减压阀的输出压力，对管路内部进行喷吹清理，经一段时间清理，确认其排污口已无异物排出、管道内部清理干净后，关闭气源阀门，恢复管道工作状态，并在管道最远端安装压力表。管路各输出连接口全部由盲法兰封闭。

③ 将气源输出口阀门打开对管路进行充压，估算管路的容积，利用减压阀分阶段加压并稳定 3 分钟后逐渐升高压力值，其最高压力值为系统工作压力的 1.2～1.5 倍。观察储气罐压力表保压时间，达到 10 分钟即为合格。

④ 打压试验结束后应将气源出口阀门关闭，将管道内部压力通过排空阀放空后，各分支系统才能与管路进行连接。

⑤ 对于小型系统而言，气源压力就是系统压力，由于管路系统安装前已清理干净，其泄漏问题等可在系统试车前一起处理。

3）负载试运行

气源系统经空载试运行和气体管路的清吹和打压试验，已具备负载运行的条件。可通过观察不同气动环节的使用过程，利用数据的对比和统计，检验气源的压力、流量、储气罐的蓄压时间能力等是否满足气动系统负荷的要求。管道的容积可以作为储气罐的一部分，也可视具体情况而定。

14.6　气动系统的使用与维护

气动系统故障因素主要有使用与维护不到位造成气源的压力不稳定、检测部分的定位与反馈不准确、方向阀及压力阀以及流量阀的重复工作精度差、气缸和气马达的受力偏移或活塞内泄漏等问题，使得气动系统出现花样繁多的故障现象，实际上这些故障因素在日常的使用过程中通过及时维护和调整就可以避免。

1. 气源的使用与维护

气源在使用过程中应制定使用与维护保养守则，一般应包括以下内容。

1）设备开机操作前的任务

① 检查冷却器、油水分离器、储气罐的排水状况，应打开排污阀，排除冷凝的污水。

② 给油雾器的油杯加油。

③ 送电后启动冷却泵和干燥器。

④ 启动空压机。

2）设备运转中的巡视任务

① 注意倾听设备运行过程中的异常声响，防止喘振等问题的发生。

② 禁止带压时对设备进行故障维修处理，禁止带压时打开系统中的阀门。

③ 定期检查冷却器、油水分离器、储气罐的冷凝污水排水状况和油雾器的油杯油位。

④ 每两小时对气源的电压、电流、气压、排气温度、润滑油消耗数量等进行统计。

3）设备定期需维护的任务

① 空压机在第一次使用时，冷却润滑油在 500 小时后进行更换，后续每使用 4000 小时进行冷却润滑油的更换。

② 油水分离器在第一次运行时，300～500 小时后进行更换或清洗，后续每使用 2000 小时进行更换或清洗，具体时间还应根据油液的质量而定（一次性分离器应当更换而无法清洗）。

③ 进口空气滤芯最好每星期清洗一次，用 0.2～0.4MPa 洁净压缩空气由内向外喷吹，一般每使用 3000 小时进行更换，新机第一次使用 500 小时后进行更换。

④ 每 4 年或每使用 20000 小时应更换机体的轴承、油封等。

⑤ 对于皮带传送的空压机系统，一般每运行 2000 小时左右应检查其皮带的松紧度，如果皮带偏松，应调整，直至皮带张紧为止。

⑥ 空压机每运行 500 小时，应对其内部接线进行检查，防止接头出现松动问题。

4）建立设备正常运行的意识环境

① 对运行设备利用仪器仪表进行监控，形成参数概念，如轴承温度、干燥器的加热温度、气体的压力和温度、电机电压和电流、室内外的温度和湿度等都可以通过仪表进行显示或报警或控制，形成定位参数，并通过定位参数变化实现对设备的掌控。

② 通过操作人员的巡视过程，掌握设备各个关键点正常工作的噪声、动作、温度、油味、振动情况，一旦有异常，在巡视过程中要马上能够有意识地发现。这就要锻炼操作人员的"耳听""眼观""面感""鼻闻""手触"的能力，使操作人员能判断正常和异常的区别。

③ 通过对设备故障问题的处理和研究，总结出适合本设备的处理方法，这是由于同样的设备其负载的形式不同，工作过程也有不同，其故障问题就会不同。因此要具体问题具体分析，这也适用于问题的处理方法。

2. 气动检测元件的使用与维护

气动检测元件主要指用于气动执行元件的行程检测元件和压力检测元件。这些元件发生问题会导致气动执行元件工作出现问题，主要包括以下情况。

1）紧固件松动导致执行元件动作不准确

行程检测元件与固定支架的连接、固定支架与设备的连接、质子与执行元件的连接等，都采用螺纹的紧固形式。由于设备的振动螺纹会松动，传感器或质子会有一定的移位，造成检测位置的重复精度很差，因而出现加工质量问题。这就要求操作人员在操作前或操作中用专用工具阶段性地对紧固件进行加固处理。

2）由于振动或高温等问题造成传感器使用寿命降低或不可靠

在气动系统中，由于工作环境恶劣，常伴有振动、高温、潮湿、粉尘、电磁场、红外光等，磁性传感器、光电传感器、行程开关等在使用中可能出现问题，执行元件的位置得不到检测，从而出现事故。应根据实际情况，选用相对无干扰的传感器，并对传感器和质子及支架采取减振措施进行安装，使传感器能够可靠工作。

3）压力传感器由于系统压力波动造成无动作

由于气动系统压力提升快，当系统快进时，需要气量较大，压力较低，当系统工进时，气量很小，此时检测的压差较小，就会出现传感器动作而工作过程还没有完全结束，气缸就开始返回的情况。这种情况应采用以下方式解决。

① 提高需要检测的最大压力。

② 借助储能器进行延时处理。

③ 采用智能型压力传感器，利用模拟量进行电气测量和逻辑控制。

按照以上三种操作形式基本可解决压力波动的检测问题，实现可靠控制。

3．气动控制元件的使用与维护

气动控制元件主要指方向阀、压力阀和流量阀。这些阀如果使用不当会造成执行元件的误动作甚至事故。

1）换向阀的合理使用

换向阀的故障主要有阀不能换向或换向动作缓慢、气体泄漏、电磁先导阀误动作等。换向阀的故障主要由以下因素造成。

① 换向阀不能换向或换向动作缓慢，主要是由于润滑不良、弹簧被卡住或损坏、油污或杂质卡住滑动部分等原因引起的。因此，应检查油雾器的工作是否正常、润滑油的黏度是否合适、是否因环境变冷而油温较低。

以上情况应更换润滑油，或清洗换向阀的滑动部分，或更换弹簧和换向阀等。

② 换向阀经长时间使用后易出现阀芯密封圈磨损、阀杆和阀座损伤的现象，导致阀内气体泄漏、阀的动作缓慢或不能正常换向等故障。

以上情况应更换密封圈、阀杆和阀座，或更换全新换向阀。

③ 如果电磁先导阀的进、排气孔被油泥等杂物堵塞，密封不严，活动铁芯被卡死或电路有故障等，均可导致换向阀不能正常换向。

对以上情况应清洗先导阀及活动铁芯上的油泥和杂质。电路故障一般分为控制电路故障和电磁线圈故障两类。在检查故障前，应将换向阀手动操作，看换向阀在额定的气压下是否能正常换向，若能正常换向，则有电路故障。电路故障包括电源电压、行程开关电路的电接点接触电阻大等问题，其中也包括电磁线圈的接头（插头）松动或接触不良问题。

2）压力阀的合理使用

压力阀主要指减压阀和顺序阀。安全阀主要用于储气罐的安全压力控制，而与执行元件无关。

① 减压阀的输出压力必须低于输入压力一定值，否则压力稳定性很差。

② 当系统快进时，减压阀输出不稳定，出现这种情况的原因主要是气源的排量太小或选择的储气罐容积太小，如果系统的工作具有间歇性，那么可增加储气罐容积，否则应更换气源。

③ 减压阀调整后，应将其锁紧，否则振动等因素可能导致输出压力变化。

④ 顺序阀相当于一个压力开关，压力达到设定值时接通，否则关断。为了保证顺序阀工作的稳定性，其开门压力不应接近系统最高压力，否则压力波动会引起顺序阀工作不稳定。

⑤ 系统中的水、油、尘可能导致压力阀的参数变化，如阀磨损、结垢、堵塞等。

3）流量阀的合理使用

流量阀主要指节流阀、单向节流阀、节流排气阀、柔性节流阀等。其中，节流阀的使用问题较为突出。

① 节流阀流量不稳定是由于调节螺钉没有锁紧。

② 速度调节应采用单向节流阀，这样才能实现双向不同参数的设置与调节。

③ 节流阀流通截面积可能因系统中的水、油、尘结垢而减小，也可能因粉尘磨损而增大。

4．气动执行元件的使用与维护

气动执行元件的使用主要指气缸和马达的正确使用。马达和泵是互为可逆转换的执行与动力元件，它们工作条件不同，但在特性上有相同点，其使用过程中应注意以下内容。

① 工作中负载有变化时，应选用输出力有富裕的气缸。

② 在高温或者腐蚀条件下，应选用相应的耐温或耐腐蚀性气缸。

③ 在湿度大、粉尘多，或者有水滴、油尘、焊渣的场合，气缸应采取必要的防护措施。

④ 在低温环境下，应采取抗冻措施，防止系统中的水分冻结。

⑤ 避免侧向负载，否则活塞杆会弯曲变形且损坏杆端螺纹。

⑥ 气缸出现卡死现象时，应注意活塞杆是否弯曲，或存在供气压力不足、润滑不良等因素。

⑦ 气缸出现输出力不足时，原因可能是活塞环损坏。

⑧ 气缸出现外泄漏时，原因可能是密封环损坏，也可能是活塞杆偏心造成密封圈或密封环磨损。

⑨ 气动马达是一种比较精密的动力机械，不能承受轴向力，在安装时严禁敲打、拆卸。

附录 A 液压与气压传动常用图形符号

（摘自 GB/T 786.1-2021《流体传动系统及元件 图形符号和回路图 第 1 部分：图形符号》）

表 A-1 基本符号、管路及连接

名　称	符　号	名　称	符　号
工作管路	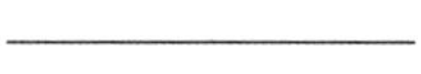	控制管路	
连接管路	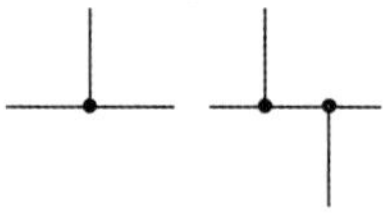	交叉管路	
软管总成		气源	
液压油压		带连接排气口	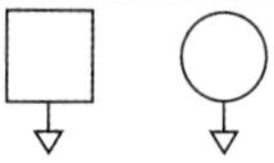
直接排气口	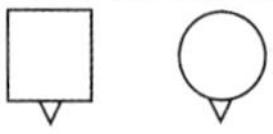	节流	
固定符号		可调节符号	
截止、堵塞符号			

表 A-2 控制机构和控制方法

名　称	符　号	名　称	符　号
带有可拆卸把手和锁定要素的控制机构	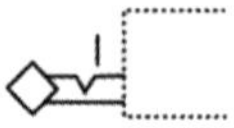	带有可调行程限位的推杆	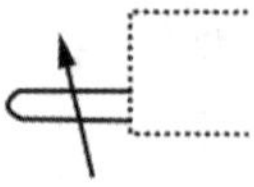
带有定位的推/拉控制机构	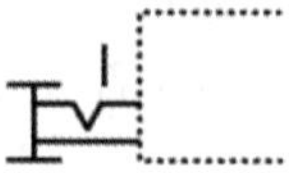	带有手动越权锁定的控制机构	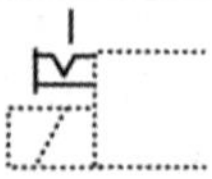
弹簧复位		用于单向行程控制的滚轮杠杆	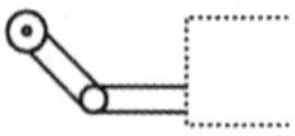
带有一个线圈的电磁铁（动作指向阀芯）	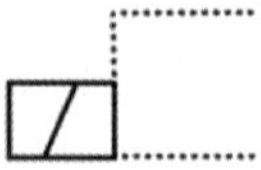	带有一个线圈的电磁铁（动作背离阀芯）	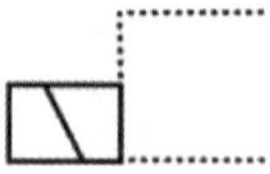

名　称	符　号	名　称	符　号
带有两个线圈的电气控制装置（动作指向或背离阀芯）	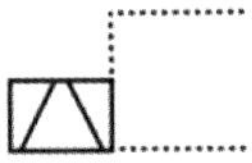	带有一个线圈的电磁铁（动作背离阀芯，连续控制）比例电磁铁	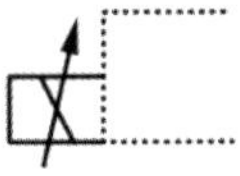
外部供油的电液先导控制机构	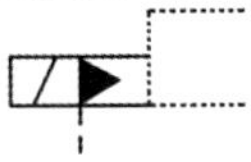	电控气动先导控制机构	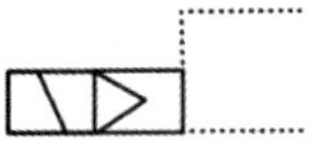
手柄		双向脚踏	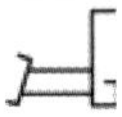

表 A-3 泵、马达和缸

名　称	符　号	名　称	符　号
单向变量液压泵	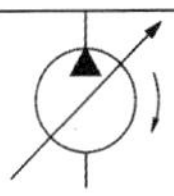	双向变量液压泵	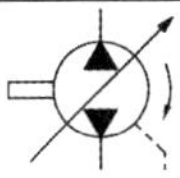
单向旋转的定量泵或定量马达	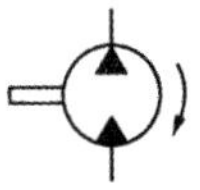	双向变量泵或马达单元，双向流动，带外泄油路，双向旋转	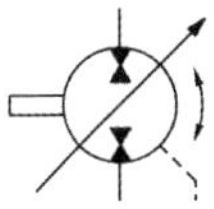
双作用单杆活塞缸	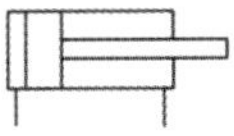	单作用单杆缸（靠弹簧力回程，弹簧腔带连接油口）	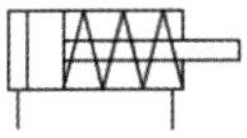
单作用多级缸（伸缩缸）	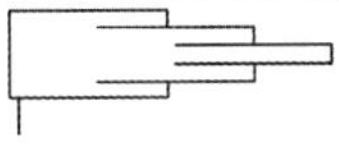	双作用多级缸（伸缩缸）	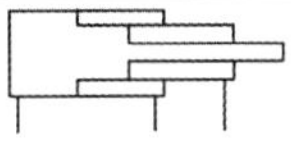
单作用柱塞缸	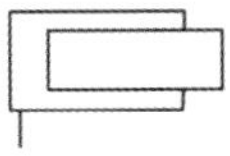	双作用双杆缸（活塞杆直径不同，双侧缓冲，右侧缓冲带调节）	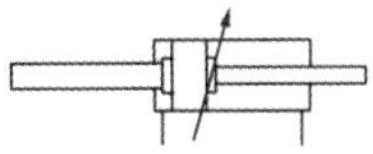
单作用气-液压力转换	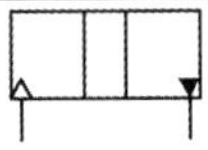	单作用增压器	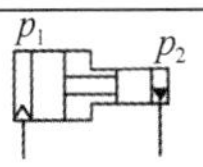
摆动执行器/旋转驱动装置（带有限制旋转角度功能，双作用）	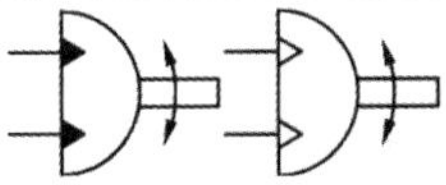	摆动执行器/旋转驱动装置（单作用）	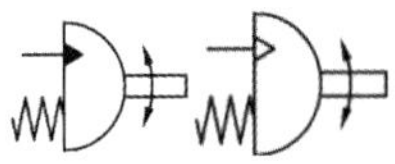
气马达	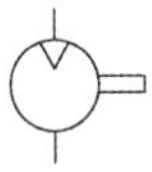	双向气马达	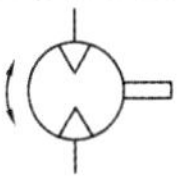
空气压缩机	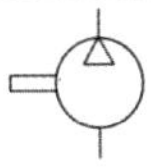		

表 A-4 控制调节元件

名　称	符　号	名　称	符　号
单向阀		液控单向阀	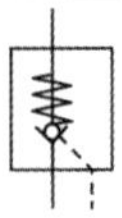

名　　称	符　　号	名　　称	符　　号
二位二通方向控制阀（双向流动，推压控制，弹簧复位，常闭）		二位二通方向控制阀（电磁铁控制，弹簧复位，常开）	
二位三通方向控制阀（单电磁铁控制，弹簧复位）		二位三通方向控制阀（单向行程的滚轮杠杆控制，弹簧复位）	
二位四通方向控制（电磁铁控制，弹簧复位）		二位四通方向控制阀（电先导控制，弹簧复位）	
三位四通方向控制阀（双电磁铁控制，弹簧对中）		二位四通方向控制阀（液压控制，弹簧复位）	
或门型梭阀		与门型梭阀	
二位三通方向控制阀（气动先导和扭力杆控制，弹簧复位）		二位五通单电控换向阀外部先导供气，手动辅助控制，弹簧复位）	
二位五通气动换向阀（机械弹簧与气压复位）		三位五通双气控换向阀（弹簧对中，中位时两出口都排气）	
快速排气阀		双液控单向阀	
直动式溢流阀（开启压力有弹簧调节）		直动式二通减压阀，外泄式	
先导式二通减压阀，外泄式		减压阀（气动）	
顺序阀（直动式，手动调节设定值）		顺序阀（气动），外部控制	
节流阀		单向节流阀	

表 A-5　辅助元件

名　　称	符　　号	名　　称	符　　号
压力表		液位指示器（油标）	

续表

名　称	符　号	名　称	符　号
过滤器		带有压力表的过滤器	
隔膜式充气蓄能器		囊式充气蓄能器	
活塞式充气蓄能器		气瓶	
油雾分离器		气罐	
空气干燥器		手动排水过滤器	
油雾器		气源处理装置	

参 考 文 献

[1] 徐小东. 液压与气动应用技术[M]. 北京：电子工业出版社，2009.
[2] 冯锦春. 液压与气压传动技术[M]. 北京：人民邮电出版社，2009.
[3] 左建民. 液压与气动技术[M]. 3版. 北京：机械工业出版社，2017.
[4] 成大先. 机械设计手册单行本液压传动[M]. 6版. 北京：化学工业出版社，2004.
[5] 姜继海，宋锦春，高常识. 液压与气压传动[M]. 3版. 沈阳：东北大学出版社，2019.
[6] 周进民，杨成刚. 液压与气动技术[M]. 北京：机械工业出版社，2013.